职业院校教学用书（机电技术应用专业）

U0290312

电力内外线安装工艺

（第3版）

主　编　王　振

编　者　郝会强　吴铁锋

电子工业出版社·
Publishing House of Electronics Industry
北京·BEIJING

内 容 简 介

　　本书分为7章。第1章，基础知识，介绍了电力系统的基本情况和电业从业人员的任务，并重点介绍了安全用电的内容；第2章，电工常用工具和材料；第3章，室内配线；第4章，照明线路；第5章，电力线路；第6章，接地与防雷；第7章，电工考核综合复习；每章后有复习题，并配有一定数量的实验和实习。本书的重点为第3、4、5章，系统地介绍了电力行业的基本内容、基本操作，是实际生产和安全考核等的主要内容；第7章作为电工操作人员综合复习考试用。本书注重基础知识和基本概念的讲解与练习，注重学生实际操作能力的练习和提高，重点突出，针对性强，同时照顾到教学实际和学生考工的需要，使之符合职业学校的教学特点。

　　本书配有每章复习题参考答案，详见前言。

未经许可，不得以任何方式复制或抄袭本书之部分或全部内容。

版权所有，侵权必究。

图书在版编目（CIP）数据

电力内外线安装工艺 / 王振主编. —3 版. —北京：电子工业出版社，2018.1

ISBN 978-7-121-33473-3

Ⅰ. ①电… Ⅱ. ①王… Ⅲ. ①输配电线路—电力工程—职业教育—教材 Ⅳ. ①TM75

中国版本图书馆 CIP 数据核字（2018）第 006855 号

策划编辑：蒲　玥
责任编辑：蒲　玥
印　　刷：三河市良远印务有限公司
装　　订：三河市良远印务有限公司
出版发行：电子工业出版社
　　　　　北京市海淀区万寿路 173 信箱　邮编　100036
开　　本：787×1 092　1/16　印张：20.75　字数：531.2 千字
版　　次：2002 年 1 月第 1 版
　　　　　2007 年 8 月第 2 版
　　　　　2018 年 1 月第 3 版
印　　次：2022 年 6 月第 6 次印刷
定　　价：38.80 元

　　凡所购买电子工业出版社图书有缺损问题，请向购买书店调换。若书店售缺，请与本社发行部联系，联系及邮购电话：(010) 88254888，88258888。

　　质量投诉请发邮件至 zlts@phei.com.cn，盗版侵权举报请发邮件至 dbqq@phei.com.cn。

　　本书咨询联系方式：(010) 88254485，puyue@phei.com.cn。

前　言

PREFACE

本书为职业学校机电类教材，可供职业学校的师生使用，也可供从事电力内外线安装工作的技术人员和操作工人阅读。

本书共分 7 章。第 1 章，基础知识，讲解了电力系统概述，电工的任务及条件，安全用电知识和触电急救知识。第 2 章，电工常用工具和材料。第 3 章，室内配线，讲解了室内配线的一般要求和工序，导线的连接与封端，槽板的安装，线管的安装，护套线的安装，配电盘和配电箱的安装等知识。第 4 章，照明线路，讲解了照明线路的基本概念，照明装置的安装，照明线路故障维修，电气施工平面图等知识。第 5 章，电力线路，讲解了低压架空线路结构，架空线路工具，架空线路的施工，线路损耗和截面选择，接户线和进户线的安装，电力电缆等知识。第 6 章，接地与防雷，讲解了接地的基本概念，接地装置的安装，接地装置的检查与维修，防雷装置的安装等知识。第 7 章，电工考核综合复习，结合近年来电工考核的内容选编了大量的练习题，并附有答案。

本书由王振、郝会强、吴铁锋编写，王振主编。本次再版修订进行了较大改动，新增了近些年来电力系统的一些新理念、新技术、新产品，介绍了电力系统改造和升级中的一些新方法，突出了我国电力工业在世界上的领先地位。

本书在编写和出版过程中，得到许多单位和同事的热心帮助，并参考了有关资料，在此对相关人员表示衷心的感谢。

由于编者水平有限，书中的缺点和错误在所难免，希望读者批评指正。

为了方便教师教学，本书每章还配有部分复习题的答案（电子版），请有此需要的教师登录华信教育资源网（www.hxedu.com.cn）免费注册后再进行下载，在有问题时请在网站留言板留言或与电子工业出版社联系（E-mail：hxedu@phei.com.cn）。

编　者

2017年11月

目　录

CONTENTS

第1章

基 础 知 识

1.1 电力系统概述

1. 电能

电是一种能量，称之为电能。电能是由一次能源转换而得到的二次能源。通常，将自然界蕴藏的自然存在的能源称之为一次能源，如煤炭、石油、天然气、核能等。一次能源经过加工转换得到的能源称为二次能源。电能属于二次能源。电能具有容易转换、效率高，以及便于远距离输送和分配等特点。电能在工农业生产和国民经济建设中起着重要的作用。

2. 电力系统

电力系统，是由电力线路将发电厂、变电站（所）和电力用户连接起来的发电、输电、变电、配电和用电的整体。随着对供电质量要求的提高，现代的电力系统的规模也越来越大，通常把多个城市的所有发电厂都并联起来，形成大型的供电网络，对电力进行统一的调度和分配。这样，不但能显著地提高经济效益，而且还有效地提高了供电的可靠性。

电力系统的示意图如图 1-1 所示。

在电力系统中，电能从生产到供给用户使用之前，通常都要经过发电、变电、输电和配电等环节。

1.1.1 发电

发电，是由发电厂来完成的。发电厂，是生产电能的工厂，简称电厂或电站。发电厂是电力系统的中心环节，它的作用是把其他形式能源的能量转换成电能。发电厂的种类很多，一般根据所利用能源的不同分为：火力发电厂、水力发电厂、核能发电厂、地热发电厂、潮汐发电厂、风力发电厂、太阳能发电厂等。

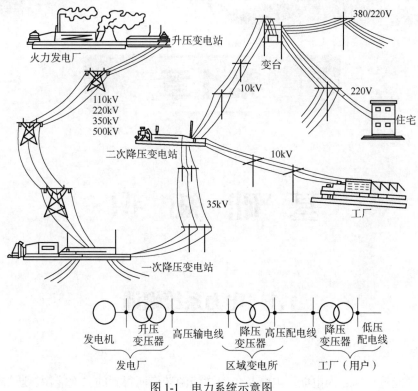

图 1-1　电力系统示意图

1. 水力发电厂

水力发电厂是利用自然水力资源作为动力的发电厂。水力发电厂往往通过水库和筑坝截流的方法提高水位，利用水流的位能驱动水轮机，由水轮机带动发电机旋转发出电能。水力发电厂示意图如图 1-2 所示。

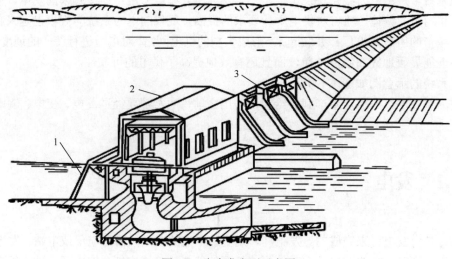

图 1-2　水力发电厂示意图

1—进水口；2—厂房；3—溢流坝

2. 火力发电厂

火力发电厂通常以煤、天然气、石油等为燃料，对锅炉内的水进行加热使之产生蒸气，以高压高温蒸气驱动汽轮机，由汽轮机带动发电机旋转发出电能。较小规模的电厂，也采用燃汽轮机或内燃机带动发电机发电。火力发电厂示意图如图1-3所示。

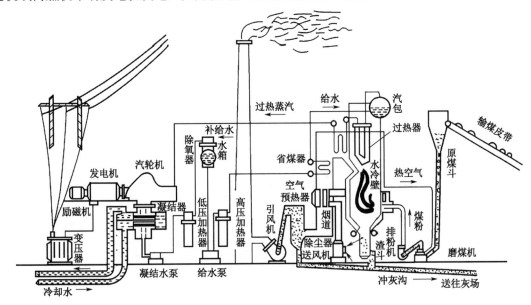

图1-3　火力发电厂示意图

3. 核能发电厂

核能发电厂也称核电厂。核电厂由核燃料在反应堆中的裂变反应所产生的热能来生产高压高温蒸气，驱动汽轮机而带动发电机旋转发出电能。核电生产过程示意图如图1-4所示。

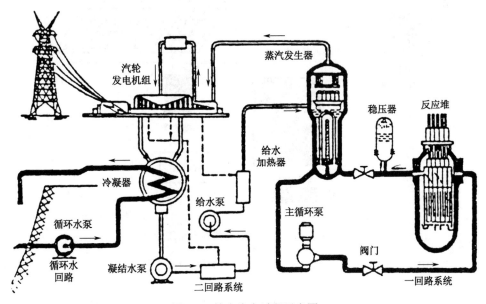

图1-4　核电生产过程示意图

4．风力发电厂

风力发电的原理：利用风力带动风车（风轮/风机）叶片旋转，把流动空气具有的动能转化为风轮轴的机械能，进而带动发电机旋转发电。

依据目前的风车技术，大约是每秒三米的微风速度，便可以开始发电。风力发电没有燃料问题，也不会产生辐射或空气污染。

风力发电装置示意图1-5所示。

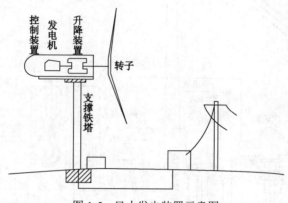

图1-5　风力发电装置示意图

5．太阳能发电

太阳能取之不尽，用之不竭。对太阳能的转换利用方式，主要有三种：光→热，如太阳能热水器；光→化学，如太阳光催化分解水制氢等；光→电，如有两种转换方式，一种是直接转换，将太阳的辐射能转换为电能，即光伏发电，如图1-6所示；另一种是间接转换，先将太阳辐射能转换为热能，然后驱动热机循环发电，即太阳能热动力发电，如图1-7所示。

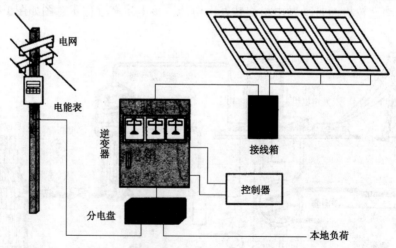

图1-6　并网屋顶太阳能光伏发电系统示意图

还有很多利用其他能源发电的电厂，如地热、潮汐、燃料电池、垃圾、磁流体等。这里就不再一一赘述。

一般，发电机发出的电能绝大多数都是交流电。生产交流电都要遵循一个严格的标准，这个标准就是电能的质量。主要指标有电压、频率和波形。其中电压和频率更为重要。我国规定电力系统的交流电频率为 50Hz，称为工频。其他国家的标准频率也有规定为 60Hz。

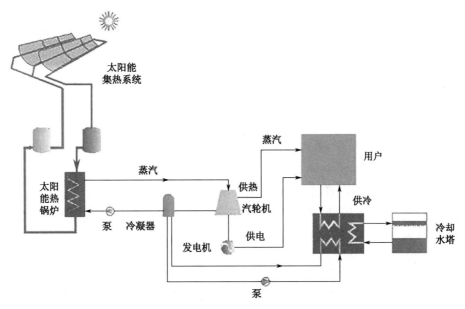

图 1-7　太阳能热动力发电示意图

1.1.2　变电

变电即变换电网的电压等级。要使不同电压等级的线路联成整个网络，需要通过变电设备统一电压等级来进行衔接。变换电压，是靠变压器来实现的。变压器分为一次和二次绕组。对于一次绕组，当变压器接于电网末端时，性质上等同于电网上的一个负荷（如工厂降压变压器），故其额定电压与电网一致，当变压器接于发电机引出端时（如发电厂升压变压器），则其额定电压应与发电机额定电压相同。对于二次绕组，额定电压是指空载电压，考虑到变压器承载时自身电压损失（按 5%计），变压器二次绕组额定电压应比电网额定电压高5%，当二次侧输电距离较长时，还应考虑到线路电压损失（按 5%计），此时，二次绕组额定电压应比电网额定电压高10%。

变电分为输电电压的变换和配电电压的变换，前者通常称为变电站（所）或称为一次变电站，主要是为输电需要而进行的电压变换，后者称为变配电站（所）或称为二次变电站，主要是为配电需要而进行电压变换。如图 1-8 所示。

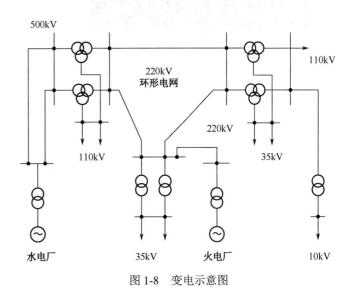

图 1-8　变电示意图

1.1.3　输电

输电是指电力的输送。借助电力线路，将电能由发电厂输送给用户。为了减少输电过程中的能量损失，一般输电的距离越长，输送容量越大，要求输电电压升得越高。

输电一般采用交流电压输电和直流电压输电。

1．交流输电

输电距离在50km以下，采用35kV电压；输电距离在100km左右，采用110kV电压；输电距离超过200km的，采用220kV或更高的电压。输电线路一般都采用架空线路，如图1-9所示。遇特殊情况可采用电力电缆。

2．直流输电

由于电工技术的发展，直流输电作为一种补充的输电方式得到实际应用。在交流电力系统内或者在两个交流电力系统之间嵌入直流输电系统，便构成了现代交直流联合系统。直流输电系统由换流设备、直流线路，以及相关的附属设备组成。图1-10所示为直流输电系统的示意图。

图1-9　架空线路输电

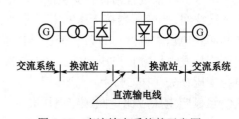

图1-10　直流输电系统的示意图

1.1.4　配电

配电是指电力的分配，简称配电。配电包括电力系统对用户的电力分配和用户内部对用电设备的电力分配两种。其中，电力系统的配电是对电力供应的统一规划和分配，所以又称其为供电。为此设立的职能部门有国家电网、电力局、供电公司等。如图1-11所示为变配电示意图，其中虚框线内为配电站示意图。

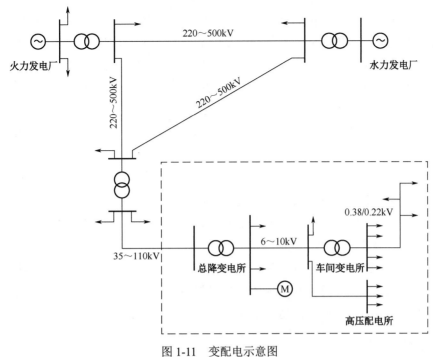

图 1-11 变配电示意图

1.1.5 用电

电力系统的用电负荷，是指系统中所有用电设备消耗功率的总和，也称电力系统综合用电负荷。其中包含了工业负荷、农业负荷、交通运输业负荷、市政及生活用电负荷等。用电负荷等级划分是根据其对供电可靠性的要求及中断供电在政治、经济上所造成损失或影响的程度分为三级。

1. 一级负荷

（1）中断供电将造成人身伤亡时。

（2）中断供电将在政治、经济上造成重大损失时。例如，重大设备损坏、重大产品报废、用重要原料生产的产品大量报废、国民经济中重点企业的连续生产过程被打乱需要长时间才能恢复等。

（3）中断供电将影响有重大政治、经济意义的用电单位的正常工作。例如，重要交通枢纽、重要通信枢纽、重要宾馆、大型体育场馆、经常用于国际活动的大量人员集中的公共场所等用电单位中的重要电力负荷。在一级负荷中，当中断供电将发生中毒、爆炸和火灾等情况的负荷，以及特别重要场所的不允许中断供电的负荷，应视为特别重要的负荷。例如，大型医院、炼钢厂、石油提炼厂或矿井等。

（4）对一级负荷，要求供电系统当线路发生故障停电时，仍保证其连续供电，即需要对一级负荷提供双回路供电。

一级负荷应由两个电源供电，对于这两个电源的要求为：一是两个电源间无联系；二是如果两个电源间有联系，那必须符合的要求是①发生任何一种故障时，两个电源的任何部分应不致同时受到损坏；②发生任何一种故障且保护装置正常时，有一个电源不中断供电，并且在发生任何一种故障且主保护装置失灵以致两电源均中断供电后，应能在有人值班的处所完成各种必要操作，迅速恢复一个电源供电。

根据《供配电系统设计规范》GB 50052—95 第 2.0.2 条、3.0.1 条等相关条文的规定：一级负荷应由两个电源供电；一级负荷中特别重要的负荷，除由两个电源供电外，尚应增设应急电源。也就是说特别重要负荷需要三个电源供电，一般的做法是在已有两路高压市电的情况下，再设自备电源。自备电源一般是采用柴油发电机组或整流逆变装置（简称 EPS）电源等。上述规范的 3.0.3 条指出"除一级负荷中特别重要负荷外，不应按一个电源系统检修或故障的同时另一电源又发生故障进行设计"。即对一级负荷而言，两个电源（一个电源故障时另一个电源不能同时损坏）供电就可以了，不必设第三电源。目前的实际做法，往往是根据供电部门的要求，在已有两路高压市电的情况下，再设置柴油发电机组，原因是认为两路高压市电并非两个"独立"（不能同时损坏）电源，提高了一级负荷用户电源的可靠性。

2. 二级负荷

（1）中断供电将在政治、经济上造成较大损失时。例如，主要设备损坏、大量产品报废、连续生产过程被打乱需较长时间才能恢复、重点企业大量减产等。

（2）中断供电将影响重要用电单位的正常工作。例如，交通枢纽、通信枢纽等用电单位中的重要电力负荷，以及中断供电将造成大型影剧院、大型商场等较多人员集中的重要的公共场所秩序混乱。

规范第 2.0.6 条的条文解释中指出，"对二级负荷，由于其停电造成的损失较大，其包括的范围也比一级负荷广"。工程设计时，应根据供电系统的停电概率，停电带来的损失，电源条件，供电系统各方案所需投资等诸多因素综合考虑。二级负荷设备的供电有多种可选择的方案，工程设计者应尽量选择安全可靠、经济合理的方案。"有条件时采用双电源供电"。应来自两个二次变电站（至少来自一个二次变电站的两台变压器）。同时，电力的馈送必须采用双回路供电。

3. 三级负荷

三级负荷不属于上述一、二级的其他电力负荷，如附属企业、附属车间和某些非生产性场所中不重要的电力负荷等。

三级负荷虽然对供电的可靠性要求不高，只需一路电源供电。但在工程设计时，也要尽量使供电系统简单，配电级数少，易管理维护。

对三级负荷提供的电力，在供电发生矛盾时，为保证供电质量，采取适当措施，将部分不十分重要的用户或负荷切除。

1.2 电气工作人员应具备的基本条件和任务

1.2.1 电气工作人员应具备的基本条件

（1）电气工作人员必须精神正常，身体健康，无妨碍电气工作的病症。参加工作应经过医院检查合格，以后每隔2年检查1次身体。妨碍电气工作的病症是指高血压、心脏疾病、气管喘息、神经系统病、色盲病、听力障碍等。具有这些病症都不能直接从事电气工作。

（2）电气工作人员应有良好的精神素质。这些素质包括为人民服务的思想，忠于职守的职业道德，精益求精的工作作风，体现在工作上就是要坚持岗位责任制，工作中头脑清醒，作风严谨、文明、细致，不敷衍了事，不草率从事，对不安全的因素时刻保持警惕。

（3）电气工作人员应具备必要的电气知识和专业技能。电气工作是技术性较强，危险性较大的工作。对电气工作人员，应按技术等级对其进行技术理论和实际操作的培训和考核。掌握安全用电知识。

（4）电气工作人员必须掌握触电紧急救护法，首先学会人工呼吸法和胸外心脏挤压法，一旦有人发生触电事故，能够快速、正确地实施救护。

（5）新参加工作的或新调入的学员，在独立担任工作以前，必须经过安全技术教育，并在熟练的工作人员指导下进行工作。

（6）电气工作人员应每年进行一次规程考试。考试合格者，方可独立从事电气工作。考试不合格者，应限期补习再考，在此期间，禁止独立从事电气工作。因故间断电气工作连续三个月者，必须重新温习《规程》并经考试合格后方能恢复工作。

《北京市特种作业人员劳动安全管理办法》明确规定"电工、锅炉压力容器、起重机械、金属焊接、建筑登高架设、金属无损检测、单位内行驶机动车为特种作业"，从事上述作业人员，要按规定的内容、时间、要求进行学习，经考核合格，发给《北京市特种作业操作证》，持证上岗作业。

因此，作为一名电气工作人员，都应明确电工的职责和应具备的条件，严格要求自己，努力学习电气知识，苦练操作技能，把自己造就成为一名合格的电工，以便更好地履行自己的职责。

1.2.2 电气工作人员的任务

在工、农业生产中，广泛使用的各种机械设备主要是以电力作为原动力。如果系统一旦发生故障，将使生产机械和生产设备停止运行，损失是巨大的，还会出现设备和人身事故。因此电工的重要任务，就是保证供电系统和照明系统正常运行，这对提高劳动生产率和安全生产都具有重大作用。

《特种作业人员安全技术考核管理规则》中规定电工作业是指发电、送电、配电和电气设备的安装、运行、检修和试验等作业。电工的工作范围很广，如室内外照明线路、动力线路的安装和维修，室外架空线路的安装，室内外电缆中间盒和终端盒的制作，变、配电设备的安装，避雷器和接地装置的安装，变、配电所的停送电操作，重合闸操作及停电事故的判断和处理。

要完成这些任务，电工除必须有一定程度的电工技术外，还要掌握好各项操作技能。它包括与电工操作有关的钳工基本操作，电焊基本操作，电工工具的使用和各类导线线头的连接方法的基本操作，各种电气设备的结构、性能、工作原理、运行要求，照明和动力装置的安装与维修，生产机械的电气控制线路的安装与检修，简单电子设备的安装和检修及电气测量技术等。

1.2.3　岗位责任制与文明生产

1. 岗位责任制

岗位责任制是企业管理基础工作之一，岗位责任制是否建立与健全并很好地贯彻执行，标志着管理水平的高低。它不仅影响企业的经济效益，同时还直接影响安全用电。在电工作业中，任何工作人员若对自己的岗位责任不明确，都会由此带来经济损失或引发事故。严重者将产生重大经济损失和人身伤亡事故。这是绝对不能忽视的。电气工作人员应全面掌握、认真执行岗位责任制，进行文明生产，才能保证企业的生产活动顺利进行。

岗位责任制，实行定岗位、定人员、定责任，使在岗人员明确本岗位的工作和安全责任，熟悉本岗位的有关安全规程、技术规程，胜任本岗位工作，保质保量执行本岗位的职责。例如，内外线电工应保证好自己所安装的线路、设备能可靠地工作，不因自己的技术错误或违反安全规程使安装的线路或设备发生电气故障及人身事故。

2. 电气工作人员岗位职责

（1）遵守公司的各种规章制度，坚持交接班制度，坚守岗位、严格执行电力部门规定的电气安全操作规程。

（2）熟悉、掌握本公司各种电气设备的名称、性能、结构、规格、工作原理和用途等。

（3）坚持对电气设备的巡检制度，及时发现问题、解决问题，提高设备的运转率和完好率。

（4）制止违章作业及违反电气操作规程和超负荷运行，防止事故发生。

（5）认真填写各项原始记录，交接班应详细交清各项记录和电气设备各项记录及电气设备存在的问题。

（6）发现隐患故障时应及时处理，并汇报部门领导，定期检查电气设备和线路的安全性。

（7）负责当班电气设备的维护工作，努力提高技术水平，提高维修质量。

（8）完成上级交办的临时任务，对因生产需要临时改动电气设备或线路时应做好记录，并向下一班交代和汇报上级。

（9）保持电力室、电气设备整洁，无积灰、蜘蛛网，做好本岗位区域内的环境卫生。

（10）对值班长指派的工作要认真完成并向值班长汇报总结。

3. 文明生产

文明生产是"两个文明"建设的重要内容之一，是对每个企业组织生产的基本要求，电气工作更是如此。不文明生产，不仅影响电工工具和钳工工具的使用寿命，影响操作技能的发挥，严重的还影响到设备运行和危害人身的安全。所以，开始学习基本操作技能时，就应养成文明生产的良好习惯。文明生产，要求每一个电气工作人员，努力学习党的方针、政策，树立全心全意为人民服务的思想，以认真负责的态度从事电气工作。工作上严谨求实，规范高效，精益求精。

（1）作业前要周密组织，妥善布置。

（2）作业时既要安全可靠（如故障处理要及时、正确，倒闸操作要准确无误），又要讲究整洁卫生（如电气工作场所应整洁干净、工具材料摆放整齐，仪表仪器和安全用具保管妥善）。

（3）作业后，要认真检查、整理和清扫现场，电气设备应建立档案，定期进行检修，试验并做好检修、试验记录，重要的电气设备还要建立运行记录。

4．企业电气工程师岗位职责

（1）参与工程的初步设计的审定及施工图纸的会审，主要审查电气设计是否符合该项工程的要求及电气设计是否合理。

（2）参与审查施工单位的施工组织设计及施工方案，主要审查施工单位施工人员的技术素质及施工力量，能否满足该项工程的技术及进度要求。

（3）施工过程中抓好质量及工程进度。

① 管理好施工用料的质量，不符合设计及劣质产品，要坚决杜绝。

② 电气敷管要重点检查管子的弯曲半径及管口是否进盒，保证穿线、换线通畅。

③ 线路绝缘一定要满足规范要求。

④ 接地防雷装置安装时，引下线及接地线的搭接一定要满足规范规定，接地电阻一定要满足设计要求。

⑤ 做好隐蔽工程的检查及认证。

⑥ 与有关专业工程师做好配合。

⑦ 认真做好现场签证工作。

⑧ 抓好电气施工的进度。

（4）做好交工验收工作。

① 一定要按图纸及规范验收，保证工程质量。

② 电气装置一定要符合设计要求。

1.3　安全用电

1.3.1　电气设备安全运行知识

（1）对于出现故障的电气设备、装置和线路，不能继续使用，必须及时进行检修。

（2）必须严格遵照操作规程进行运行操作，合上电源时，应先合隔离开关，再合负荷开关；分断电源时，应先断开负荷开关，再断开隔离开关。

（3）在需要切断故障区域电源时，要尽量缩小停电区域范围。要尽量切断故障区域的分路开关；分断电源时，应先断开负荷开关，再断开隔离开关。

（4）电气设备一般都不能受潮，要有防止雨、雪和水侵袭的措施；电气设备在运行时要发热，要有良好的通风条件，有的还要有防火措施；有裸露带电体的设备，特别是高压设备，要有防止小动物窜入造成短路事故的措施。

（5）所有电气设备的金属外壳，都必须有可靠的保护接地。

（6）凡有可能被雷击的电气设备，要安装防雷装置。

1.3.2　一般用电知识

（1）严禁用一线（相线）一地（指大地）安装用电器具。

（2）在一个插座上不可接过多或功率过大的用电器具。

（3）不掌握电气知识和技术的人员，不可安装和拆卸电气设备及线路。

（4）不可用金属丝绑扎电源线。

（5）不可用湿手接触带电的电器，如开关、灯座等，更不可用湿布揩擦电器。

（6）电动机和电气设备上不可放置衣物，不可在电动机上坐立，雨具不可挂在电动机或开关等电器的上方。

（7）堆放和搬运各种物资或安装其他设备时，要与带电设备和电源线相距一定的安全距离。

（8）在搬运电钻、电焊机和电炉等可移动电器时，要先切断电源，不允许拖拉电源线来搬移电气设备。

（9）在潮湿环境中使用可移动电器，必须采用额定电压为36V的低电压电器，若采用额定电压为220V的电器，其电源必须采用隔离变压器；在金属容器内使用的移动电器，一定要用额定电压为12V的低电压电器，并要加接临时开关，还要有专人在容器外监护；低电压移动电器应装特殊型号的插头，以防误插入电压较高的插座上。

（10）雷雨时，不要走近高压电杆、铁塔和避雷针的接地导线的周围，以防雷电入地时周围存在的跨步电压触电；切勿走近断落在地面上的高压电线，万一高压电线断落在身边或已进入跨步电压区域时，要立即用单脚或双脚并拢迅速跳到10m以外的地区，千万不可奔跑，以防跨步电压触电。

1.3.3　电气作业人员安全知识

1. 停电作业防止触电的安全措施

停电作业是指在电气设备或线路不带电情况下，所进行的电气检修工作。停电作业分为全部停电、部分停电作业。全部停电是指室内高压设备全部停电（包括进户线），以及室外高压设备全部停电（包括进户线）情况下的作业。部分停电作业是指高压设备部分停电或室内全部停电作业。在电气设备上进行工作，一般情况下，均应停电后进行。

（1）断开电源。

在检修设备时，应把电源断开，断开电源不仅要拉开开关，而且还要拉开刀闸，使每个电源至检修设备或线路至少有一个明显的断开点，对于多回路的线路，特别要防止从低压侧向被检修设备返送电。

（2）验电。

工作前，必须用电压等级合适的验电器，对检修设备的进出线两侧各相分别验电，验电时，手不得触及试电笔的前端部分，并注意人体与电体的安全距离，明确无电后，方可开始工作。

（3）装设接地线。

对于可能送电到检修设备的各电源侧及可能产生感应电压的地方都要装设携带型临时接地线。装设接地线时，必须先接接地端，后接导体端，接触必须良好。拆接地线时的程序与此相反。装拆接地线均应使用绝缘杆或戴绝缘手套，人体不得碰触接地线，并有人监护。

接地线必须使用专用的临时接地线，它必须是多股软裸铜导线，截面积不小于 $25mm^2$，有绝缘操作手柄，严禁使用不符合规定的导线作接地和短路之用。

（4）悬挂警告牌。

在断开的开关和刀闸操作手柄上悬挂"禁止合闸、有人工作"的标示牌，必要时加锁固定。对多回路的线路，更要做好防止突然来电措施。在室外地面高压设备上工作，应在工作地点四周用绝缘绳做围栏。在围栏上悬挂适当数量的"止步，高压危险！"的标示牌。严禁工作人员在工作中移动或拆除围栏及标示牌。

2．带电工作中的防触电措施

如因特殊情况必须在电气设备或线路上带电工作时，应按照带电工作的安全规定进行。

（1）在低压电气设备和线路上从事带电工作时，应派有经验的电工专人监护。监护者由经过训练，考试合格，能熟练掌握带电检修技术的电工担任。

（2）工作人员应穿长袖衣，戴安全工作帽及防护手套和工作内容相应的防护用品。

（3）使用基本绝缘安全用具操作，携带试电笔，不准用无绝缘的金属工具（锯、锉钢卷尺等）以免造成导线接地、短路及人身触电事故。

（4）杆上作业，登杆前应检查杆基；检查登高工具；选好工作位置；分清相线、零线。登杆后，人体不准穿越带电导线。接线先接零线后接相线，拆线顺序相反。

（5）在低压配电装置上作业时，要防止带电体间相对地的短路。为防止触电及带电体，必要时可设置绝缘屏护。

（6）禁止带负荷拆、搭表尾线和电流互感器的二次回路。

（7）移动带电设备时，应先断开电源；接线时，应先接负载后接电源，拆线时顺序相反。

（8）带电检修工作时间不宜太长，以免检修人员的注意力分散而发生事故。

1.3.4 电气灭火

电气火灾有两个特点：一个是着火后电气设备可能带电，如不注意可能引起触电事故；另一个特点是有的电气设备本身有大量的油，可能发生喷油和发生爆炸，造成扩大事故，这是必须加以注意的。

1．在电气火灾中切断电源时的注意事项

电气设备或电气线路发生火灾，首先要尽快切断电源，以防火灾蔓延和灭火时造成触电事故。切断电源时应注意以下几点。

（1）火灾发生后，由于受潮或烟熏，开关设备绝缘能力降低。因此，拉闸时最好用绝缘工具操作。

（2）切断高压电源时，应先断开油断路器，后断开隔离开关；切断低压电源时，应先断开负荷开关或操作按钮，以免引起弧光短路。

（3）剪断电线时，非同相电线应在不同部位剪断，以免造成短路，剪断架空电线时，剪断位置选择在电源方向的支持物附近，以防止电线剪断后落下来造成接地短路或触电事故。

2．带电灭火安全要求

有时为了争取灭火时间，来不及断电或因生产需要等原因，不允许断电时，则需要带电灭火。带电灭火需要注意以下几点。

（1）选择适当的灭火器，带电灭火时应选用黄沙、二氧化碳、1211（二氟一氯一溴甲烷）、二氟二溴甲烷或干粉灭火器；不可用泡沫灭火器进行灭火，否则既有触电危险，又会损坏电气设备。

（2）用水枪灭火时适宜用喷雾水枪，这种水枪通过水柱的泄漏电流较小，带电灭火较安全；用普通水枪灭火时，为防止通过水柱的泄漏电流通过人体，应将水枪喷嘴接地或让灭火人员穿戴绝缘手套和绝缘鞋。绝对不可用直流水枪带电灭火。

（3）人与带电体之间应保持必要的安全距离，用二氧化碳、干粉、1211灭火器时距10kV电源不得小于0.4m；35kV电源不得小于0.5m。

（4）对架空线路等空中设备灭火时，人体位置和带电体之间应有45°的夹角，以防导线等设备掉落危及人员的安全。

1.4 触电分析

1.4.1 电流对人体的影响

1．感知电流（感受电流）

用手握住带电导体，在直流情况下能感知手心轻轻发热；在交流情况下，因神经受到刺激而感到轻微刺痛。感知电流平均值为1.1mA。

2．摆脱电流（人触电后能自行摆脱的电流值）

通过人体的电流超过感知电流时，肌肉收缩增加，刺痛感觉增强，感觉部位扩展，至电流增大到一定程度，触电者将因肌肉收缩、产生痉挛而紧抓带电体，不能自行摆脱电极。人触电后能自行摆脱电极的最大电流称为摆脱电流。由于男性和女性的差别，自行摆脱的电流值也不相同。

男性：9mA、女性：6mA，国际电工委员会 IEC 标准：10mA。

3．安全电流

在特定时间内，通过人体的电流。对人体未构成生命危险的电流值 IEC 标准：30mA。

4．室颤电流（人触电死亡的临界值）又称为最小致命电流

在较短时间内危及生命的电流称为致命电流。电击致死的原因是比较复杂的。通过人体数十毫安以上的工频交流电流，既可能引起心室颤动或心脏停止跳动，也可能导致呼吸终止。但是，由于心室颤动的出现比呼吸终止早得多，因此，引起心室颤动的电流是主要的致命电流。电流持续时间不同，电流值也不相同。以下为引起心室颤动的电流及持续时间。

100mA・0.5s，400mA・0.15s，10mA・120min。

5．安全电压

触电死亡的直接原因，不是由于电压，而是由于电流的缘故，但在制定保护措施时，还应考虑电压这一因素。

安全电压：6V、12V、24V、36V、42V 五种（GB 3805—83）。

当设备采用超过 24V 的安全电压时，必须采取防直接接触带电体的保护措施。

6．电流通过心脏的百分数

左手→双脚 6.7%；右手→双脚 3.7%；右手→左手 3.3%；左脚→右脚 0.4%。

7．各种频率交流电引起的触电死亡率

10Hz 交流电引起的触电死亡率为 21%；25Hz 交流电引起的触电死亡率为 70%；50Hz 交流电引起的触电死亡率为 95%；60Hz 交流电引起的触电死亡率为 91%；100Hz 交流电引起的触电死亡率为 34%；500Hz 交流电引起的触电死亡率为 14%。

通常用的交流电为 50Hz，从安全角度来看，这种频率对人体最危险。

1.4.2　电流对人体的伤害

根据触电事故对人体伤害程度的不同，可分为电击和电伤两种。

（1）电击是电流通过人体内部，破坏人的心脏、神经系统、肺部的正常工作造成的伤害。由于人体触及带电的导线、漏电设备的外壳或其他带电体，以及由于雷击或电容放电，都可能导致电击。如果触电者不能迅速脱离带电体，则最后会造成死亡事故。

（2）电伤是电流的热效应、化学效应或机械效应对人体造成的局部伤害，包括电弧烧伤、烫伤、电烙印、皮肤金属化、电气机械性伤害、电光眼等不同形式的伤害。

根据大量触电事故资料的分析和实验，证实电击所引起的伤害程度主要与以下几个因

素有关。

（1）通过人体电流的大小。

通过人体的工频50～60Hz交流电流不超过0.01A，直流电流不超过0.05A，对人体基本上是安全的。电流大于上述数值，会使人感觉麻痹或剧痛，呼吸困难，甚至自己不能摆脱电源，有生命危险。通过人体的电流不论是交流还是直流，大于0.1A时，只要较短时间就会使人窒息、心跳停止，失去知觉而死亡。通过人体电流的大小，取决于外加电压和人体的电阻。人体电阻不同，人体电阻为10 000～100 000Ω；当皮肤有损伤且潮湿时，人体电阻将降到800～1 000Ω。在一般场所，对于人体只有低于36V的电压才是安全的。

（2）通电持续时间发生触电事故时，电流持续的时间越长，人体电阻降低越多，越容易引起心室颤动，即电击危险性越大。这是因为电流持续时间越长，能量积累增加，引起心室颤动的电流减小。

（3）通电途径电流通过心脏，会引起心脏震颤或心脏停止跳动，血液循环中断，造成死亡。电流通过脊髓，会使人肢体瘫痪。因此，电流通过人体的途径从手到脚最危险，其次是从手到手，再次是从脚到脚。

（4）通过的电流种类通过人体电流的频率，工频电流最为危险。20～400Hz交流电流的摆脱电流值最低（即危险性较大）；低于或高于这个频段时，危险性相对较小，但高频电流比工频电流易引起皮肤灼伤，因此，不能忽视使用高频电流的安全问题；直流电的危险性相对小于交流电。

（5）电击所引起的伤害程度还与人体与带电体的接触面积有关。

1.4.3　人体触电分析

1．单相触电

单相触电是最常见的触电方式。它是指人体某一部分接触带电体的同时另一部分与大地相连，其示意图如图1-12所示。

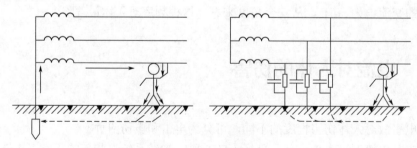

图1-12　单相触电

2．两相触电

两相触电是指人体的不同部分同时接触两相电源而造成的触电，其示意图如图1-13所示。

3．跨步电压触电

如果人或牲畜站在距离电线落地点 8～10m 以内，如图 1-14 所示，就可能发生触电事故，这种触电称为跨步电压触电。人受到跨步电压时，电流虽然是沿着人的下身，从脚经腿、胯部又到脚与大地形成通路，没有经过人体的重要器官，好像比较安全。但是实际并非如此。因为人受到较高的跨步电压作用时，双脚会抽筋，使身体倒在地上。这不仅使作用于身体上的电流增加，而且使电流经过人体的路径改变，完全可能流经人体重要器官，如从头到手或脚。经验证明，人倒地后电流在体内持续作用 2s，这种触电就会致命。一般人的跨步为 0.8m，牛、马为 1m。人体距离接地点 20m 以外，跨步电压等于零。

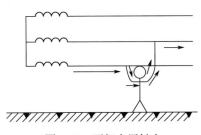

图 1-13　两相电压触电

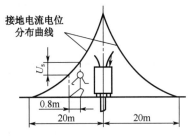

图 1-14　跨步电压触电

跨步电压触电一般发生在高压电线落地时，但对低压电线落地也不可麻痹大意。根据试验，当牛站在水田里，如果前后跨之间的跨步电压达到 10V 左右，牛就会倒下，电流常常会流经它的心脏，触电时间长了，牛会死亡。

当发觉跨步电压威胁时，应赶快把双脚并在一起，或尽快用一条腿跳着离开危险区。

4．接触电压触电

接触电压触电是指由于电气设备绝缘损坏造成接地故障时，人体两个部分（手和脚）同时接触设备外壳和地面，造成人体两部分的电位差而形成的触电，其示意图如图 1-15 所示。

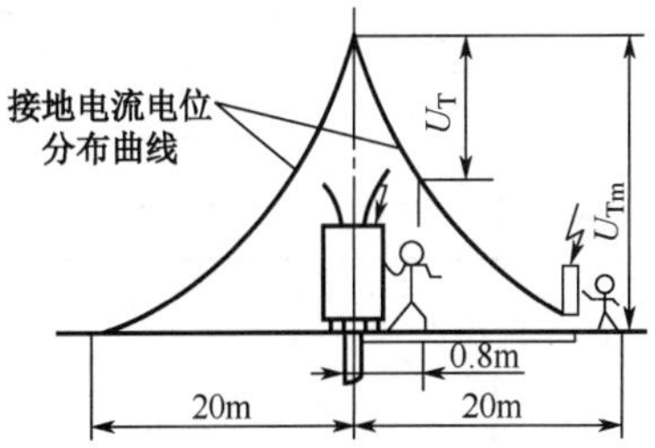

5．感应电压触电

感应电压触电是指人体触及带有感应电压的设备和线路时造成的触电事故。

图 1-15　接触电压触电

6．剩余电荷触电

剩余电荷触电是指当人体接触到带有剩余电荷的设备时引起的对人体的放电。

1.4.4　心跳、呼吸原理（血液的气体交换）

（1）人体的静脉血液呈暗红色，是全身各个组织细胞用过的血，里面氧气较少，碳酸气较多，含有二氧化碳成分。静脉的血流向→右心房→三尖瓣→右心室→肺动脉瓣→肺。

肺由于人的呼吸，吸入新鲜空气（空气中含氧20.03%～20.94%），排出二氧化碳。肺中无数肺泡充满了氧气，通过肺泡的毛细血管，氧气进入血液中，血液里的红细胞（旧称红血球）的血红蛋白与氧气结合，形成了一种叫氧合血红蛋白，其血液呈鲜红色。

吸入新鲜空气，排出二氧化碳的过程叫血液的气体交换。

（2）从肺动脉的血流向→左心房→二尖瓣→左心室→主动脉瓣→动脉→全身各个组织细胞（吸入氧气，排出二氧化碳气体）→静脉，叫体循环或血液循环。如图1-16血液循环示意图。

血液循环停止了，对手脚来说，2h问题也不大；对大脑来说，5s意识就会消失，5min就会产生严重损害，时间越长越危险。

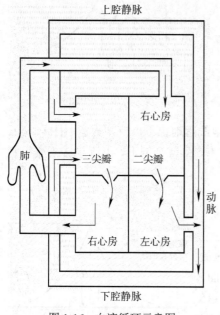

图1-16 血液循环示意图

（3）人体心脏发电机——窦房结。

窦房结是人体心脏跳动的发源地，在右心房上腔静脉入口处的肌肉里，藏着一小块呈梭形的特殊组织，长15mm×宽5mm×厚2mm，每隔0.75s向心脏发出一次微弱电流，指挥心脏跳动一次，其电压有1～1.6mV。

它除了向心脏传导外，还能传到人体表面，只要在人体表面不同两点用仪器来测量，就能观察到心脏跳动是否正常。一般用的仪器叫心电图机。

（4）心跳速度。

初生婴儿平均每分钟180次，6岁以后到成年人平均每分钟60～90次。

（5）心脏是个血泵。

心脏每跳动一次，由收缩和舒张两个动作组成，每次收缩，能把50～70ml的血挤压到血管里。1min就可排血8～10g，如果按每分钟跳动60次来计算，一昼夜的循环排血量竟达13 000g，因此，有人形容心脏像个血泵。

1.5 触电急救措施

1.5.1 现场抢救触电者的原则

现场抢救触电者的经验原则是八字方针：迅速、就地、准确、坚持。

（1）迅速——争分夺秒使触电者脱离电源。

（2）就地——必须在现场附近就地抢救，千万不要长途送往供电部门、医院抢救，以免耽误抢救时间。

从触电时算起，5min 以内及时抢救，救生率 90%左右。10min 以内抢救，救生率 60%。超过 15min，希望甚微。

（3）准确——人工呼吸法的动作必须准确。

（4）坚持——只要有百分之一希望就要尽百分之百努力去抢救。

同时及早与医疗部门联系，争取医务人员接替救治。在医务人员未接替救治前，不应放弃现场抢救，更不能只根据没有呼吸或脉搏擅自判定伤员死亡，放弃抢救。只有医生有权做出伤员死亡的诊断。

1.5.2　现场抢救触电者的方法

1. 脱离电源

触电急救，首先要使触电者迅速脱离电源，越快越好。因为电流作用的时间越长，伤害越重。

脱离电源就是要把触电者接触的那一部分带电设备的开关、刀闸或其他断路设备断开；或设法将触电者与带电设备脱离。在脱离电源时，救护人员既要救人，也要注意保护自己。触电者未脱离电源前，救护人员不准直接用手触伤员，因为有触电的危险；如触电者处于高处，解脱电源后会自高处坠落，因此，要采取预防措施。对各种触电场合，脱离电源采取如下措施。

1）脱离低压电源的方法

（1）如果触电地点附近有电源开关或电源插销，可立即关闭开关或拨出插销，断开电源。但应注意到拉线开关及拨动开关只能控制一根线，有可能切断零线，而不能断开电源。

（2）如果触电地点附近没有开关，可用有绝缘柄的电工钳或有干燥木把的斧头切断电线，断开电源，或用干燥木板等绝缘物插入触电者身下，以隔断电流。

（3）当电源线搭落在触电者身上或被压在身下时，可用干燥的衣服、手套、绳索、木板、木棒等绝缘物作为工具，拉开触电者或挑开电源线，使触电者脱离电源。

（4）如果触电者的衣服是干燥的，又没有紧缠在身上，可以用一只手拉住他的衣服，拉离电源；但因触电者身体是带电的，救护人员不得接触触电者的皮肤，可站在绝缘垫或干燥木板上进行救护。

2）高压触电事故脱离电源方法

（1）立即电话通知有关供电部门拉闸停电。

（2）如果电源开关离触电现场不远，可戴上绝缘手套，穿上绝缘靴，用相应电压等级的绝缘工具按顺序拉开开关。

（3）抛掷裸金属线使线路短路接地，迫使线路过电流保护装置动作，断开电源。注意抛掷金属线之前，先将金属线一端可靠接地，然后再抛掷另一端，并应注意抛掷的一端不可触及触电者和其他人员。

3）架空线路上触电

对触电发生在架空线杆塔上，如系低压带电线路，能立即切断线路电源的，应迅速切断电源，或者由救护人员迅速登杆，束好自己的安全皮带后，用带绝缘胶柄的钢丝钳、干燥的不导电物体或绝缘物体将触电者拉离电源；如系高压带电线路，又不可能迅速切断开关的，可采用抛挂足够截面的适当长度的金属短路线方法，使电源开关跳闸。抛挂前，将短路线一端固定在铁塔或接地引下线上，另一端系重物，但抛掷短路线时，应注意防止电弧伤人或断线危及人身安全。不论是何种线电压线路上触电，救护人员在使触电者脱离电源时要注意防止发生高处坠落的可能和再次触及其他有电线路的可能。

4）断落在地的高压导线上触电

如果触电者触及断落在地上的带电高压导线，如尚未确证线路无电，救护人员在未做好安全措施（如穿绝缘靴或临时双脚并紧跳跃地接近触电者）前，不能接近断线点至8～10m内，以防止跨步电压伤人。触电者脱离带电导线后亦应迅速带至8～10m以外，并立即开始触电急救。只有在确定线路已经无电时，才可在触电者离开触电导线后，立即就地进行急救。

要认真观察伤员全身情况，防止伤情恶化。发现呼吸、心跳停止时，应立即在现场就地抢救，用心肺复苏法支持呼吸和血液循环，对脑、心等重要脏器供氧。急救的成功条件是动作快、操作正确，任何拖延和操作错误都会导致伤员伤情加重或死亡。

5）注意事项

上述使触电者脱离电源的方法，应根据具体情况，以快为原则，选择采用。在实施过程中，要遵循下列注意事项。

（1）救护人员不可直接用手或其他金属及潮湿的物体作为救护工具，必须选择适当的绝缘工具。救护人员最好用一只手操作，以防自身触电。

（2）防止触电者脱离电源后可能的摔伤和碰伤，特别是当触电者在高处的情况下，应考虑防摔措施，即使触电者在平地，也应该注意触电者倒下的方向，注意防摔或锐器碰伤。

（3）如果事故发生在夜间，应迅速解决临时照明问题，以利抢救，并避免扩大事故。

（4）触电者只要没有致命外伤，必须立即就地急救，在医生到来之前（或在送往医院途中）救护不能间断。救护过程中不准给触电者打强心针。

2. 脱离电源后的处理

1）简单诊断

（1）触电伤员如神志清醒者，应使其就地躺平，严密观察，暂时不要站立或走动。

（2）触电伤员神志不清者，应使其就地仰面躺平，确保其气道通畅，并用 5s 时间，呼叫伤员或轻拍其肩部，以判定伤员是否意识丧失。禁止摇动伤员头部呼叫伤员。应在 10s 内，用看、听、试的方法，判断触电者的呼吸、心跳情况。

看——看触电者的胸部、腹部有无起伏动作。

听——用耳贴近触电者的口鼻处，听有无呼气声音。

试——试测鼻有无呼气的气流，再用两手轻试喉结旁凹陷处的颈动脉有无跳动。

2）触电者死亡的几个象征

（1）心跳、呼吸停止。

（2）瞳孔放大。

（3）尸斑。

（4）尸僵。

（5）血管硬化。

这五个象征只要1～2个未出现，应作假死去抢救。

3）相应的急救措施

（1）对"有心跳而呼吸停止"的触电者，应采用"口对口人工呼吸法"进行抢救。

（2）对"有呼吸而心脏停跳"的触电者，应采用"胸外心脏挤压法"进行抢救。

（3）对"既无呼吸也无心跳"的触电者，应采用"口对口人工呼吸法"与"胸外心脏挤压法"配合起来抢救。

（4）需要抢救的伤员，应立即就地坚持正确抢救，并设法联系医疗部门接替救治

3．现场急救方法

1）通畅气道

触电伤员呼吸停止，重要的是始终确保气道通畅。如发现伤员口内有异物，可将其身体及头部同时侧转，迅速用一个手指或两手指交叉从口角处插入，取出异物。操作中要注意防止将异物推到咽喉深部。

通畅气道可采用仰头抬颌法，用一只手放在触电者前额，另一只手的手指将其下颌骨向上抬起，两手协同头部推向后仰，舌根随之抬起，气道即可通畅。严禁用枕头或其他物品垫在伤员头下，头部抬高前倾，会加重气道阻塞，并使胸外按压时流向脑部的血流减少，甚至消失。

2）口对口（鼻）人工呼吸

用人工方法使气体有节律地进入肺部，再排出体外，使触电者获得氧气，排出二氧化碳，人为地维持呼吸功能。其要领如下。

（1）在对触电者进行急救前，应迅速解开触电者的衣扣，松开紧身的内衣、裤带等，使其胸部和腹部能够自由扩张。

（2）使触电者身体呈仰卧、颈部伸直的状态更利于急救，先掰开他的嘴，清除口腔中的呕吐物，摘下活动假牙。如果舌头后缩，应把舌头拉出，使呼吸畅通，然后使头部尽量后仰，让舌头根部不会阻塞气流。

（3）救护者处在触电者头部旁边，一手捏紧其鼻孔，另一手扶着下颌，使触电者的嘴张开，嘴上可盖一块洁净纱布或薄手帕。救护者做深吸气后，紧贴触电者的嘴吹气，同时观察他的胸部扩展情况，以胸部略有起伏为宜。胸部无起伏，表明吹气用力过小；胸部起伏过大，表明吹气太多，易造成肺气泡破裂。因此要观察胸部起伏程度来掌握吹气量。

（4）吹气速度，对成人是吹气 2s，停 3s，5s 一次。成年人每分钟 12～16 次，对儿童是每分钟吹气 18～24 次。

（5）触电者嘴不能掰开时，可进行口对鼻吹气。方法同上，只是要用一只手封住嘴以免漏气。

人工呼吸示意图如图 1-17 所示。

对口吹气的口诀如下：

张口捏鼻手抬颌，深吸缓吹口对紧；

张口困难吹鼻孔，五秒一次坚持吹。

触电者心跳、呼吸都停止时，应同时进行胸外心脏挤压和口对口人工呼吸。如果有两个操作者，可以一个负责心脏挤压，另一人负责对口吹气。操作时，心脏挤压 4～5 次，暂停，吹气一次，叫 4 比 1 或 5 比 1。如果只有一个操作者，操作时最好是 2 次很快地肺部吹气，接着进行 15 次胸

图 1-17　口对口（鼻）人工呼吸

部挤压，叫 15 比 2。肺部充气时，不应按压胸部，以免损伤肺部和降低通气的效果。

3）胸外心脏挤压法

心脏挤压是有节律地挤压胸骨下部，间接压迫心脏，排出血液，然后突然放松，让胸骨复位，心脏舒张，接受回流血液，用人工维持血液循环，如图 1-18 和图 1-19 所示。

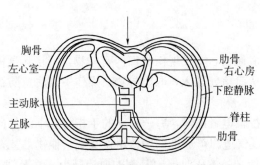

图 1-18　胸外心脏挤压解剖示意（横切面）

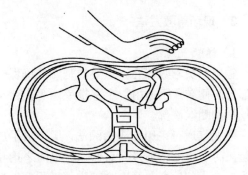

图 1-19　胸外心脏挤压法

其要领如下：

挤压胸骨下段，心脏在胸骨与脊柱之间被挤压，血液排出。放松时，心脏因静脉血液回流而充盈。

（1）挤压位置。正确的挤压位置是保证胸外挤压效果的重要前提。确定正确挤压位置的步骤为：

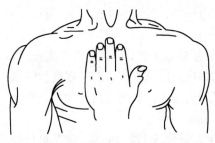

图 1-20　胸外挤压位置图

① 右手的食指和中指沿触电伤员的右侧肋骨下缘向上，找到肋骨和胸骨接合处的中点；

② 两手指并齐，中指放在切迹中点（剑突底部），食指平放在胸骨下部；

③ 另一只手的掌根紧挨食指上缘，置上胸骨上，即为正确挤压位置。

如图 1-20 所示。掌根压胸，位置在心窝口的稍上方。

（2）挤压姿势。正确的挤压姿势是达到胸外挤压效果的基本保证，正确的挤压姿势应符合以下要求：

① 使触电伤员仰面躺在平硬的地方，救护人员或立或跪在伤员一侧肩旁，救护人员的两肩位于伤员胸骨正上方，两臂伸直，肘关节固定不屈，两手掌根相叠，手指翘起，不接触伤员胸壁。

② 以髋关节为支点，利用上身的重力，垂直将正常成人胸骨压陷 3～5cm（儿童和瘦弱者酌减）。

③ 压至要求程度后，立即全部放松，但放松时救护人员的掌根不得离开胸壁。

④ 按压必须有效，有效的标志是挤压过程中可以触及颈动脉搏动。

（3）操作频率。

胸外挤压要以均匀度进行，每分钟 80 次左右，每次挤压和放松的时间相等。

胸外挤压与口对口（鼻）人工呼吸同时进行，其节奏为：单人抢救是，每按压 15 次后吹气 2 次（15∶2），反复进行；双人抢救时，每按压 5 次后另一人吹气 1 次（5∶1），反复进行。

挤压吹气 1min 后（相当于单人抢救时做了 4 个 15∶2 压吹循环），应用看、听、试方法在

5～7s 时间内完成对伤员呼吸和心跳是否恢复的再判定。若判定颈动脉已有搏动但无呼吸，则暂停胸外挤压，而再进行 2 次口对口人工呼吸，接着 5s 吹气一次（即 12 次/min）。如脉搏和呼吸均未恢复，则继续坚持心肺复苏方法抢救。

在抢救过程中，要每隔数分钟再判定一次，每次判定时间均不得超过 5～7s。在医务人员未接替抢救前，现场抢救人员不得放弃现场抢救。

4）摇臂压胸呼吸法

操作要领如下。

（1）触电者仰卧，头部后仰。

（2）操作者在触电者头部，一只脚做跪姿，另一只脚半蹲。两手将触电者的双手向后拉直，压胸时，将触电者的手向前顺推，至胸部位置时，将两手向胸部靠拢，用触电者两手压胸部。在同一时间内还要完成以下几个动作：跪着的一只脚向后蹬成前弓后箭状，半蹲的前脚向前倒，然后用身体重量自然向胸部压下。压胸动作完成后，将触电者的手向左右扩张。完成后，将两手往后顺向拉直，恢复原来位置。

（3）压胸时不要有冲击力，两手关节不要弯曲，压胸深度要看对象，对小孩不要用力过猛，对成年人每分钟完成 14～16 次。

摇臂压胸呼吸法的口诀如下：

单腿跪下手拉直，双手顺推向胸靠；

两腿前弓后箭状，胸压力量要自然；

压胸深浅看对象，用力过猛出乱子；

左右扩胸最要紧，操作要领勿忘记。

5）俯卧压背呼吸法（此法只适宜触电后溺水、腹内吸入大量水者）

（1）触电者俯卧，触电者的一只手臂弯曲枕在头上，脸侧向一边，另一只手在头旁伸直。操作者跨腰跪，四指并拢，尾指压在触电者背部肩胛骨下（相当于第七对肋骨），如图 1-21 所示。

（2）按压时，操作者手臂不要弯，用身体重量向前压。向前压的速度要快，向后收缩的速度可稍慢，每分钟完成 14～16 次。

（3）触电后溺水，可将触电者面部朝下平放在木板上，木板向前倾斜 10° 左右，触电者腹部垫放柔软的垫物（如枕头等），这样，压背时会迫使触电者将吸入腹内的水吐出。

图 1-21 俯卧压背呼吸法

俯卧压背呼吸法的口诀如下：

四指并拢压一点，挺胸抬头手不弯；

前冲速度要突然，还原速度可稍慢；

抢救溺水用此法，倒水较好效果佳。

4．抢救过程中伤员的移动与转院

心肺复苏应在现场就地坚持进行，不要为方便而随意移动伤员，如确有需要移动时，抢救中断时间不应超过 30s。

移动伤员或将伤员送医院时，除应使伤员平躺在担架上并在其背部垫以平硬阔木板外，移动或送医院过程中还应继续抢救。心跳呼吸停止者要继续心肺复苏法抢救，在医务人员未接替救治前不能终止。

如伤员的心跳和呼吸抢救后均已恢复，可暂停心肺复苏方法操作。但心跳呼吸恢复的早期有可能再次骤停，应严密监护，不能麻痹，要随时准备再次抢救。初期恢复后，神志不清或精神恍惚、跳动，应设法使伤员安静。

5．杆上或高处触电急救

发现高处有人触电，应争取时间及早在高处开始进行抢救。救护人员登高时应随身携带必要的工具和绝缘工具，以及牢固的强索等，并紧急呼救。

救护人员应在确认触电者已与电源隔离，且救护人员本身所涉环境安全距离内无危险电源时，方能接触伤员进行抢救，并应注意防止发生高空坠落的可能性。

若在杆上发生触电，应立即用绳索迅速将伤员送至地面，或采取迅速有效措施送至平台上。触电伤员送至地面后，应立即继续按心肺复苏法坚持抢救。

1.5.3　预防人身触电的措施

（1）严格遵守电气作业安全的有关规章制度，提高作业人员的操作水平。

（2）不得带电检修、搬迁电气设备、电缆和电线。

（3）使人体不能触及或接近带电体。首先，将人体可能触及的电气设备的带电部分全部封闭在外壳内，并设置闭锁机构，只有停电后外壳才能打开，外壳不闭合送不上电。对于那些无法用外壳封闭的电气设备的带电部分，采用栅栏门隔离，并设置闭锁机构。将电机车架空线这种无法隔离的裸露带电导体安装在一定高度，防止人无意触及。

（4）设置保护接地。当设备的绝缘损坏，电压窜到其金属外壳时，把外壳上的电压限制在安全范围内，防止人身触及带电设备外壳而造成触电事故。

（5）在供电系统中，装设漏电保护装置，防止供电系统漏电造成人身触电或引起瓦斯及煤尘爆炸事故。

（6）采用较低的电压等级。对那些人身经常触及的电气设备（如照明、信号、监控、通信和手持式电气设备），除加强手柄的绝缘外，还必须采用较低的电压等级。

（7）进入现场维修电气装置时要使用绝缘工具，如绝缘夹钳、绝缘手套等制定用电专项方案。

（8）工作人员应每天进行巡视检查，发现问题及时整改，并应做好记录，各项记录应齐全。

 本章小结

电力系统由发电厂、电力网和用户等部分组成。发电厂是生产电能的工厂。电力网是连接发电厂和用户的中间环节。

电气工作人员是深入到电力系统各环节的最主要的工作人员，电气工作人员一定要牢记职业道德规范，严格遵守岗位职责。电力生产要贯彻"安全第一、预防为主"原则。安全、文明生产，人人有责。应按规程培训并按《规程》的内容，定期进行考试。

为保证电气工作人员操作安全，一般情况下采用停电操作。停电操作时必须执行停电、验电、装设地线、悬挂标志牌和装设遮拦四项安全技术措施。

连接在电力系统各级电网上的用电设备所需功率的总和称为用户的用电负荷。根据用电负荷的重要性程度和对供电可靠性的要求，电力负荷分为一级、二级、三级负荷。

电气灭火时应选用不导电灭火材料，灭火时要保证灭火器与人体间距离及灭火器与带电体之间最小距离（10kV 电源不得小于 0.7m，35kV 电源不得小于 1m）。熟悉各种灭火器材的性能，能够熟练使用各种灭火器材。

触电急救，首先要使触电者迅速脱离电源。脱离电源后应立即诊断，采用正确的救护方法，如"口对口人工呼吸"和"胸外心脏挤压法"。触电急救中应防止救人者触电，防止被救者出现二次伤害。

复习题

1．简述电力系统各组成部分的作用是什么？

2．简述电力负荷的分级原则。

3．简述电气工作人员的岗位职责和职业道德。

4．停电作业时，为保证人身安全应执行的安全技术措施有哪些？

5．低压带电作业有哪些安全要求？

6．常见的人体触电有哪几种类型？

7．了解感知电流、摆脱电流、安全电流、室颤电流。

8．电气灭火应如何选择灭火器？

9．使触电者脱离电源的方法有哪些？应注意哪些事项？

10．叙述口对口人工呼吸法操作要领。

11．叙述胸外心脏挤压法操作要领。

12　如何预防人体触电？

本章实习

1．参观发电厂或变电站或供电公司。

2．练习人工呼吸和胸外心脏挤压法。

第 2 章

电工常用工具和材料

2.1 常用工具

电工工具的使用是安装维修电工在安装和维修操作技术中所必须掌握的技能。本节介绍电工工具的使用方法、结构、原理及功能。

2.1.1 验电器

验电器又称试电笔，是用来检查导线、电器和电气设备是否带电的安全用具。

1. 低压验电器

1）灯显验电器

灯显验电器的结构有金属探头、电阻、氖管、弹簧等，其测量电压范围在 60～500V 之间。如图 2-1 所示。

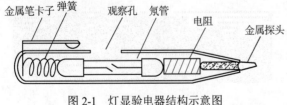

图 2-1 灯显验电器结构示意图

（1）工作原理。

当用试电笔测试带电体时，人体触及试电笔末端的金属卡子，另一端金属探头接触带电导线或电气设备，即可使氖管发光。电流由带电体、试电笔、人体到大地形成回路。带电体与大地之间的电位差超过 60V 时，试电笔中的氖管发出红色的辉光。即说明带电体有电。

（2）使用注意事项。

① 试电笔的测试电压等级应与被测带电体的电压一致，低压试电笔的检测电压范围为

60～500V（指带电体与大地的电位差）。

② 试电笔在使用前应在带电体上测试，检查试电笔氖管有无发光，确认完好后方可使用。

③ 在强光照射下测试时，要避光测试，才能看清氖管是否发光，或使用"液晶显示"的试电笔。

④ 测试时应注意身体各部位与带电体的安全距离，防止触电事故发生。同时注意在测试时不要造成线路的短路故障。

（3）其他用途。

① 区分火线和地线。对于三相四线制供电，氖泡发亮的是火线（相线），不亮的是地线（中性线）。

② 区分交流电和直流电。交流电通过氖泡时，氖泡的两极都会发光；而直流电通过时，只有一个极发光，当验电器两端接到正负两极之间时，发亮的一端是负极，另一端是正极。

③ 判断电压高低。氖泡发暗红，轻微亮，则电压低；氖泡发黄红或很亮时，则电压高。

2）数显验电器

数显验电器的结构有金属探头、数显电路、感应触点等，其测量电压范围在 12～250V 之间。如图 2-2 所示为数显验电器。

（1）工作原理。

数显验电器是把连续变化的模拟量转换成数字量，通过寄存器、译码器，最后在液晶屏或数码管上显示出来。其工作电路由 A/D 转换、非线性补偿、标度变换三部分组成。能够进行电压检测和感应

图 2-2　数显验电器

检测，检测范围为 12～250V 的交流或直流电。挡位有 12V、36V、55V、110V、220V 五挡。

（2）使用注意事项。

① 按键不需用力按压，测试时不能同时接触两个测试键，否则会影响灵敏度和测试结果。

② 测非对地的直流电时，手应接触另一电极（正极或负极）

③ 感应检测时，试电笔前端金属靠近检测物，若显示屏出现"高压符号"表示物体带交流电。

④ 利用"高压符号"测并排线路时要增加线间距离，能区分出零线、相线，有无断线现象。

2. 高压验电器

高压验电器是用来检验设备对地电压在 250V 以上的高压电气设备。目前，广泛采用的有发光型、声光型、风车式三种类型。

高压验电器是由检测部分、绝缘部分、握柄部分三部分组成。绝缘部分是指示器下面金属衔接螺丝到罩护环部分，握柄部分是罩护环以下的部分。其中绝缘部分、握柄部分根据电压等级的不同其长度是不同的。

如图 2-3 所示为发光型高压验电器，其结构由手柄、护环、紧固螺钉、氖管窗、氖管和金属探头等部分组成。

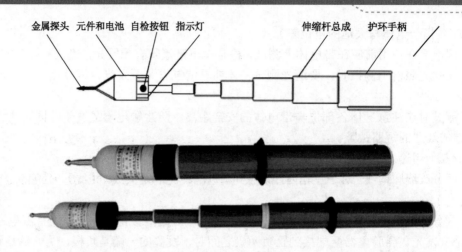

金属探头　元件和电池　自检按钮　指示灯　　伸缩杆总成　护环手柄

图 2-3　高压验电器

在使用高压验电器时应注意以下事项。

① 使用高压验电器进行验电时，必须执行操作监护制，一人操作，一人监护。操作者在前，监护者在后。10kV 以下电压安全距离应在 0.7m 以上。

② 验电器使用时，必须检查额定电压要与被测电气设备的电压等级相适应，否则可能危及操作人员的生命安全。

③ 验电时，操作人员应手握罩环以下手柄部分，先在有电的设备上进行检验。检验时，应慢慢移近带电设备至发光或发声止，以验证验电器的好坏。之后再在需要进行验电的设备上检测。

④ 同杆架设的多层线路验电时，应先验低压，后验高压，先验下层，后验上层。

⑤ 使用验电器前，要认真阅读使用说明书，检查一下使用周期，并检查外观是否破损，如有损坏不得再使用。

⑥ 高压验电器在保管和运输过程中，要避免剧烈振动和冲击，不能私自调整和拆装，应保存在通风干燥处。

⑦ 雨天和雪天及潮湿环境下不能使用。

2.1.2　螺丝刀

螺丝刀又称改锥或起子，是一种紧固和拆卸螺钉的工具。它的种类很多，这里先介绍适合电工使用的普通螺丝刀，有一字形和十字形两种。一字形螺丝刀是用于拧紧或拆卸一字槽的自攻螺丝、机螺丝、木螺丝等，其规格按刀体长度分别为 50mm、75mm、100mm、125mm、150mm、200mm 等几种。十字形螺丝刀是专用紧固和拆卸十字槽的自攻螺丝、机螺丝和木螺丝，常用的规格有四种，Ⅰ号适用于螺钉直径为 2～2.5mm，Ⅱ号为 3～5mm，Ⅲ号为 6～8mm，Ⅳ号为 10～12mm。其结构如图 2-4 所示。

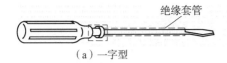
（a）一字型

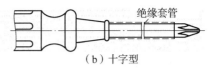
（b）十字型

图 2-4　螺丝刀结构示意图

使用螺丝刀的安全注意事项：

① 电工只允许使用木柄及塑料柄的螺丝刀，不能使用通芯螺丝刀。

② 使用螺丝刀拆卸螺钉时，手不得触及螺丝刀的金属部分，防止发生触电事故。

③ 使用时为防止触电，可在金属杆上穿套绝缘管。

其次介绍一下组合螺丝刀，这种螺丝刀按不同的头形可以分为一字形、十字形、米字形、星形、方头形、六角形、Y 形、H 形，这种组合螺丝刀一般情况下不适用于带电操作，因为其结构是一个手柄配备了多个选择刀头，其连接杆是金属的容易脱离刀头，存在安全隐患，所以不能带电使用。其结构如图 2-5 所示。

最后介绍一下电动螺丝刀，这种螺丝刀以电动马达代替人手的动力来安装螺丝。有多种外观形式。如图 2-6 所示。

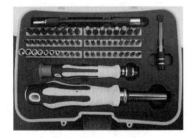

图 2-5　组合螺丝刀

图 2-6　电动螺丝刀

电动螺丝刀使用注意事项：

① 接入电源之前，检查电源开关是否在"关"的位置，检查电源电压是否适用于该工具。

② 使用时设定扭力不要过大。

③ 更换螺丝刀起子头时，应关闭电源。

④ 连续使用时间不应过长，避免马达过热烧毁。

⑤ 螺丝刀使用过程中，不得带电拆卸。

⑥ 使用完后，应妥善保管，避免摔落和撞击。

2.1.3　钢丝钳

带绝缘柄的钢丝钳是电工必备工具之一，工作电压为 500V。它的规格用钢丝钳的长度表示，有 150mm、175mm、200mm 三种。它的主要用途是剪切导线和其他金属丝。所以钢丝钳又称为克丝钳。其结构如图 2-7（a）所示。

钢丝钳的正确握法是用大拇指扣住一个钳柄，用食指、中指和无名指勾住另一钳柄外侧，并用小拇指顶住该钳柄内侧，这样伸屈手指或转动手腕，就能控制钳头各部分的动作。其握法如图 2-7（b）所示。

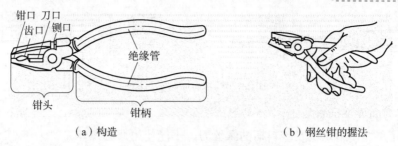

（a）构造 （b）钢丝钳的握法

图 2-7 钢丝钳结构及握法示意图

使用注意事项：

① 检查绝缘柄的绝缘应良好。

② 钳头的刃口朝向自己。

③ 带电作业时，不得用刀口同时剪切相线和零线，以免发生短路或造成触电事故。

④ 不得用钢丝钳代替榔头敲击物件。

2.1.4 尖嘴钳

图 2-8 尖嘴钳结构示意图

尖嘴钳的头部尖细而长，适用于在狭小的工作空间操作。电工操作选用带绝缘柄的尖嘴钳，耐压 500V。其规格用尖嘴钳的长度表示，有 150mm、180mm 等。其结构如图 2-8 所示。

使用注意事项：

① 检查绝缘柄，确定绝缘应良好。

② 钳头的刃口朝向自己，便于控制剪切部位。

③ 带电作业时，不得用刀口同时剪切相线和零线，以免发生短路或造成触电事故。

④ 不得用钢丝钳作为敲击工具，以免变形。

⑤ 钳柄不能用其他器件延长力矩，避免加力操作而损坏。

2.1.5 剥线钳

剥线钳是用来剥除小直径导线绝缘层的专用工具。它的手柄带有绝缘套，耐压 500V。其结构如图 2-9 所示。

（1）使用方法。

右手握住剥线钳，左手拿住导线放入剥线钳相应的卡口内，右手用力把钳口向外分开，将导线线芯与绝缘层分离即可露出相应长度的线芯。

（2）使用注意事项。

① 检查剥线钳绝缘柄，确定绝缘应良好。

② 检查钳头的刀口有无变形，开关动作是否灵活。

③ 观察导线与钳口直径是否相适应，防止小刀口剪切过粗导线而伤及芯线。

④ 不要用剥线钳剪切钢丝或其他硬物。

⑤ 剥线钳使用后应放在规定位置。

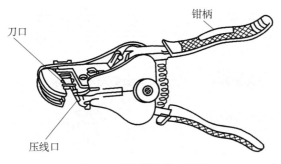

图 2-9　剥线钳结构示意图

2.1.6　断线钳

断线钳是专供剪断直径较粗的金属丝、线材及电线电缆等的工具。电工所用的带绝缘柄的断线钳其耐压 1 000V。如图 2-10 所示。

使用注意事项：

① 使用前根据被剪线材的直径粗细和材质，调节剪切口的开度。

② 使用时两手把钳柄张到最大，再放入线材。

③ 剪切导线时，不得同时剪切相线和零线。

图 2-10　断线钳示意图

④ 不得超范围使用，操作前应检查各部件是否松动。

⑤ 剪切线材短头时，应防止飞出的断头伤人，剪切时应保持短头朝下。

⑥ 严禁将断线钳挪作他用。

2.1.7　压线钳

压线钳又称为压接钳，是用来压接导线线头与接线端子连接的一种冷压工具。压线钳有手动式压线钳、电动式压线钳、气动式压线钳、液压式压线钳，图 2-11 是 YJQ-P2 型手动压线钳的外形图。该产品有四种压接钳口腔，可压接导线截面积 0.75～10mm^2 等多种规格与冷压端子的压接。操作时，先将接线端子预压在钳口腔内，将剥去绝缘的导线端头插入接线端子的孔内，并使被压裸线的长度超过压痕的长度，即可将手柄压合到底，使钳口完全闭合，当锁定装置中的棘爪与齿条失去啮合，则听到"嗒"的一声，即为压接完成，此时钳口便能自由张开。如图 2-12 所示为压线钳外形实物图。

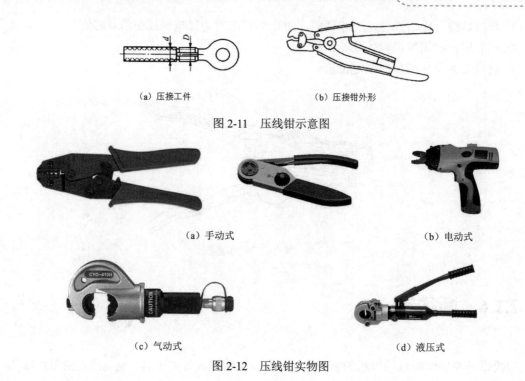

（a）压接工件　　　　　　　　　　（b）压接钳外形

图 2-11　压线钳示意图

（a）手动式　　　　　　　　　　　　　　　（b）电动式

（c）气动式　　　　　　　　　　　　（d）液压式

图 2-12　压线钳实物图

使用注意事项：

① 压接时钳口、导线和冷压端头的规格必须相配。

② 压接钳的使用必须严格按照其使用说明正确操作。

③ 压接时必须使端头的焊缝对准钳口凹模。

④ 压接时必须在压接钳全部闭合后才能打开钳口。

2.1.8　电工刀

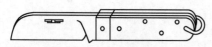

图 2-13　电工刀结构示意图

电工刀是电工在安装和维修工作中用来剖削电线电缆绝缘层，切割木台缺口，削制木桩的专用工具。其结构有普通式和三用式等几种，三用式电工刀增加了锯片和锥子，电工刀刀柄是无绝缘保护的，不能在带电导线和设备上使用，以防触电。如图 2-13 所示。

使用注意事项：

① 使用前应保障刀具质量规范合格。

② 使用前应将刀口磨制成单品呈圆弧状的刃口，保证一定锋利度，不用时应将刀刃入鞘。

③ 在剖削导线绝缘皮时，用刀刃的圆弧面抵住芯线，刀口向外推，刀口不要朝向自己，避免操作者受伤。

④ 严禁将电工刀挪作他用。

2.1.9　电工用凿

按用途分为麻线凿、小扁凿和长凿等几种。

麻线凿也叫圆榫凿，用来凿打混凝土建筑物的安装孔，常用的有 16 号和 18 号两种。

小扁凿是用来凿打砖结构墙孔，电工常用的凿口宽度多为 12mm。

长凿是用来凿打较厚墙壁和打穿墙孔的，长凿直径有 19mm、25mm 和 30mm，长度有 300、400 和 500mm 等多种，如图 2-14 所示。

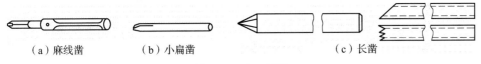

（a）麻线凿　　　　　（b）小扁凿　　　　　　（c）长凿

图 2-14　电工用凿

2.1.10　冲击钻

冲击钻的作用是在砖结构或混凝土结构建筑物上进行冲打安装，冲打直径范围为 6～16mm。作为电钻使用时，可把开关调到"钻"的位置；作为冲击钻使用时，可把开关调到"锤"的位置。如图 2-15 所示。

使用注意事项：

① 使用前检查电源插头、电源线及电钻的外壳是否完好无损。有破损者不得使用。

② 使用前检查锤钻调节开关和正反转开关是否处于正确的位置。

③ 更换冲击钻头时，应切断电源后再进行操作。

④ 在打孔作业之前先进行空载试运行，检查运行是否顺畅。

⑤ 操作完之后应进行妥善保管，避免进水和撞击。

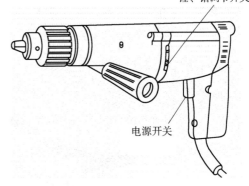

锤、钻调节开关

电源开关

图 2-15　冲击钻结构示意图

2.1.11　活络扳手

活络扳手是用来紧固和拆卸螺钉螺母的一种专用工具，开口可在一定范围内调节。其规格是以长度乘最大开口宽度来表示，常用的活络扳手有 150mm×19mm（6″），200mm×24mm（8″），250mm×30mm（10″）和 300mm×36mm（12″）四种，使用时应注意不能当撬棒和手锤使用。其结构如图 2-16 所示。

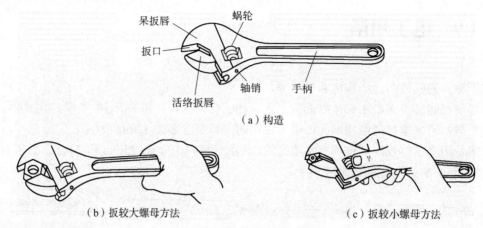

蜗轮
呆扳唇
扳口
轴销　手柄
活络扳唇

（a）构造

（b）扳较大螺母方法　　　　　　　　　　　（c）扳较小螺母方法

图 2-16　活络扳手结构示意图

2.1.12　弯管器

弯管器的主要作用是弯曲电线管。它的种类很多，常用的有以下几种。

1. 手动弯管器

普通弯管器是由一个铸铁弯头和一段铁管组成，用于 50mm 以下直径的电线管，能自由弯成各种角度。它的特点是体积小，重量轻，携带方便，是最简单的弯管工具。如图 2-17 所示。

图 2-17　普通弯管器

滑轮弯管器是由工作台、滑轮组和操作手柄等组成的，它可以弯曲直径在 50～100mm 的线管，如图 2-18 所示。

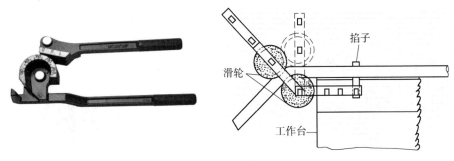

图 2-18　滑轮弯管器

2．电动弯管机

它是利用电动机为动力，再经过传动系统将管子弯成所需要的角度，它的特点是弯管质量好，效率高。如图 2-19 所示。

图 2-19　电动弯管机

3．液压弯管机

它是利用液压机构为动力，再经过传动系统将管子弯成所需要的角度，它的特点是弯管质量好，效率高。如图 2-20 所示。

图 2-20　液压弯管机

2.1.13　喷灯

喷灯是一种利用喷射火焰对工件进行加热的工具，常用来进行大面积铜导线的搪锡和金属制件的热处理等，按使用燃料的不同，喷灯分煤油喷灯（MD）和汽油喷灯（QD）两种，燃烧时火焰温度可达 900℃以上，其结构如图 2-21 所示，实物图如 2-22 所示。

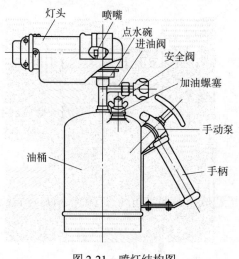

图 2-21　喷灯结构图

图 2-22　喷灯实物图

喷灯使用前要注意检查油桶是否漏油，喷嘴有无堵塞，丝扣处是否漏气等。使用方法如下：

① 加油。旋下加油螺栓，按喷灯所用燃料的种类，注入适量的油，加油量不超过油桶的 3/4，加油完毕拧紧螺塞。

② 预热。即在预热盘中倒入汽油，点燃后预热喷嘴。

③ 喷火。预热后调节进油阀，然后点燃喷火并进行打气，到火力正常时为止。

④ 熄火。熄火前应先关闭进油阀，直到火焰熄灭，再慢慢旋松加油螺塞，放出油桶内的压缩空气。

使用喷灯时注意，不得在煤油喷灯的筒体内加入汽油，加油时周围不得有火，喷灯点火时喷嘴前严禁有人，使用后将剩气放掉，旋紧各种螺塞，放置阴凉处。

2.1.14　绝缘夹钳

绝缘夹钳主要用于拆装低压熔断器等。绝缘夹钳由钳口、钳身、钳把组成，如图 2-23 所示，所用材料多为硬塑料或胶木。钳身、钳把由护环隔开，以限定手握部位。绝缘夹钳各部分的长度有一定的要求，在额定电压 10kV 及以下时，钳身长度不应小于 0.75m，钳把长度不应小于 0.2m，使用绝缘夹钳时应配合使用辅助安全用具。

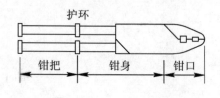

图 2-23　绝缘夹钳示意图

2.1.15　绝缘棒

绝缘棒主要是用来闭合或断开高低压隔离开关、跌落保险，以及用于进行测量和实验工作。绝缘棒由工作部分、绝缘部分和手柄部分组成，如图 2-24 所示。

2.1.16 射钉枪

1. 气体动力射钉枪

气体动力射钉枪主要由空气压缩机提供动力，由手柄处的开关控制阀门，释放压缩空气，下推活塞驱动钉子射出。如图 2-25 所示。

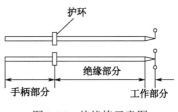

图 2-24 绝缘棒示意图

图 2-25 气动射钉枪实物图

操作要求：

① 使用射钉枪作业时，操作人员必须紧握手柄，精力集中，以防伤到附近施工作业人员。佩戴安全护目镜与耳罩，以确保安全。

② 检查连接空气压缩机管线是否连接完好。

③ 不可使用压缩空气（氧气、瓦斯气体等易燃易爆气体）以外的动力源，以适当的气压值操作，请保证使用之空气压力在 8kgf/cm^2 以内。

④ 请勿将枪嘴对准身体，以免造成伤害。

⑤ 请准确选用钉子规格，以免发生卡钉，造成工具损坏。

⑥ 请勿在装钉时扣发扳机。

⑦ 工具停止使用或维修时，请务必卸下空气接头。

⑧ 不可在易燃性物质四周操作。

⑨ 不可擅自使用其他不适当的接头。

⑩ 工作结束后，必须掏出枪嘴内的剩余钉子。

2. 火药动力射钉枪

火药动力射钉枪是利用发射空包弹产生的火药燃气作为动力，将尾部带有螺纹或其他形状的射钉射入钢板、混凝土和砖墙内，起固定和悬挂作用。发射射钉的空包弹与军用空包弹只是在大小上有所区别，对人同样有伤害作用。

射钉枪用于射钉紧固，它是一种现代先进的紧固技术，与传统的预埋固定，打洞浇筑，焊接等方法相比，具有许多优越性，它自带能源，从而摆脱了电线和风管的累赘，便于现场和高空作业，操作快速，能大大减轻工作强度，作用可靠和安全，甚至还能解决一些过去难以解决的施工难题；节约资金，降低施工成本。结构如图 2-26 所示。器弹构造如图 2-27 所示。

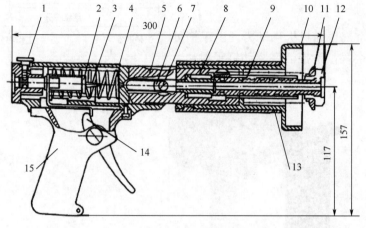

1—按钮；2—撞针体；
3—撞针；4—枪体；
5—枪铳；6—轴闩；
7—轴闩螺钉；8—后枪管；
9—前枪管；10—坐标护罩；
11—卡圈；12—垫圈夹；
13—护套；14—扳机；
15—枪柄

图 2-26　射钉枪结构示意图

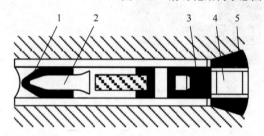

1—定心圈；2—钉体；
3—钉套；4—弹药；
5—弹套

图 2-27　器弹构造示意图

（1）火药动力射钉枪的操作。

射钉枪的操作分为装弹、击发和退弹壳三个步骤。

① 装弹。将枪身扳折 45°，检查无脏物后，将适用的射钉装入枪膛，并将定心圈套在射钉的顶端，以固定中心（M8 的规格可不用定心圈）；将钉套装在螺纹尾部，以传递推进力。装入适用的弹药及弹套，一手握擎坐标护罩，一手握枪柄，上器体，使前、后枪管成一条直线。

② 击发。为确保施工安全，射钉枪设有双重保险机构：一是保险按钮，击发前必须打开；二是击发前必须使枪口抵紧施工面，否则射钉枪不会击发。

③ 退弹壳。射钉射出后，将射钉枪垂直推出工作面，扳开机身，弹壳即退出。

（2）操作要求。

① 操作人员必须经过培训，熟悉各部件的性能、作用、结构特点及维护使用方法，其他人员均不得擅自使用射钉枪。

② 作业前必须对射钉枪做全面检查，射钉枪外壳、手柄无裂痕、破损；各部分防护罩齐全牢固，保护装置可靠。

③ 严禁用手掌推压钉管和将枪口对准人。

④ 击发时，应将射钉枪垂直压紧在工作面上，当两次扣动扳机，子弹均不发射时，应保持原射击位置 5 秒钟以上，再退出射钉弹。

⑤ 更换零件或断开射钉枪之前，射枪内均不得装有射钉弹。

⑥ 严禁超载使用。作业中应注意音响及升温，发现异常应立即停止使用，进行检查。

⑦ 射钉枪及其附件弹筒、火药、射钉必须分开，由专人负责保管。使用人员严格按领取料单数量准确发放，并收回剩余和用完的全部弹筒，发放和收回必须核对吻合。

（3）使用火药动力射钉枪的注意事项。

① 使用射钉枪时严禁枪口对人，作业面的后面不准有人。

② 不准在大理石、铸铁等易碎物体上作业，以防碎物对人造成伤害。

③ 如在弯曲状表面（如导管、电线管、角钢等）作业时，应使用特别护罩，以确保施工安全。

3．电动射钉枪

电动射钉枪壳体中设有加速线圈，加速线圈中设有冲锤轨道，冲锤体可在冲锤轨道中移动，冲锤体由导磁材料制成，冲锤体前端设有撞针，控制开关控制电动射钉枪工作。冲锤体上设有至少两排外轮廓高出冲锤外表面的滚轮，滚轮可绕其销轴转动。当滚轮外缘与冲锤体外的冲锤轨道接触时，冲锤轨道与滚轮摩擦力的力臂明显大于滚轮销轴所受摩擦力的力臂，使得滚轮可灵活的绕其销轴转动，从而实现有效地减小冲锤在运动过程中的摩擦，减少电动射钉枪的发热，提高射钉枪的使用寿命，如图 2-28 所示。

电动射钉枪的特点：

① 电动射钉枪携带轻便，无须配备辅助设备。总体重量在 1.5 公斤左右。

② 电动射钉枪没有过大噪声，它的声响一般在 20 分贝之下。

③ 使用电动射钉枪打 200 枚钉子仅需要 0.02 度电，节能 50% 以上。

④ 电动射钉枪，可连续打钉 1 000 枚以上。使用快捷方便。

图 2-28　电动射钉枪实物图

2.2　常用材料

2.2.1　绝缘材料

绝缘材料的主要作用是将带电体封闭起来或将带不同电位的导体隔开，保证电气线路电气设备正常工作，并防止发生人身触电事故等。各种设备和线路都包含有导电部分和绝缘部分。良好的绝缘是保证设备和线路正常运行的必要条件，也是防止触电事故的重要措施。电阻系数大于 $10^9\Omega\cdot cm$ 的材料在电工技术上称为绝缘材料，绝缘材料应具有良好的介电性能，即具有较高的绝缘电阻和耐压强度，并能避免发生漏电、爬电或击穿等事故，其次耐热性能要好，其中不因长期受热作用（热老化）而产生性能变化最为重要。此外还应有良好的导热性、耐潮和有较高的机械强度，以及工艺加工方便等特点。

绝缘材料大部分是有机材料，其耐热性、机械强度和寿命比金属材料低得多，因此绝缘材料是电工产品最薄弱的环节，应根据它们的不同特性，合理地选用。

电工常用绝缘材料按其化学性质不同，可分为无机绝缘材料，有机绝缘材料和混合绝缘材料。

（1）无机绝缘材料：有云母、石棉、大理石、瓷器、玻璃、硫磺等，主要用作电机、电器的绕组绝缘、开关的底板和绝缘子等。

（2）有机绝缘材料：有虫胶、树脂、橡胶、棉纱、纸、麻、蚕丝、人造丝等，大多用于制造绝缘漆、绕组导线的被覆绝缘物等。

（3）混合绝缘材料：由以上两种材料经加工后制成的各种成型绝缘材料，用于电器的底座、外壳等。

常用绝缘材料的性能指标如绝缘耐压强度、抗张强度、密度、膨胀系数等，其意义如下。

绝缘耐压强度：绝缘物质在电场中，当电场强度增大到某一极限值时，就会击穿。这个绝缘击穿的电场强度称为绝缘耐压强度（又称介电强度或绝缘强度），通常以1mm厚的绝缘材料所能耐受的电压千伏值表示。

抗张强度：绝缘材料每单位截面积能承受的拉力。例如，玻璃每平方厘米截面积能承受140kg。

密度：绝缘材料每立方厘米体积的质量，例如，硫磺每立方厘米体积有2g。

膨胀系数：绝缘体受热以后体积增大的程度。

电工绝缘材料按其在正常运行条件下允许的最高工作温度分级，称为耐热等级。现在国内通行的标准见表2-1。

表2-1　绝缘材料的耐热等级

级　　别	绝　缘　材　料	极限工作温度（℃）
Y	木材、棉花、纸、纤维等天然的纺织品，以醋酸纤维和聚酰胺为基础的纺织品，以及易于热分解和熔化点较低的塑料（脲醛树脂）	90
A	工作于矿物油中的和用油或油树脂复合胶浸过的 Y 级材料，漆包线、漆布、漆丝的绝缘及油性漆、沥青漆等	105
E	聚酯薄膜和 A 级材料复合、玻璃布、油性树脂漆、聚乙烯醇缩醛高强度漆包线、乙酸乙烯耐热漆包线	120
B	聚酯薄膜、经合适树脂黏合式浸渍涂覆的云母、玻璃纤维、石棉等，聚酯漆、聚酯漆包线	130
F	以有机纤维材料补强和石带补强的云母片制品，玻璃丝和石棉，玻璃漆布，以玻璃丝布和石棉纤维为基础的层压制品，以无机材料作补强和石带补强的云母粉制品，化学热稳定性较好的聚酯和醇酸类材料，复合硅有机聚酯漆	155
H	无补强或以无机材料为补强的云母制品、加厚的 F 级材料、复合云母、有机硅云母制品、硅有机漆、硅有机橡胶聚酰亚胺复合玻璃布、复合薄膜、聚酰亚胺漆等	180
C	不采用任何有机黏合剂及浸渍剂的无机材料如石英、石棉、云母、玻璃和电瓷材料等	180 以上

下面介绍几种常用的绝缘材料。

1. 塑料

1）模压塑料

常用的模压塑料有以下几种。

（1）4013 酚醛木粉塑料。

（2）4330 酚醛玻璃纤维塑料。它们具有良好的电气性能和防潮防霉性能，尺寸稳定，机械强度高，适宜做电机电器的绝缘零件。

（3）亚克力又称为有机玻璃，化学名称为聚甲基丙烯酸甲酯。它具有较好的透明性、化学稳定性和耐候性、易染色、易加工、外观优美、应用广泛等特点。

2）热塑性塑料

（1）ABS 塑料。象牙色不透明体，有良好的综合性能，表面硬度较高，易于加工成形，并可在表面镀金属，但耐热性、耐寒性较差，适宜做各种结构零件，如电动工具和台式电扇外壳及出线板、支架等。

（2）聚酰胺（尼龙）1010。白色半透明体，常温时，具有较高的机械强度，耐油，耐磨，电气性能较好，吸水性小，尺寸稳定，适宜做绝缘套、插座、线圈骨架、接线板等绝缘材料，也可制作齿轮等机械传动零件。

2. 橡胶橡皮

电工用橡胶分天然橡胶和合成橡胶两种。天然橡胶易燃，不耐油，容易老化，不能用于户外，但它柔软，富有弹性，主要用做电线电缆的绝缘层和护套。合成橡胶使用较普遍的有氯丁橡胶和丁腈橡胶，它们具有良好的耐油性和耐溶剂性，但电气性能不高，用作电机电器中绝缘结构材料和保护材料，如引出线套管、绝缘衬垫等。

3. 木料

电工材料用木材主要有木槽板、圆木、连二木等。用于干燥的场合安装灯座、开关。详细内容见本节安装材料。

4. 绝缘包扎带

绝缘包扎带主要用作包缠电线和电缆的接头，常用的有以下几种。

（1）布绝缘胶带（又称黑胶布）：适用于交流电压 380V 以下电线电缆包扎绝缘，在-10℃～40℃温度范围内使用，有一定的黏着性。

（2）塑料绝缘胶带（聚氯乙烯或聚乙烯胶带）：适用于交流 500～6000V（多层绕包）电线、电缆接头等处作包扎绝缘用，一般可在-15℃～+60℃范围内使用，其绝缘性能、耐潮性、耐腐蚀性好，其中电缆用的特种软聚氯乙烯带是专门用来包扎电缆接头的，有黄、绿、红、黑四种称为相色带。

（3）涤纶绝缘胶带（聚酯胶黏带）：适用范围与塑料绝缘胶带相同，但耐压强度高，防水性能更好、耐化学稳定性好，还能用于半导体元件的密封。

5. 陶瓷制品

瓷土烧制后涂以瓷釉的陶瓷制品，是不燃烧不吸潮的绝缘体，可制成绝缘子，支持固定导线。常用的有低压绝缘子、高压绝缘子等，详细内容见本节安装材料。

6．云母制品

云母的种类很多，在电工绝缘材料中占有重要地位的仅有白云母和金云母两种。白云母和金云母具有良好的电气性能和力学性能，耐热性，化学稳定和耐压性好。白云母的电气性能比金云母好，而金云母柔软，耐热性能比白云母好。合成云母耐热性优于天然云母，其他性能与白云母相似，各种云母的性能见表2-2。

表2-2 云母的主要性能

性 能	白 云 母	金 云 母	合 成 云 母
化学式	$K_2O \cdot 3Al_2O_36SiO_2 \cdot 2H_2O$	$K_2O \cdot 6MgO \cdot Al_2O_3 \cdot 6SiO_2 \cdot 2H_2O$	$KMg_3Al \cdot Si_3O_{10}F_2$
密度（g/cm^3）	2.65～2.7	2.3～2.8	2.6～2.8
吸水率（%）	0.2～0.65	0.1～0.77	0～0.16
耐热性（℃）	600～700	800～900	1100
线胀系数10^{-6}/℃（20℃～500℃）	19.8	18.3	19.9
相对介电常数 20℃，50Hz 20℃，10^6Hz	5.4～8.7 5.4～8.7	— 5.6～6.3	6.5 6.5
介质损耗角正切 20℃，50Hz 20℃，10^6Hz	0.0025 0.000 1～0.000 4	— 0.000 3～0.07	0.002～0.004 0.000 1～0.000 3
体积电阻率（$\Omega \cdot cm$）	10^{14}～10^{16}	10^{13}～10^{15}	10^{16}～10^{17}
击穿电压（kV）厚度为20μm 厚度为50μm	4 5	3 4	4.5 7.5
化学稳定性	除氢氟酸外，可耐大多数化学物品	耐酸能力弱，碱的作用很小	较天然云母好，具有高度的耐油、耐高压和耐高温水性能

云母制品主要有云母带、云母板、云母箔等，均由云母或粉云母、胶黏剂和补强材料组成。不同的材料组合，可制成具有各种不同特性的云母绝缘材料。

（1）云母带。它是由胶黏剂黏合云母片或粉云母与补强材料经烘干而成的，主要用于高压电机主绝缘或相间绝缘等。

（2）云母板。它是用胶黏剂将云母片或粉云母纸粘贴在纸或玻璃布上再经烘焙或烘焙压制而成的，为满足使用要求，可由不同的材料组合制成具有不同特点的云母板，如软质云母板、硬质云母板和耐热云母板等。

软质云母板分为柔软云母板和云母箔两类。柔软云母板主要用于电机槽绝缘和端部层间绝缘等；云母箔具有可塑性，主要用于电机、电器卷烘绝缘。

硬质云母板分为塑性云母板、换向器云母板和衬垫云母板三类。

耐热云母板是由有机硅或无机胶黏剂黏合粉云母纸经烘压而成，具有良好的耐热性，热态无烟、无味，主要用于工业电热设备绝缘、日用电器发热元件绝缘等。

2.2.2　常用导电材料

1. 特殊材料

1）电阻材料

电阻材料是用于制造各种电阻元件的合金材料，又称为电阻合金。其基本特性是具有高的电阻率和很低的电阻温度系数。

常用的电阻合金有康铜丝、新康铜丝、锰铜丝和镍铬丝等。

康铜丝以铜为主要成分具有较高的电阻系数和较低的电阻温度系数一般用于制作分流、限流、调整等电阻器和变阻器。

新康铜丝以铜、锰、铬、铁为主要成分，不含镍，是一种新电阻材料，性能与康铜丝相似。

锰铜丝是以锰、铜为主要成分，且有电阻系数高、电阻温度系数低及电阻性能稳定等优点。通常用于制造精密仪器仪表的标准电阻、分流器及附加电阻等。

镍铬丝以镍、铬为主要成分，电阻系数较高，除可用做电阻材料外，还是主要的电热材料，一般用于电阻式加热仪器及电炉。

2）电热材料

电热材料主要用于制造电热器具及电阻加热设备中的发热元件，作为电阻接入电路，将电能转换为热能，对电热材料的要求是电阻率要高，电阻温度系数要小，能耐高温，在高温下抗氧化性好，便于加工成型等。常用电热材料主要有镍铬合金、铁铬铅合金及高熔点纯金属等。

3）熔体材料

用作熔体或导体材料的金属必须具备以下特点：导电性能好，有一定的机械强度，不易氧化和腐蚀，容易加工和焊接，资源丰富，价格便宜。电气设备、电气线路中常用的导电材料有以下几种。

（1）铜：电阻率 $\rho=0.0175$（$\Omega\cdot mm^2/m$），导电性能、焊接性能及机械强度都较好，在要求较高的动力线路、电气设备的控制线和电机电器的线圈等大部分采用铜导线。

（2）铝：电阻率 $\rho=0.029$（$\Omega\cdot mm^2/m$）。铝的电阻率虽然比铜大，但比重比铜小，且铝资源丰富，价格便宜，为了节省铜，应尽量采用铝导线。架空线路、照明线已广泛采用铝导线。由于铝导线焊接工艺较复杂，使用受到限制。

（3）钢：钢的电阻率是 $\rho=0.1$（$\Omega\cdot mm^2/m$），使用时会增大线路损失，但机械强度好，能承受较大的拉力，资源丰富，在部分场合也被用作导电金属材料。

（4）熔体：熔断器中关键的部分是熔体。它用低熔点的合金或金属制作。常用的材料有铅锡合金、铅锌合金。锌、铝熔体有片状，也有丝状。电流较大线路中可采用铜圆单线做熔丝。熔丝串联在电路中，电流超过允许值时，熔丝首先被熔断，从而切断电源起到保护其他电气设备的作用。

① 铅合金熔体：是最常见的熔体材料。如铅锑熔丝，含铅98%以上、锑0.3%～1.3%。

② 铅锡熔丝：含铅95%、锡5%或含铅75%、锡25%。在照明电路及其他一般场合使用。

③ 铋、铅、锡、镉、汞合金熔体：由以上五种材料按不同比例组合，可以得到低熔点的熔体材料。熔点范围在20℃～200℃之间，对温度反应敏感，可用于保护电热设备。

④ 钨：可用作自复式熔断器的熔体，故障出现时切断电路起保护作用，故障消除后自动恢复接通，并可多次使用。

（5）熔体材料的选用：要根据电器特点、负载电流大小、熔断器类型等多种因素确定。选用熔体的主要参数是熔体的额定电流，其原则是当电流超过电气设备正常值一定时间后，熔体应熔断。在电气设备正常运行和正常短时间过电流时，熔体不应熔断。通常按下面三种情况分别确定熔体的额定电流。

① 对于输配电线路，熔体的额定电流应小于或等于线路的计算电流值。

② 对于变压器、电炉、照明和其他电阻性负载，熔体的额定电流值应稍大于实际负载电流值。

③ 对于电动机，应考虑启动电流的因素，熔体的额定电流值为电动机额定电流的 1.5～2.5 倍。

常用熔断器如图 2-29 所示，熔丝规格见表 2-3。

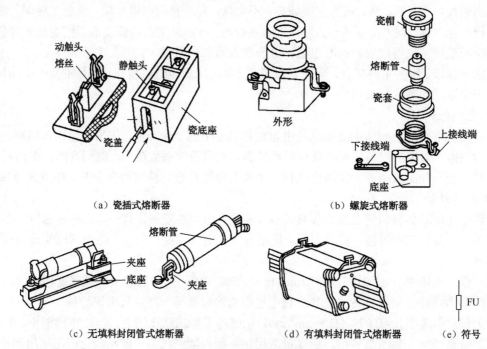

（a）瓷插式熔断器　　　　　　　　　　　　　　　（b）螺旋式熔断器

（c）无填料封闭管式熔断器　　　（d）有填料封闭管式熔断器　　　（e）符号

图 2-29　熔断器类型及结构

表 2-3　常见熔体额定电流等级

类　别	型　号	额定电压（V）	额定电流（A）	熔体额定电流等级（A）
插入式	BCIA	380	5	2、4、5
			10	2、4、6、10
			15	6、10、15
			30	15、20、25、30
			60	30、40、50、60
			100	60、80、100
			200	100、120、150、200

类 别	型 号	额定电压（V）	额定电流（A）	熔体额定电流等级（A）
管式	RTO	380	100	30、40、50、60、80、100
			200	80、100、120、150、200
			400	150、200、250、300、350、400
			600	350、400、450、500、550、600
			1 000	700、800
螺旋式熔断器	RL1	500	15	2、4、5、6、10、15
			60	20、25、30、35、40、50、60
			100	60、80、100
			200	100、125、150、200
	RL2	500	25	2、4、6、10、15、20、25
			60	25、35、50、60
			100	80、100

2. 导线

1）分类

（1）裸导体制品。

① 裸绞线有 7 股、19 股、37 股、61 股等，主要用于电力线路中。裸绞线具有结构简单、制造方便、容易架设、便于维修、传输容量大、利于跨越江河山谷等特殊地形等优点。常用的裸绞线有三种：TT 型铝绞线、LGJ 型钢芯铝绞线和 HLJ 型铝合金绞线。

软裸绞线又称为软绞线，是用铜线编织而成，主要提供在柔软连接的场合使用，故使用面较广。

② 硬母线是用来汇集和分配电流的导体。硬母线用铜或铝材料加工做成，截面形状有矩形、管形、槽形，10kV 以下多采用矩形铝材。硬母线交流电的三相用 U、V、W 表示，分别涂以黄、绿、红三色，黑色表示零线。新国标规定，三相硬母线均涂以黑色，分别在线端处粘上黄、绿、红色点，以区别 U、V、W 三相。硬母线多用于工厂高低压配电装置中。

软母线用于 35kV 及以上的高压配电装置中。

（2）电磁线。

电磁线分为漆包线、纱包线、无机绝缘电磁线和特种电磁线四类。

① 漆包线——漆膜均匀，光滑柔软，有利于线圈的自动化绕制，广泛应用于中小型、微型电工产品中。

② 纱包线——用天然丝、玻璃丝、绝缘纸或合成薄膜紧密绕包在导电线芯上，形成绝缘层，或在漆包线上再绕包一层绝缘层，一般应用于大中型电工产品中。

③ 无机绝缘电磁线——绝缘层采用无机材料陶瓷氧化铝膜等，并经有机绝缘漆浸渍后烘干填孔。无机绝缘电磁线具有耐高温、耐辐射性能。

④ 特种电磁线——具有特殊的绝缘结构和性能。如耐水的多层绝缘结构，适用于潜水电机绕组线。

（3）电气装备用电线电缆。

电气装备用电线电缆包括各种电气设备内部的安装连接线、电气装备与电源间连接的电线电缆、信号控制系统用的电线电缆及低压电力配电系统用的绝缘电线。

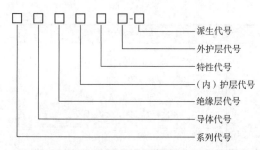

① 分类。

按产品的使用特性可分为通用电线电缆、电机电器用电线电缆、仪器仪表用电线电缆、信号控制电缆、交通运输用电线电缆、地质勘探用电线电缆、直流高压软电缆等数种，维修电工常用的是前两种中的六个系列。

② 型号表示法。

电气装备用电线电缆的型号由以下七部分组成。

电气装备用电线电缆型号表示及其含义见表2-4。

表2-4　电气装备用电线电缆型号表示及其含义

类型、用途	导体	绝缘层	护层	特征	铠装层	外护层
A—安装线	G—钢	B—棉纱编织	BL—玻璃丝编织涂蜡	B—扁、平型	2—双钢带	1—纤维层
B—固定敷设用线	L—铝	E—乙丙橡皮	F—丁聚复合物	B—编织加强	3—单层细钢丝	2—PVC套
BC—补偿导线	Z—阻尼导电线芯	F—聚氯乙烯丁聚复合物	F—氯丁橡胶	C—重型	4—双层细钢丝	3—PE套
C—船用电缆	T—铜	G—硅橡胶	E—乙丙橡胶	C—彩色	8—铜丝编织	
D—带状电缆		F46—聚全氟乙丙烯	H—氯化聚乙烯橡胶	C—滤尘器用	9—钢丝编织	
DC—机车车辆电缆		H—氯磺化聚乙烯	HS—防水橡套	C—高压		
DJ—电子计算机用		V—聚氯乙烯	J—交联聚乙烯	H—电焊机用		
G—高压电缆		X—天然丁苯橡胶	M—氯醚橡胶	H—电子轰击炉用		
J—电机引接线		Y—聚乙烯	N—尼龙	J—监视		
K—控制电缆		YJ—交联聚乙烯	Q—铅（铅合金）	L—电炉用		
N—农用电缆		YE—聚酯亚胺、四氟乙烯、六氟丙烯共聚物、复合薄膜/乙丙橡皮组合绝缘	N—丁腈橡胶	P—钢丝编织		
P—信号电缆			S—硅橡胶	P₁—钢丝缠绕屏蔽		
Q—以汽车为代表的公路车辆			T—Cu	P₂—铜带屏蔽		
R—软线		YF—F46复合薄膜/可熔性聚四氟乙烯组合绝缘	L—Al	P₃—铝塑复合膜屏蔽		
SB—无线电装置用			V—聚氯乙烯	Q—轻型		
SY—闪光灯用			Y—聚乙烯	Q—电子枪用		
U—矿用		Z—聚酯薄膜（纤维）		R—柔软		
UC—采掘机用				R—绕包加强		
UM—矿工帽灯线				S—双绞型		
UZ—电钻电缆				T—耐热		
W—地球物理工作用				PT—金属屏蔽		
WB—油泵用				Q—电子枪用		
WC—海上探测用				R—柔软		
WE—野外探测用				Z—中型		
WQ—潜油泵引接电缆				Z—直流		
WT—轻便探测电缆						
Y—移动电缆						

例如，铜芯耐温 105℃聚氯乙烯绝缘软线：

③ 基本结构。

a．导电线芯：按其芯线材料分为铜芯和铝芯两种，移动使用的电线电缆主要用铜作导电线芯；室内一般采用铜或铝芯的导线，导电线芯的根数分为单芯、多芯。相同截面时导线的根数越多，节距越短则越软，弯曲性能也更好。由多根单线组成导线时须进行绞合，绞合方式有正规绞合、束绞和复绞三种。如图 2-30 所示。

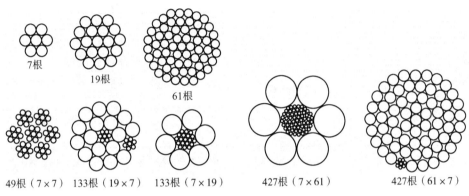

图 2-30　导线正规绞合和复绞的排列方式

b．绝缘层：电气装备用电线电缆按绝缘材料分为橡皮绝缘和塑料绝缘两种，主要作用是电气绝缘，对可移动的电线电缆起机械保护作用，大多采用挤出成型将橡塑材料整体包覆在导线上，绝缘厚度的大小取决于电线电缆的电压等级与使用条件，耐热等级决定电线电缆的允许工作温度。

c．屏蔽层：电气装备电线电缆有许多品种具有屏蔽层。屏蔽层的作用可分为电场屏蔽、磁场屏蔽和电磁屏蔽。

d．护层：电气装备用电线电缆护层主要是塑料和橡皮，另外还有一些棉纱编织护层。

其类别有绝缘层兼护层、纤维编织护层、橡皮塑料护层、铠装层（钢带铠装、细钢丝铠装、粗钢丝铠装及瓦楞型钢带铠装）。

④ 常用电线电缆。

a．B 系列橡皮塑料电线。

特点：结构简单，重量轻，价格较低，电气机械性能较好，广泛应用于各种动力配件和照明线路，并用于大中型电气装备安装线，交流工作电压 500V，直流 1 000V，品种见表 2-5，B 系列导线结构如图 2-31 所示。

表 2-5 B 系列橡皮塑料绝缘电线常用品种表

产品名称	型号		长期最高工作温度（℃）	用途
	铜芯	铝芯		
橡皮绝缘电线	BX①	BLX	65	固定敷设于室内（明敷、暗敷或穿管），可用于室外，也可作设备内部安装用线
氯丁橡皮绝缘电线	BXF②	BLXF	65	同 BX 型。耐气候性好，适用于室外
橡皮绝缘软电线	BXR	—	65	同 BX 型。仅用于安装时要求柔软的场合
橡皮绝缘和护套电线	BXHF③	BLXHF	65	同 BX 型。适用于较潮湿的场合和作室外进户线，可代替老式铅包线
聚氯乙烯绝缘电线	BV④	BLV	65	同 BX 型。但耐湿性和耐气候性较好
聚氯乙烯绝缘软电线	BVR		65	同 BV 型。仅用于安装时要求柔软的场合
聚氯乙烯绝缘和护套电线	BVV⑤	BLVV	65	同 BV 型。用于潮湿和机械防护要求较高的场合，可直接埋入土壤中
耐热聚氯乙烯绝缘电线	BV-105⑥	BLV-105	105	同 BV 型。用于 45℃ 及以上的高温环境中
耐热聚氯乙烯绝缘软电线	BVR-105		105	同 BVR 型。用于 45℃ 及以上的高温环境中

注：①"X"表示橡皮绝缘。②"XF"表示氯丁橡皮绝缘。③"HF"表示非燃性橡套。④"V"表示聚氯乙烯绝缘。⑤"VV"表示聚氯乙烯绝缘和护套。⑥"105"表示耐温 105℃。

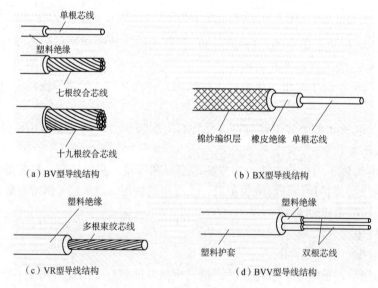

图 2-31 B 系列导线结构图

b. R 系列橡皮塑料软线。

线芯是多根细铜线，除具备 B 系列特点外，较柔软，大量用于日用电器、仪器、仪表作电源线，小型电气设备和仪器仪表内部作安装线，照明灯头线。品种如表 2-6，R 系列导线结构如图 2-32 所示。

表2-6　R系列橡皮塑料绝缘软线常用品种表

产品名称	型号	工作电压（V）	长期最高工作温度（℃）	用途及使用条件
聚氯乙烯绝缘软线	RV RVB① RVS②	交流 250 直流 500	65	供各种移动电器、仪表、电信设备、自动化装置接线用，也可作为内部安装线。安装时环境温度不低于−15℃
耐热聚氯乙烯绝缘软线	RV105	交流 250 直流 500	105	同 RV 型。用于 45℃ 及以上的高温环境中
聚氯乙烯绝缘和护套软线	RVV	交流 500 直流 1 000	65	同 RV 型。用于潮湿和机械防护要求较高，经常移动、弯曲的场合
丁腈聚氯乙烯复合物绝缘软线	RFB③ RFS	交流 250 直流 500	70	同 RVB、RVS 型。但低温柔性较好
棉纱编织橡皮绝缘双绞软线 棉纱总编织橡皮绝缘软线	RXS RX	交流 250 直流 500	65	室内日用电器、照明用电源线
棉纱编织橡皮绝缘平型软线	RXB	交流 250 直流 500	65	室内日用电器、照明用电源线

注：①"B"表示两芯平型。②"S"表示两芯绞型。③"F"表示复合物绝缘。

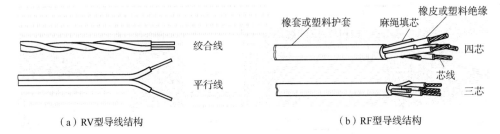

（a）RV型导线结构　　　　（b）RF型导线结构

图 2-32　R 系列导线结构图

c．Y 系列通用橡胶电缆。

适用于一般场合下作各种电气设备、电动工具、仪器和日用电器的移动式电源线，称为移动电缆。按照承受机械外力不同分为轻、中、重三种形式，长期工作温度 65℃，品种见表2-7。

表2-7　Y系列通用橡套电缆品种表

产品名称	型号	交流工作电压（V）	特点和用途
轻型橡套电缆	YQ②	250	轻型移动电气装备和日用电器的电源线
	YQW③		同上。具有耐气候和一定的耐油性能
中型橡套电缆	YZ④	500	各种移动电气装备和农用机械的电源线
	YZW		同上。具有耐气候和一定的耐油性能
重型橡套电缆	YC⑤	500	同 YZ 型。能承受较大的机械外力作用
	YCW		同上。具有耐气候和一定的耐油性能

注：① 表中产品均为铜导电线芯。②"Q"表示轻型。③"W"表示户外型。④"Z"表示中型。⑤"C"表示重型。

d．YH 系列电焊机用电缆。

该系列电缆供一般环境中使用的电焊机二次侧接线及连接电焊钳用。有 YH 型铜芯电缆和 YHL 型铝芯电缆两种，工作电压为 2000V，长期工作温度 65℃。由于工作环境复杂，要求这种电缆要耐热性能良好，有足够的机械强度，绝缘层要耐湿、耐油、耐腐蚀。

2）常用导线规格

常用铜、铝导线的规格见表 2-8 和表 2-9。

表 2-8 500V 铜芯绝缘导线长期连续负荷允许载流量（A）

导线截面（mm²）	线 芯 结 构			导线截面（mm²）	线 芯 结 构		
	股数	单芯直径（mm）	成品外径（mm）		股数	单芯直径（mm）	成品外径（mm）
1.0	1	1.13	4.4	35	19	1.51	11.8
1.5	1	1.37	4.6	50	19	1.81	13.8
2.5	1	1.76	5.0	70	49	1.33	17.3
4.0	1	2.24	5.5	95	84	1.20	20.8
6.0	1	2.73	6.2	120	133	1.08	21.7
10	7	1.33	7.8	150	37	2.24	22.0
16	7	1.68	8.8	185	37	2.49	24.2
25	19	1.28	10.6	240	61	2.21	27.2

注：1．环境温度为+30℃；2．导电线芯最高允许工作温度为+65℃。

表 2-9 500V 铝芯绝缘导线长期连续负荷允许载流量（A）

导线截面（mm²）	线 芯 结 构			导线截面（mm²）	线 芯 结 构		
	股数	单芯直径（mm）	成品外径（mm）		股数	单芯直径（mm）	成品外径（mm）
2.5	1	1.76	5.0	35	7	2.49	11.8
4	1	2.24	5.5	50	19	1.81	13.8
6	1	2.73	6.2	70	19	2.14	16.0
10	7	1.33	7.8	95	19	2.49	18.3
16	7	1.68	8.8	120	37	2.01	20.0
25	7	2.11	10.6	150	37	2.24	22.0

注：1．环境温度为+30℃；2．导电线芯最高允许工作温度为+65℃。

3）导线截面积与直径的关系

单股导线截面积可用下式计算：

$$S = \frac{\pi D^2}{4}$$

$$D = 2\sqrt{\frac{S}{\pi}}$$

式中 S——导线的截面积（mm²）；

D——导线的直径（mm）。

4）导线选用

（1）低压架空配电线路导线截面积的确定一般是先按发热条件选择，导线中通过正常最大负荷电流不超过导线的允许载流量，通过绝缘导线与载流量的关系，可以估算出铝绝缘导线的选择规范。

$1\sim10mm^2$ 铝绝缘导线，截面积乘以 5 为该截面导线的载流量。$16\sim25mm^2$ 铝绝缘导线为 4 倍，$35\sim50mm^2$ 铝绝缘导线为 3 倍，$70\sim95mm^2$ 铝绝缘导线为 2.5 倍，$120mm^2$ 铝绝缘导线为 2 倍。当穿管时及环境温度高于 25℃时，分别以八折和九折选用。

例如，$16mm^2$ 铝芯绝缘导线，穿管敷设，环境温度超过 25℃，则其载流量为：16×4 为载流量数 64A，再乘以 0.8 为穿管后载流量数 48.8A，再乘以 0.9 便是最后选用的导线允许载流量 43.92A。

如果选用铜导线可依据铜铝导线换算方式估算其载流量即：铝导线载流量与小一级铜导线截面导线相同，如铝导线 $4mm^2$ 与铜导线 $2.5mm^2$ 估算相同。

（2）按允许的电压损失进行校验导线和电缆，在通过正常最大负荷电流时产生的电压损耗，不应该超过正常运行时允许的电压损耗。

（3）为满足机械强度的要求，导线的截面积不应小于其最小允许截面。规定如下：

① 铜线在高压 10kV 电压情况下，居民区为 $16mm^2$，非居民区为 $16mm^2$；低压 500V 情况下为 $2.5mm^2$（北京规定供电截面为 $4.0mm^2$）；

② 铝线在高压 10kV 电压情况下，居民区为 $35mm^2$，非居民区为 $25mm^2$，低压 500V 情况下为 $16mm^2$；

③ 钢芯铝线在高压 10kV 电压情况下，居民区为 $25mm^2$，非居民区为 $16mm^2$，低压 500V 情况下为 $16mm^2$。

2.2.3　安装材料

1. 木质材料

木制电工绝缘材料主要有圆木、方木、槽板等，用于安装拉线开关、插座、电表等电器元件及用于敷设绝缘电线等。为了便于安装，木制安装材料选用松软、坚韧、不易开裂的松木、杉木等制成。

木制材料制作工艺简单，安装方便，并有一定的机械强度和电气绝缘性能，但由于木材紧缺和外观因素的影响，在很多场合被塑料安装材料所取代。

1）圆木

圆木又称木台或圆台，是安装灯座、开关、插座、灯具等电器底座用的木制安器器材，外形如图 2-33 所示。

圆木多用松木或杉木制成，里面下部车去一部分，形成凹状。按其外径大小有以下 10 种规格：75mm、100mm、125mm、150mm、175mm、200mm、225mm、250mm、275mm、300mm、应用最多的是 75mm 圆木，用来安装白炽灯、荧光灯和插座等。

2）方木

方木又称连木，其作用与圆木相同，用来安装灯座、开关、插座等电器，外形如图 2-34

所示。

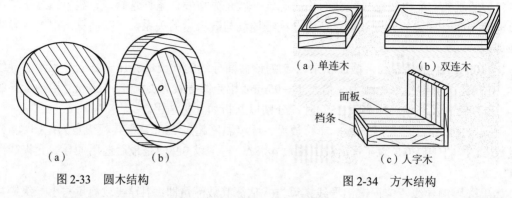

图 2-33　圆木结构

（a）单连木　　　（b）双连木

面板
档条

（c）人字木

图 2-34　方木结构

方木的结构与圆木相似，面板与档条用胶黏结或用钉钉接而成凹状，以方便隐蔽接线头。材质多用松木或杉木。方木按安装开关或插座的数量分为，只装一只插座或开关的方木称为单连木；装两只的称为双连木，此外还有三连木、四连木等。另有一种可装一只吊线盒和一只拉线开关的专用方木，称为拉线方术，也叫人字木，如图2-34（c）所示。

3）槽板

槽板又称木槽板，用木材制成，用于室内布设电线用。槽板由盖板和底板两部分构成。盖饭是块较薄的板条，在相对底板的线槽部位，刻有线痕作为标记；底板开有线槽作布线之用。线槽有双线槽和三线槽之分，其外形和一般尺寸如图 2-35 所示，尺寸单位为 mm。

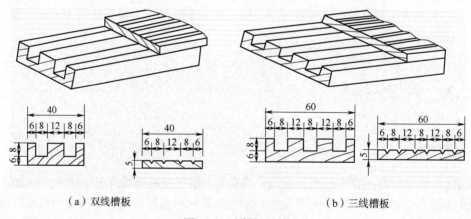

（a）双线槽板　　　　　　　　（b）三线槽板

图 2-35　木槽板结构

2. 塑料材料

塑料安装材料是近几年发展起来的新的电气安装材料。它具有重量轻、强度高、阻燃性、耐酸碱、抗腐蚀能力强的优点。并具有优异的电气绝缘性能，尤为突出的是这类材料造型美观、色彩柔和，非常适合室内布线要求。

塑料安装材料除可作普通室内安装布线器材，还适宜在潮湿或有酸、碱等物质的场合使用。

1）塑料安装座

塑料安装座是用来代替木制的圆台或方木。作为安装灯座、插座、开关等电气装置的，呈圆形的称塑料圆台，呈方形的称塑料方木其外形如图 2-36 所示。

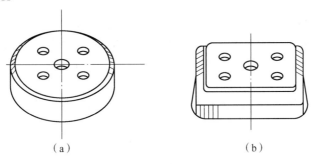

图 2-36 塑料安装座

塑料安装座采用新型钙塑材料塑制，与木制的圆台方木一样可以在上面钉钉子、可以切削，可以拧木螺丝钉，其绝缘性能和防水性能都优于木制的圆台和方木，安装座表面上有穿线孔四个，中央有木螺丝安装孔一个，并标有安装定位线，底壁四周还各有一条薄壁结构，可根据安装的需要削成穿线孔或槽板孔。

塑料圆台有 70mm 和 95mm 两种规格，塑料方木的规格是 70mm。

需要说明的是，塑料安装座不适宜用在高温及受强烈阳光照射的场合，否则容易老化，降低使用寿命。

2）塑料线夹和线卡

塑料线夹和线卡的品种很多，通常宜在室内一般场合使用，多用于小截面的电线布线。

（1）塑料夹板。外形与瓷夹板相同，用来固定 BV、BLV、BX、BLX 型塑料绝缘和橡皮绝缘电线，常用作室内明敷布线。

塑料夹板用塑料制成，分上下两片，呈长形，中间有穿木螺丝的钉孔，下片有线槽，槽内有一条 0.5mm 高的筋，电线嵌入后不易滑动。图 2-37 所示为单线、双线、三线塑料夹板的外形，塑料夹板适合 1.2～2.5mm^2 的电线布线，用 4×25mm 的螺丝固定。

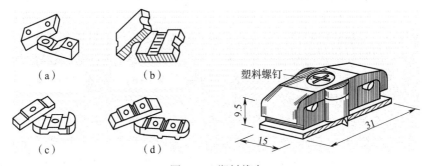

图 2-37 塑料线夹

（2）胶木电缆线夹。这种线夹是用酚醛塑料即胶木粉压制而成，黑色长形，如图 2-38 所示。

胶木电缆线夹由上盖和底座两部分组成，用两只尼龙螺钉或金属螺钉组合在一起，中间围成一个呈六角形的穿线槽孔，孔径大小可在一定范围调节，底座中间有一个未穿通的钉孔，除了可用黏结法安装外也可以用木螺丝将底座固定在建筑物上，胶木电缆线夹固定电缆外径范围为 4～44mm，有四种规格。

（3）塑料护套线夹。这种线夹用改性聚苯乙烯塑料制成，主要用

图 2-38 胶木电缆线夹

来固定 BLVV、BVV 型护套线，适用于潮湿或有酸碱等腐蚀的场合。

塑料护套线夹有圆形和推入式两种，如图 2-39 所示。圆形护套线夹由上盖和底座两部分组成，通过螺纹组合在一起。使用时护套线嵌入底座后，将上盖旋上，就能将护套线牢固地固定在底座内，推入护套线夹，上下两部分通过两端卡口组合在一起，使用时将护套线嵌入底座后，只需将上部卡子推入，电线就会被压紧，不会自行松脱。线夹底座可用黏结法固定在建筑物上，固定间距≤200mm。线夹两边敷线方向有准线标记，以保证布线挺直整齐。

（4）塑料钢钉电线卡。这种线卡由塑料卡和水泥钉组成，用于一般电线电缆，电子通信用电线，作室内外明敷布线。其外形有两种如图 2-40 所示。

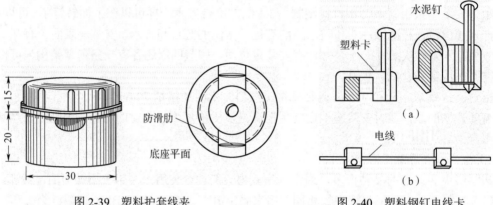

图 2-39　塑料护套线夹　　　　　图 2-40　塑料钢钉电线卡

布线时，用塑料卡卡住电线，用锤子将水泥钉钉入建筑物，用塑料电线卡布线，所用电线的外径要与塑料卡线槽相适应，电线嵌入槽内不能太松也不能太紧。

3）塑料电线管

塑料电线管有多种材质，应用较多的有聚氯乙烯管、聚乙烯管、聚丙烯管等，其中聚氯乙烯管应用最为广泛。电线管配线是电气线路的敷设方式之一，具有安全可靠、保护性能好、检修换线方便等优点。早期的电线管采用金属材料，随着电工材料的发展，工艺不断改进，管材也在变化和更新，出现以塑代钢的电线管。最早使用的是硬塑料电线管，之后又有加硬塑料电线管、波纹塑料电线管推出，性能有所改善。目前普遍采用的是无增塑钢性阻燃 PVC 塑料电线管，性能更加优良，应用越来越广。

（1）硬型聚氯乙烯管。这种电线管是以聚氯乙烯树脂为主，加入各种添加剂制成，其特点是在常温下抗冲击性能好，耐酸、耐碱、耐油性能好，但易变形老化，机械强度不如钢管。硬型聚氯乙烯管适合在有酸碱腐蚀的场所作明线敷设和暗线敷设，作明线敷设时管壁的厚度不能小于 2mm，暗线敷设不能小于 3mm。如图 2-41 所示。

（2）聚氯乙塑料波纹管。又称 PVC 波纹管，简称塑料波纹管，是一次成型的柔性管材。

具有质轻、价廉、韧性好、绝缘性能好、难燃、耐腐蚀、抗老化等优点。其外形如图 2-42 所示。

图 2-41　硬型聚氯乙烯管　　　　　图 2-42　PVC 波纹管

PVC 波纹管可以用作照明线路、动力线路作明敷或暗敷布线。其规格按公称直径分为以下 8 种：10mm、12mm、15mm、20mm、25mm、32mm、40mm、50mm。

（3）半硬型聚氯乙烯管。又称塑料半硬管或半硬管，半硬管比硬型塑料管便于弯制，适宜于暗敷布线，其价格比金属电线管低，目前民用建筑应用较多。如图 2-43 所示。

（4）可弯硬塑管。又称可挠硬塑管，它采用增强性无增塑阻燃 PVC 材料制成，性能优良，是一种新型电工安装材料，如图 2-44 所示。

图 2-43　半硬型聚氯乙烯管

图 2-44　可弯硬塑管

可弯硬塑管的主要特点如下：

① 防腐蚀，防虫害。金属电线管的弱点是易腐蚀，尤其在有腐蚀性气体和液体的场合，可弯硬塑管有耐一般酸碱的性能，并不含增塑剂，因此无虫害。可见可弯硬塑管在这方面性能优于金属电线管。

② 强度高，可弯性好。可弯硬塑管强度高、韧性好、老化慢，即使外力压扁到它的直径的一半，也不碎不裂。所以可直接用于现浇混凝土工程中，用手工弯曲，工作效率高。

③ 安全可靠。可弯硬塑管绝缘强度高，重量轻，具有自熄性能，同时传热性较差，可避免线路受高热影响，保护线路安全可靠。

除此之外，可弯硬塑管价格便宜，安装成本低，现在这种电线管广泛用于工业、民用建筑中作明敷或暗敷设布线。

4）塑料膨胀螺栓

塑料膨胀螺栓又称塑料胀管、塑料胀塞、塑料榫，由胀管和木螺丝组成。胀管通常用聚乙烯、聚丙烯等材料制成，塑料膨胀螺栓的外形有多种，常见的有两种，如图 2-45 所示，其中甲型应用较多。

使用时应根据线路或电气装置的负荷，来选择膨胀螺栓的种类和规格，通常钢制膨胀螺栓承受负荷能力强，用来安装固定受力大的电气线路和电气设备。塑料膨胀螺栓在照明线路中应用广泛，如插座、开关灯具布线的支持点都采用塑料膨胀螺栓来固定。

3．金属材料

金属安装材料是电工安装材料的重要部分，包括金属线卡、电线管、安装螺栓、金属型材和各种专用电力金具等。这里介绍照明线路、动力线路常用的金属材料。

1）铝片线卡

铝片线卡又称钢精轧头或铝轧头，用来固定 BVV、BLVV 型

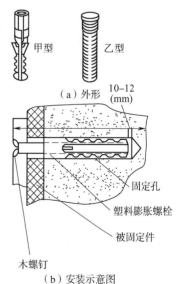

甲型　　乙型

（a）外形　　10～12 (mm)

固定孔

塑料膨胀螺栓

被固定件

木螺钉

（b）安装示意图

图 2-45　塑料膨胀螺栓

护套线。它是用 0.35mm 厚的铝片制成，中间开有 1～3 个安装孔，其外形如图 2-46（a）所示。

铝片线卡要用于敷设塑料护套线，作为护套线的支持物，可以直接将塑料护套线敷设在建筑物表面，布线方法简便，在电气照明线路中应用很广。

铝片线卡可以用两种方法固定：一种是用小钉，通过安装孔将铝片线卡直接钉在木结构的建筑物上；另一种用黏合剂将铝片线卡底座黏结在建筑物表面上，铝片线卡固定在底座上。

线卡的规格有 0 号、1 号、2 号、3 号、4 号、5 号，其长度分别为 28mm、40mm、48mm、59mm、66mm、73mm。

铝片线卡的固定底座有两种：

（1）金属线卡底座。又称钢精轧头底板，专用来穿装铝片线卡，使线卡固定于建筑物上。

它是用 0.5mm 厚的镀锌铁板冲制而成，使用时用黏合剂将其黏结于建筑物表面上，其外形如图 2-46（b）所示，尺寸为长 2.0mm，宽 7.5mm，高 2.1mm。

（2）塑料线卡底座。又称钢精轧头塑料底座，专供穿装铝片线卡，它是用改性聚苯乙烯塑料制成的。方形座子中间有穿铝片线卡的长方形孔，座面有供嵌入护套线的凹槽，结构简单，使用时可用黏合剂固定在建筑物上，其外形如图 2-46（c）所示。塑料线卡底座适合安装 BVV、BLVV 型 1.0～2.5mm^2 的塑料护套线，支距≤200mm，可使用在潮湿场合。规格有双芯和三芯两种，双芯适用于 1 号铝片线卡，三芯适用于 2 号铝片线卡。

（a）铝片线卡　　　　　　（b）铝片线卡底板　　　　　　（c）塑料线卡底座

图 2-46　钢精轧头结构

2）金属软管

金属软管是金属电线管的一种，常用的有镀锌软管和防湿金属软管。

（1）镀锌金属软管。就是通常所说的蛇皮管，它为方形互扣无塑料结构，用镀锌低碳钢带卷绕而成。蛇皮管能自由地弯曲成各种角度，在各个方向上均有同样的柔软性，并有较好的伸缩性，其外形如图 2-47 所示，它主要用于路径比较曲折的电气线路作安全防护用，如大型机电设备电源引线的电线管。

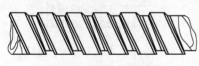

图 2-47　镀锌金属软管

镀锌金属软管以公称内径区分规格，6～100mm 之间共计有 17 种规格。

（2）防湿金属软管。这种金属软管外观上与镀锌金属软管相同，也为方形互扣结构。区别在于中间衬以经过处理的较细的棉绳或棉线作封闭填料，用镀锌低碳钢带卷绕而成，棉绳应紧密嵌入管槽，在自然平直状态下不应露线，在整根软管中，棉绳不应断线。

防湿金属软管按公称内径分有 13mm、15mm、16mm、18mm、19mm、20mm、25mm 共 7 种规格。

（3）软管接头。又称蛇皮管接头，专供金属软管与电气设备的连接之用。软管接头用工程塑料聚酰胺（尼龙）塑制而成，其一端与同规格的金属软管相配合，另一端为外螺纹，可与螺纹规格相同的电气设备、管路接头箱等连接。

软管接头有封闭式 TJ—38 和简易式 TJ—350 两种型号。TJ—38 封闭式软管接头规格 10～20mm；TJ—350 简易式软管接头规格 6～51mm。软管接头的规格是以配用金属软管的公称内径来区分的。

3）金属电线管

金属电线管按其壁厚分厚壁钢管和薄壁钢管，简称厚管和薄管，是管道配线重要的安装材料，尽管塑料电线管具有许多优点，但仍有许多场合必须选用金属电线管，以保证电气线路的防护安全。

（1）厚壁钢管。又称水煤气管、白铁管。在潮湿、易燃、易爆场所和直埋于地下的电线保护管必须选用厚壁钢管。厚壁钢管有镀锌和黑色管之别，黑色管是没有经过镀锌处理的钢管。

（2）薄壁钢管。又称电线管，适合一般场所进行管道配线，也有镀锌管和黑色管之分。

（3）电线管配件。是指管道配线所用的配件主要有：

① 鞍形管卡。用 1.25mm 厚的带钢冲制而成，表面防锈层有镀锌和烤黑两种，外形如图 2-48（a）所示，用来固定金属电线管，鞍形管卡有不同规格，以适应各种电线管的安装固定。

② 管箍。又称管接头，用带钢焊接而成，表面平整，防锈层有镀锌和涂黑漆两种，作连接两根公称口径相同的电线管用，管箍分薄管和厚管管箍两种，外形如图 2-48（b）所示。

③ 月弯管接头。又称弯头，用带钢焊接而成，防锈层有镀锌和涂黑漆两种，用来连接两根公称口径相同的管，使管路作 90° 转弯。外形如图 2-48（c）所示。

④ 电线管护圈。又称尼龙护圈，用聚酰胺（尼龙）或其他塑料塑制而成，将它装于电线管口，使电线电缆不致被管口棱角割破绝缘层。

电线管护圈下端呈管状，外径与电线管口紧密配合，上端呈圆锥形，且大于管口，不致掉落于电线管内，外形如图 2-48（d）所示，护圈分薄管用护圈和厚管用护圈，有各种不同规格，以适合不同规格的电线管。

⑤ 地气扎头。又称地线接头、保护接地圈等。将它装在金属电线管上，作为电线管保护接地的接线端子供连接地线，使整条管路的管壁与地妥善连接，以保证用电安全。它用钢板冲制而成，表面镀锌铜合金防锈，其内径比同规格电线管外径略小，安装在电线管上紧密不松动，保证接触良好。外形如图 2-48（e）所示。

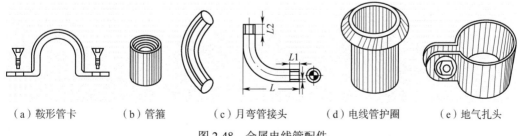

（a）鞍形管卡　　（b）管箍　　（c）月弯管接头　　（d）电线管护圈　　（e）地气扎头

图 2-48　金属电线管配件

4）膨胀螺栓

在砖或混凝土结构上安装线路和电气装置，常用膨胀螺栓来固定，与预埋铁件施工方法相比，其优点是简单方便，省去了预埋件的工序。

钢制膨胀螺栓，简称膨胀螺栓，它由金属胀管、锥形螺栓、垫圈、弹簧垫、螺母五部分组成，其结构如图2-49（a）所示。

将膨胀螺栓的锥形螺栓套入金属胀管、垫片、弹簧垫，拧上螺母；然后将它插入建筑物的安装孔内，旋紧螺母，螺栓将金属胀管撑开，对安装孔壁产生压力，螺母越旋越紧；最后将整个膨胀螺栓紧固在安装孔内。其安装示意图如图2-49（b）所示。

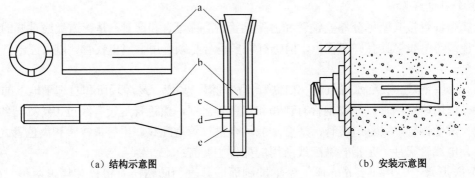

| （a）结构示意图 | （b）安装示意图 |

图2-49　膨胀螺栓

常用的膨胀螺栓有M6、M8、M10、M12、M16等规格，安装前用冲击钻打螺栓安装孔，其孔深和直径应与膨胀螺栓的规格相配合，常用螺栓钻孔规格见表2-10。

表2-10　膨胀螺栓钻孔规格表

螺　栓　规　格	M6	M8	M10	M12	M16
钻孔直径（mm）	10.5	12.5	14.5	19	28
钻孔深度（mm）	40	50	60	70	100

5）金属型材

金属型材具有品质均匀、抗拉、抗压、抗冲击等特点，而且具有很好的可焊、可铆、可切割、可加工性，因此在电力内外线工程中得到广泛的应用，电气工程中常用钢材的断面形状如图2-50所示，此处仅以角钢和圆钢为例说明其规格及参数。

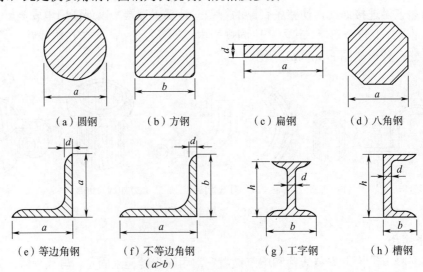

| （a）圆钢 | （b）方钢 | （c）扁钢 | （d）八角钢 |

| （e）等边角钢 | （f）不等边角钢（$a > b$） | （g）工字钢 | （h）槽钢 |

图2-50　电气工程中常用钢材的断面形状

（1）角钢。

角钢断面呈直角形，又叫角铁，分为等边角钢和不等边角钢两种。等边角钢的两边垂直且相等，如图 2-50（e）所示，规格以边宽×边厚（mm）表示，并以边宽的 cm 数值定其型号。如 40mm×4mm，表示该角钢边宽为 40mm 边厚为 4mm，其宽度 cm 数值为 4，称为 4 号角钢，通常写成 L4 号，电气工程中常用的等边角钢规格见表 2-11。

表 2-11　常用的等边角钢规格

钢　号	2		2.5		3		3.6		4			4.5			
尺寸 a	20		25		30		36		40			45			
(mm) d	3	4	3	4	3	4	3	4	3	4	5	3	4	5	6
重量（kg/m）	0.889	1.145	1.124	1.459	1.373	1.786	1.656	2.163	1.852	2.422	2.976	2.088	2.736	3.369	3.985

钢　号	5				5.6				6.3				
尺寸 a	50				56				63				
(mm) d	3	4	5	6	3	4	5	8	4	5	6	8	10
重量（kg/m）	2.332	3.059	3.770	4.465	2.624	3.446	4.251	6.568	3.907	4.822	5.721	7.469	9.151

钢　号	7					7.5					8				
尺寸 a	70					75					80				
(mm) d	4	5	6	7	8	5	6	7	8	10	5	6	7	8	10
重量（kg/m）	4.372	5.397	6.406	7.398	8.373	5.818	6.905	7.976	9.030	11.089	6.211	7.376	8.525	9.658	11.974

钢　号	9					10						
尺寸 a	90					100						
(mm) d	6	7	8	10	12	6	7	8	10	12	14	16
重量（kg/m）	8.350	9.656	10.946	13.476	15.940	9.366	10.830	12.276	15.120	17.898	21.116	23.257

不等边角钢的两边宽度不等，如图 2-50（f）所示。其规格以长边×短边×边厚（mm）表示，型号的表示方法是：用分子表示长边的宽度 cm 数，分母表示短边的宽度 cm 数，如 L6.3/4 号即表示其长边为 6.3cm，短边为 4cm，常用不等边角钢的规格见表 2-12。

表 2-12　常用不等边角钢的规格

钢　号	2.5/1.6		3.2/2		4/2.5		4.5/2.8		5/3.2		5.6/3.6		
尺寸 a	25		32		40		45		50		56		
(mm) b	16		20		25		28		32		36		
d	3	4	3	4	3	4	3	4	3	4	3	4	5
重量（kg/m）	0.912	1.176	1.171	1.522	1.484	1.930	1.687	2.203	1.908	2.494	2.153	2.818	3.466

钢　号	6.3/4				7/4.5				7.5/5				8/5.6			
尺寸 a	63				70				75				80			
(mm) b	40				45				50				56			
d	4	5	6	7	4	5	6	7	5	6	8	10	5	6	7	8
重量（kg/m）	3.185	3.920	4.638	5.339	3.570	4.403	5.218	6.011	4.808	5.699	7.431	9.098	5.005	5.935	6.848	7.745

角钢是钢结构中最基本的型材，可作单独构件，亦可组合使用，广泛用于桥梁、建筑、输电塔构件、横担、撑铁、接户线中的各种支架及电器安装底座、接地体等。

（2）圆钢。

圆钢的规格以直径（mm）数表示，如40等，主要用来制作金具及螺栓、接地体等，其规格见表2-13所示。

表2-13　常用圆钢规格

直径（mm）	5	5.6	6	6.3	7	8	9	10	11	12	13
理论重量（kg/m）	0.154	0.193	0.222	0.245	0.302	0.395	0.499	0.617	0.746	0.888	1.040
直径（mm）	14	15	16	17	18	19	20	21	22	24	25
理论重量（kg/m）	1.210	1.390	1.580	1.780	2.000	2.230	2.470	2.720	2.980	3.550	3.850

4. 电瓷材料

电瓷是用各种硅酸盐或氧化物的混合物制成的，具有绝缘性能好、机械强度高、耐热性能好，以及抗酸碱腐蚀优良的性能，其安装材料在高低压电气设备、电气线路中被广泛采用。

电瓷主要应用于电力系统中各种电压等级的输电线路、变电站、电气设备，以及其他的特殊行业如交通运输等的电力系统中，将不同电位的导体或部件连接并起到绝缘和支持作用。如用于高压线路耐张或悬垂的盘形悬式绝缘子和长棒形绝缘子，用于变电站母线或设备支持的棒形支柱绝缘子，用于变压器套管、开关设备、电容器或互感器的空心绝缘子等。

1）低压绝缘子

低压绝缘子又称低压绝缘子，用于绝缘和固定 1kV 及 1kV 以下的电气线路，常用的低压绝缘子有以下三种。

（1）低压针式绝缘子。是低压架空线路常用的绝缘子，适合用电量较大、环境比较潮湿、电压在 500V 以下的交直流架空线路中作固定导线用，其外形如图 2-51（a）所示。

（2）低压蝶式绝缘子。一般用于绝缘和固定 1kV 及 1kV 以下线路的终端、转角等，适用场合与针式绝缘子相同，结构如图 2-51（b）所示。

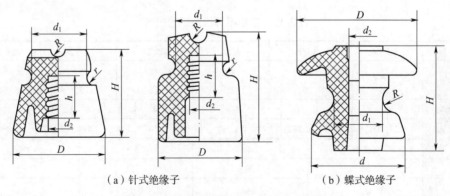

（a）针式绝缘子　　　　　　　　　　　（b）蝶式绝缘子

图 2-51　低压针式绝缘子和低压蝶式绝缘子

（3）低压布线绝缘子。主要有鼓形绝缘子和瓷夹板，多用于绝缘和固定室内低压配电和照明线路，其外形如图 2-52 所示，技术规格见表 2-14。

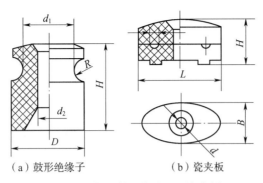

图 2-52 低压鼓形绝缘子和瓷夹板

（a）鼓形绝缘子　　（b）瓷夹板

表 2-14 低压布线鼓形绝缘子规格

型 号	抗弯负荷（kg）	主要尺寸（mm）				
		H	D	d_1	d_2	R
G—30	60	30	30	20	7	5
G—35	80	35	35	22	7	7
G—38	100	38	38	24	8	7
G—50	250	50	50	34	9	12

注：表中"G"表泵鼓形绝缘子；字母后面的数字表示绝缘子高度。

2）高压绝缘子

高压绝缘子用于绝缘和支持高压架空电气线路。

（1）高压针式绝缘子。这种绝缘子按电压等级分为 6kV、10kV、15kV、20kV、25kV、35kV 等几种，其主要区别在于绝缘子铁脚的长度，电压级别越高，铁脚尺寸越长，瓷裙直径也越大，结构如图 2-53 所示。

（2）高压蝶式绝缘子　用于支持高压线路的绝缘子，结构如图 2-54 所示。

图 2-53 高压针式绝缘子

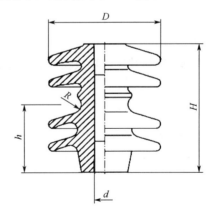

图 2-54 高压蝶式绝缘子

（3）高压悬式绝缘子　用于悬挂高压线路，其上端固定在横担上，下端用线夹悬挂导线，绝缘子可多个串联使用，串联数量越多耐压越高。结构如图 2-55 所示。

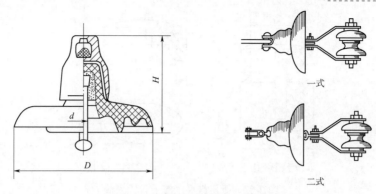

图 2-55　高压悬式绝缘子及加蝶方法

（4）高压柱式绝缘子。用于标称电压 1 000V 以上的普通地区和中度、重度污染地区的交流电力线路中绝缘和支持导线用。安装地点的环境温度在-40℃～+40℃之间，可替代针式绝缘子，如图 2-56 所示。

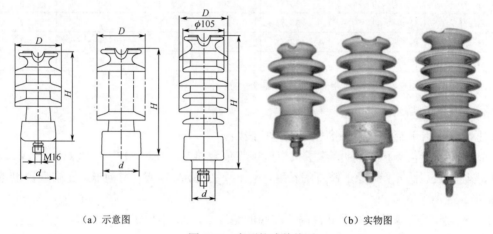

（a）示意图　　　　　　　　　　　　（b）实物图

图 2-56　高压柱式绝缘子

3）瓷管

瓷管在导线穿过墙壁、楼板及导线交叉敷设时，用瓷管作保护管。瓷管分直瓷管、弯头瓷管和包头瓷管三种，常用的长度有 152mm、305mm 等，内径有 9mm、15mm、19mm、25mm、38mm 等，其外形如图 2-57 所示。

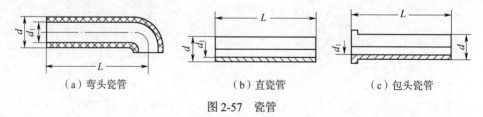

（a）弯头瓷管　　　　　　　　（b）直瓷管　　　　　　　　（c）包头瓷管

图 2-57　瓷管

本章小结

1. 应熟练掌握验电器的结构、工作原理及使用方法，尤其要重视其使用中发光灯泡中的明暗程度，并在使用前要在带电体上进行测试。

2．对于其他工具应注重其使用方法，经常使用的螺丝刀、电工刀、尖嘴钳、钢丝钳在工作当中应注重保管，专职专用。

3．绝缘材料的耐热等级分为 7 个，常用的绝缘材料有塑料、橡胶、橡皮、木质材料、绝缘包扎带、云母制品、陶瓷制品。

4．导电材料中的导线最为重要，其规格、型号、种类有很多种，熟练掌握最常用的 B 系列、R 系列、Y 系列型导线的结构、类型、规格等。

5．安装材料其分类有木质材料、塑料材料、金属材料、电瓷材料。每一种材料中都有比较重要的材料，如圆木、二连木；塑料卡钉、塑料管；膨胀螺栓、角钢、圆钢；低压蝶式绝缘子、低压针式绝缘子等。

 复习题

1．试电笔是由哪几部分组成的？使用时应注意哪些安全事项？

2．使用钢丝钳应注意哪些安全事项？

3．最常用的金属熔体材料有哪几种？它们的特点是什么？

4．简述电气装备用电线电缆绝缘导线的结构。

5．常用的安装材料是如何分类的？

6．膨胀螺栓的种类和型号有哪些？

7．角钢的种类和型号有哪些？

第3章

室内配线

室内配线分明配线和暗配线两种。导线沿墙壁顶梁柱等处敷设时，称为明配线；导线穿管埋设于墙壁、地坪、楼板等内部或装设在顶棚内，称为暗配线。

3.1 室内配线的一般要求和工序

3.1.1 室内配线的基本要求

室内配线应使传输的电能安全可靠，而且应使线路布局合理，安装牢固，整齐美观。为此应符合以下基本要求。

（1）配线时要求导线额定电压大于线路的工作电压，导线绝缘应符合线路安装环境和环境敷设条件。

（2）导线应尽量减少接头，穿管导线和槽板配线中间不允许有接头，必要时可采用接线盒。

（3）明线敷设要保持水平和垂直，敷设时的距离要求见表3-1。

表3-1 绝缘导线至地面的最小距离

布 线 方 式		最小距离（m）
导线水平敷设时：屋内		2.5
	屋外	2.7
导线垂直敷设时：屋内		1.8
	屋外	2.7

（4）导线穿越楼板时，应将导线穿入钢管或硬塑料管内保护，保护管上端口距地面不应小于1.8m，下端口到楼板下为止。

（5）导线穿越墙体时，应加装保护管（瓷管、塑料管、钢管）。保护管伸出墙面的长度不应小于 10mm，并保持一定的倾斜度。

（6）导线通过建筑物的伸缩缝或沉降缝时，导线应有余量，敷设线管时，应装设补偿装置。

（7）导线相互交叉时，应在每根导线上加套绝缘管，并将套管在导线上固定。

（8）为确保安全，室内电气管线和配电设备与各种管道间以及与建筑物地面的最小允许距离应符合表 3-2～表 3-5 的要求。

表 3-2　明线敷设的距离要求

固定方式	导线截面（mm²）	固定点最大距离（m）	线间最小距离（mm）	与地面最小距离（m）	
				水平布线	垂直布线
槽板	≤4	0.05	—	2	1.3
卡钉	≤10	0.20	—	2	1.3
夹板	≤10	0.80	25	2	1.3
绝缘子（瓷柱）	≤16	3.0	50	2	1.3（2.7）
绝缘子（瓷瓶）	16～25	3.0	100	2.5	1.8（2.7）
	≤35	6.0	150	2.5	1.8（2.7）

注：括号内数值为室外敷设要求。

表 3-3　电气管线与其他管道设备间的最小距离（m）

设备名称	配线方式	穿管配线	电缆配线	绝缘导线明配线	裸导（母）线	滑触线配线	插接式母线	配电设备厂
煤气管	平行	0.1	0.5	1.0	1.5	1.5	1.5	0.5
	交叉	0.1	0.3	0.3	0.5	0.5	0.5	
乙炔管	交叉	0.1	1.0	1.0	2.0	3.0	3.0	3.0
	平行	0.1	0.5	0.5	0.5	0.5	0.52	
氧气管	交叉	0.1	0.5	0.5	1.5	1.5	1.5	1.5
	平行	0.1	0.3	0.3	0.5	0.5	0.3	
蒸气管	交叉	1.0（0.5）	1.0（0.5）	1.0（0.5）	1.5	1.5	1.0（0.5）	0.5
	平行	0.3	0.3	0.3	0.5	0.5	0.3	
热水管	交叉	0.3（0.2）	0.5	0.3（0.2）	1.5	1.5	0.3（0.2）	0.1
	平行	0.1	0.1	0.1	0.5	0.5	0.1	
通风管	交叉	—	0.5	0.1	1.5	1.5	0.1	0.1
	平行		0.1	0.1	0.5	0.5	0.1	
上下水管	交叉	0.1	0.5	0.1	1.5	1.5	0.1	0.1
	平行		0.1	0.1	0.5	0.5	0.1	
压缩空气管	交叉		0.5	0.1	1.5	1.5	0.1	0.1
	平行		0.1	0.1	0.5	0.5	0.1	
工艺设备	交叉	—	—	—	1.5	1.5	—	—
	平行				1.5	1.5		

注：1. 表中括号内数值为电气管线在管道下面的距离；

　　2. 电气管线与蒸气管道不能保持表中距离时，可在中间加隔热层，这样平行距离可减至 0.2m；

　　3. 电气管线与热水管不能保持表中距离时，可在热水管外包隔热层；

　　4. 裸导线与管道不能保持表中距离时，在交叉处的裸母线（导线）应加装保护网罩；

　　5. 裸母线应敷设在管道上面。

表 3-4　室内外绝缘导线间最小距离

固定点距离（m）	导线最小间距（mm）	
	室内配线	室外配线
≤1.5	35	100
1.5～3	50	100
3～6	70	100
>6	100	150

表 3-5　绝缘导线至建筑物间的最小距离

布线位置		最小距离（mm）
水平敷设时导线垂直距离至	阳台、平台上和跨越屋顶	2500
	窗户上	300
	窗户下	800
垂直敷设时导线水平距离至	阳台和窗户	600
	墙壁和构件	35

3.1.2　室内配线工序

（1）熟悉设计施工图，做好预留预埋工作（其主要内容有：电源引入方式及位置，电源引入配电箱的路径，垂直引上、引下及水平穿越梁柱、墙等位置和预埋保护管）。

（2）确定灯具、插座、开关、配电箱及电气设备的准确位置，并沿建筑物确定导线敷设的路径。

（3）装设支持物，线夹线管及开关箱、盒等，并检查有无遗漏和错位。

（4）敷设导线。

（5）导线连接。

（6）将导线出线端与电气设备连接，进行封端。

（7）检查验收。

3.2　导线的连接与封端

导线的连接与封端是内线工程中不可缺少的工序，连接与封端的技术好坏直接关系到线路及电气设备能否安全可靠地运行。对导线连接的基本要求是：连接可靠，机械强度高，耐腐蚀和绝缘性能好。

3.2.1　导线的削法

导线连接前，必须把导线端的绝缘层剥去，剥去的长度，依接头方法和导线截面的不同而不同，剥削的方法通常有单层削法、分段削法和斜削法三种，如图 3-1 所示。

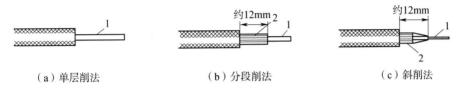

（a）单层削法　　　　　　　　（b）分段削法　　　　　　　　（c）斜削法

图 3-1　橡皮导线的削法

图 3-1 中的单层削法不适用于多层绝缘的导线。

3.2.2　导线的连接

1. 铜导线的连接

1）单股小截面直线连接

（1）连接方法。

将两根待连接的导线用分段削法削好后，再把两根导线交叉旋在一起，两导线同时相绞打结，两边导线缠绕的圈数在五圈以上，并要求紧密，如图 3-2 所示。

（2）连接要求。

① 去除氧化层；

② 距离符合要求；

③ 接线方法正确；

④ 剥切导线规范；

⑤ 缠绕紧密无缝隙；

⑥ 不损伤导线。

2）单股小截面分线连接

（1）连接方法。

将干线剥切一定长度，再将分支线剥削，把分支线放在干线上，线头向前绕向分支线左侧，将分支线绕在干线上，紧密缠绕共 6 圈，余线剪掉，如图 3-3 所示。

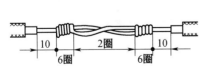

图 3-2　单股小截面直线连接

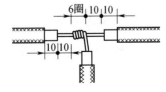

图 3-3　单股小截面分线连接

（2）连接要求同上。

3）单股小截面分线打结连接

（1）连接方法。

将干线剥切，按分段方法削一定长度，再将分支线按分段方法削去绝缘层，将分支线放在干线上，线头向前从分支线右侧绕一圈，接着绕向分支线左侧，从干线左下方向前绕，在干线上紧密缠绕6圈，余线剪掉，如图3-4所示。

（2）连接要求同上。

4）单股小截面十字分支连接

（1）连接方法。

将干线剥切一定长度，再将两根分支线削一定长度。连接时，先将一根分支线在距绝缘层12mm处折回，使其搭在干线上，再将另一根分支线和其并行放好，然后两根分支线的线头一起同方向紧密缠绕6圈，余线剪掉，如图3-5所示。

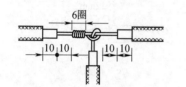

图3-4　单股小截面分线打结连接

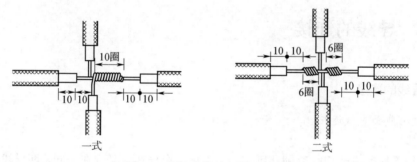

一式　　　　　　二式

图3-5　单股小截面十字分支连接

（2）连接要求同上。

5）单股大截面直线连接

（1）连接方法。

将两根要连接的导线按分段削法削一定长度，再准备一根和连接导线同直径的辅助线，再将准备好的一根1.5mm²的铜绑线从中间对折，两端盘成圆盘状。连接时，先把两根导线对齐，再把辅助线并行放在一起，三根导线放好后，将1.5mm²的铜绑线放在被连接线的中间，用绑线的一端向一侧缠绕几圈，之后再用绑线的另一端向另一侧缠绕几圈，此时应检查有无松动，如无松动，可将绑线向两侧缠绕，缠绕的距离应是导线直径的10倍，之后在连接处的左侧将右侧导线的线头撬起，余线留有1cm，压在中间的绑线处，再用绑线缠绕左侧的导线及辅助线5圈，之后绑线的余线与辅助线打3～5个结，余线剪掉。右侧同理，如图3-6所示。

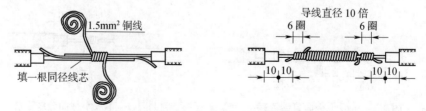

图3-6　单股大截面直线连接

（2）连接要求同上。

6）单股大截面分线连接

（1）连接方法。

将干线剥切一定长度，分支线削一定长度，准备一根 1.5mm² 的绑线并盘成一个圆盘。连接时，将分支线在距绝缘层 12mm 处折成 90°角和干线放在一起，将绑线在干线左侧缠绕 6 圈，接着再缠绕干线与分支线，缠绕长度为导线直径的 10 倍，之后将支线留有 1cm 长度剪断折回压在中间的绑线上，再用绑线缠绕 6 圈，将多余绑线剪掉，如图 3-7 所示。

（2）连接要求同上。

7）接线盒内连接

（1）连接方法。

将三根导线削一定长度后并在一起，将其中最长的一根导线在另外的两根导线上缠绕 6 圈后余线剪掉，把另外的两根导线留长压三圈导线的距离剪掉后压在 6 圈的外三圈上，如图 3-8 所示。

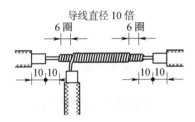

图 3-7　单股大截面分线连接

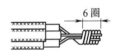

图 3-8　接线盒内连接

（2）连接要求同上。

8）多股导线直线连接（以 7 股为例）

（1）连接方法。

将两根多股线的线端部削一定长度，将芯线打开拉直，接着把总线 1/3 进一步绞紧，然后把余线的 2/3 分开成伞骨状，其中在导线中间的一根芯线可剪掉，之后将两根线头隔骨相插在中间对紧，如图 3-9（a）、图 3-9（b）所示。

把左侧最上面的芯线线头向后折 90°，把右侧最上面的芯线线头向前折 90°，使其在导线连接处的中间形成一个如图 3-9（c）所示的样子。

把左侧的芯线线头按上面的绕向在左侧所有的芯线上缠绕 5 圈，余线剪掉，再把另一根线头从第一根绕完 5 圈剪断处折起，和第一根芯线绕向一致，再缠绕 5 圈，余线剪掉，依次类推，将左侧 6 根芯线绕完为止。右侧同理，如图 3-9（d）所示。图 3-9（e）为线头压入的形式。

多股导线直接连接，还有其他形式：

① 双根芯线一起并绕，方法同上。

② 双根芯线一起并绕，将余线压入连接线头内，如图 3-9（f）～图 3-9（i）所示。

③ 三根芯线一起并绕如图 3-9（j）、图 3-9（k）所示。

（2）连接要求同上。

9）多股导线的分支连接

（1）连接方式一。

将干线剥削一定长度，再将分支线削适当长度，准备好一根 1.5mm² 的绑线，连接时将分支线在距绝缘层 10mm 处折成 90°角并行放在一起,将绑线的一头与分支线线头方向一齐并铺在一起,在分支线与干线交叉点处起绕并将绑线线头缠在里面,缠绕长度为双根导线直径的 5 倍,之后将分支线距绑线最后一圈为 10mm 处剪掉。最后两根绑线线头打结,如图 3-10(a)、图 3-10(b)所示。

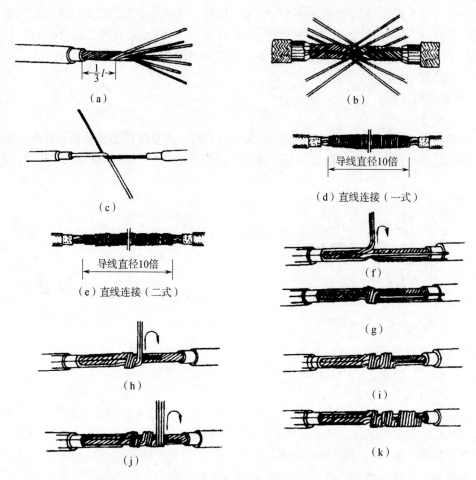

图 3-9 多股导线的直线连接

(2)连接方式二。

将干线与分支线如图 3-10(a)剖削好后,从分支线中取出一根芯线,在干线与分支线交叉点处起绕,将干线与分支线绕在一起绕完 5 圈,将多余芯线剪掉,再从分支线中取出第二根芯线接着第一根芯线剪掉的尾部起绕,绕完 5 圈,余线剪掉。依次类推,将 7 根芯线绕完为止,如图 3-10(c)所示。

(3)连接方式三。

将干线剖削出一定长度,再将分支线打开成伞骨状并且拉直。把分支线根部距绝缘层 10mm 处进一步绕紧,并分成两组。一组为三根,另一组为四根,如图 3-10(d)所示。连接时,把干线芯线用螺丝刀撬开中间成一条缝隙,把分支线四线一组插入干线中间缝隙,如图 3-10(e)所示。然后把三线一组的芯线往干线一侧按顺时针(或逆时针)方向绕在干线上,再将另一组四线一起按逆时针(或顺时针)方向绕在干线上,两组分线绕的长度为导线直径的 10 倍,等所需要的长度合适后，将两边的芯线头剪掉，如图 3-10（f）、图 3-10（g）所示。

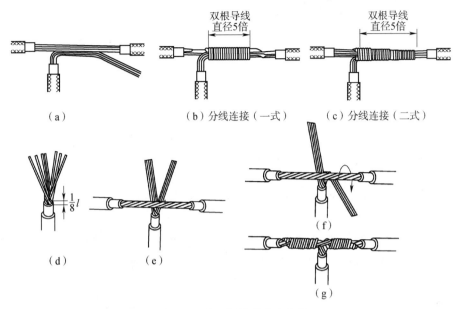

（a）　　　　　　（b）分线连接（一式）　　　　　（c）分线连接（二式）

（d）　　　　（e）　　　　（f）

（g）

图 3-10　多股导线的分支连接

（4）连接要求同上。

10）多股导线倒人字连接

（1）连接方法。

将两根线头剖削一定长度，再准备一根 1.5mm^2 的绑线。连接时将绑线的一端与两根连接芯线并在一起，在靠近导线绝缘层处起绕。缠绕长度为导线直径的 10 倍，然后将两绑线的线头打结，在距离绑线最后一圈 10mm 处把两根芯线和打完结的绑线线头一同剪断，如图 3-11 所示。

（2）连接要求同上。

11）双芯线的连接

将两根双芯线线头剖削成如图 3-12 所示的形式。连接时，将两根待连接的线头中颜色一致的芯线按小截面直线连接方式连接。同理，将另一颜色的芯线连接在一起。

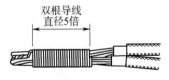

图 3-11　多股导线倒人字连接

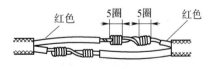

图 3-12　双芯线连接

12）U 形轧连接

U 形轧直线或分支连接采用压接的方法，如图 3-13 所示。U 形轧的规格必须配合导线的截面积，常用的 U 形轧规格选配见表 3-6。两副 U 形轧相隔距离通常在 150～200mm 之间。每个导线接头应用 2～4 副 U 形轧，由导线截面积和安装条件而定。

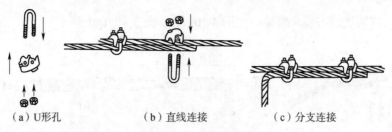

（a）U形孔　　　　　　　（b）直线连接　　　　　　（c）分支连接

图 3-13　U 形轧连接

表 3-6　U 形轧的规格及选用

型　　号	GQ—1	GQ—2	GQ—3	GQ—4
适应导线范围（截面积：mm^2）	25	35	50～70	95

13）瓷接头连接

瓷接头的直线或分支连接，适用于芯线截面 $10mm^2$ 以下的导线。连接方法如图 3-14 所示。瓷接头分单线、双线和三线等几种，除单线的以外，在连接时两端均不可更换位置，以免相位出错。

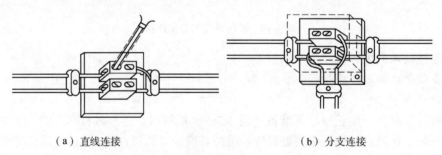

（a）直线连接　　　　　　　　　　　（b）分支连接

图 3-14　瓷接头的直线和分支连接

2. 铝导线的连接

1）压接

压接是将套在导线两端的铝连接管（铝套管）在一定压力下紧压在两端导线上，使导线与铝连接管间的金属互相渗透，两者形成一体，构成导电通路。

（1）步骤。

① 将导线端部绝缘层去掉；

② 清除导线表面的氧化层及油垢；

③ 选择适合导线截面的铝套管；

④ 将导线穿入套管进行压接。

（2）方法。

多股铝导线截面在 $25mm^2$ 以下，可采用手动普通压钳进行压接。导线截面在 $16\sim240mm^2$ 可采用手动液压钳压接。连接管的形状和规格如图 3-15 和表 3-7 所示。压接前要逐根清除导线氧化膜，待线芯恢复原来绞合状态后涂上石英粉——中性凡士林。压接时按图 3-16 所示的顺序进行。压接间距和强度示意如图 3-17 和表 3-8 所示。

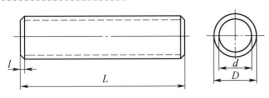

图 3-15 铝连接管的形状

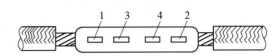

图 3-16 铝导线连接压线顺序

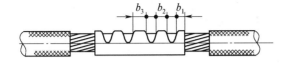

图 3-17 铝导线压接间距和强度示意图

表 3-7 铝连接管的规格和尺寸（mm）

规　格	线芯截面（mm²）	L	d	D	l
QL－16	16	66	5.2	10	2
QL－25	25	68	6.8	12	2
QL－35	35	72	8.0	14	3
QL－50	50	78	9.6	16	4
QL－70	70	82	11.6	18	4
QL－95	95	85	13.6	21	5
QL－120	120	92	15.0	23	5
QL－150	150	95	16.6	25	5
QL－185	185	100	18.6	27	6
QL－240	240	110	21.0	31	6

表 3-8 铝导线压接的压接间距及强度尺寸（mm）

适 用 范 围	压 坑 间 距			压坑深度 h_1	剩余厚度 h_2
	b_1	b_2	b_3		
QL－16	3	3	4	5.4	4.6
QL－25	3	3	4	5.9	6.1
QL－35	3	5	4	7.0	7.0
QL－50	3	5	6	8.3	7.7
QL－70	3	5	6	9.2	8.8
QL－55	3	5	6	11.4	9.6
QL－120	4	5	7	12.5	10.5
QL－150	4	5	7	12.8	12.2
QL－185	5	5	7	13.7	13.3
QL－240	5	6	7	16.1	14.9

（3）注意事项。

① 压坑应在一条直线上；

② 四个坑的深度应符合标准；

③ 压完后用细锉进行修整，防止出现毛刺。

2）焊接

铝导线常用的焊接方法有电阻焊、气焊和钎焊等。由于铝导线表面有一层氧化膜，并且在焊接时，在高温作用下很容易氧化，不易焊接，因此在工艺上需采取一定的措施。

（1）电阻焊。

在接线盒、开关板内，单股或多股不同截面的铝芯导线的并接可用电阻焊。电阻焊是用低压大电流通过铝导线连接处的接触电阻产生的热量将铝芯熔接在一起的连接方法。

电阻焊的焊接工具为电阻焊钳。它使用容量为1kVA，原边电压为220V，副边电压为6V、9V、12V的降压变压器进行焊接。焊钳上两根直径为8mm、端部具有一定锥度的炭棒作为电极。焊接时，先将连接线打结扭在一起，用钳剪齐。涂以少许焊药（氯甲钾50%，氯化钠30%，冰晶石20%），然后接通电源，手握焊钳使炭棒碰在一起，等炭棒端头发红时，将其张开夹在涂了焊药的线头上。等到线头开始熔化时，慢慢地向线端移动电极，使线端形成一个均匀的小球。最后撤去焊钳，冷却后进行清理。在接头处可涂一层速干沥青绝缘漆，等风干后再包缠绝缘胶布。

（2）气焊。

对于单股或多股铝导线的连接，还可用气焊焊接。操作时，焊工与电工应密切配合。为使接头焊好，在多股导线并接前，先把两根导线的线端封焊，再在两根导线靠近绝缘层部分缠以浸过水的石棉绳并用铁线把两根导线绑在一起，进行并接焊接。焊接时，火焰的焰心离线芯2~3mm，当加热温度使铝线熔化时，可加入铝线粉。（用水调成糊状，焊粉与水之重量比为100：35）。借助焊粉的填空和搅动，使端面中心的金属融合并联起来，然后把焊枪向外移动，直至焊完为止。接头焊完后，要立即清除残渣和焊粉，可趁线头热时，用棉纱蘸清水洗净擦干，见图3-18、图3-19和表3-9、表3-10所示。

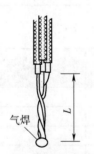

图3-18 单股铝导线气焊接头

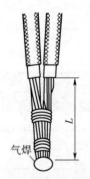

图3-19 多股铝导线气焊接头

表3-9 单股铝线截面对照

导线截面（mm²）	L（mm）
2.5	20
4	25
6	30
10	40

表 3-10　多股铝线截面对照

导线截面（mm²）	L（mm）
16	60
25	70
35	80
50	90
70	100
95	120

（3）钎焊。

对于单股导线还可采用钎焊法，其操作方法如下：铝导线回表面去掉氧化层后，要立即用电烙铁搪一层焊料（纯度 99%以上的锡 60%，纯度 98%以上的锌 40%），再把两线头搭叠，端头分别缠绕 3 圈，余线剪掉，接着用电烙铁把接头处的沟槽搪满焊料，最后清理包缠绝缘层，钎焊使用的电烙铁容量可为 150～200W。

3）瓷接头连接（又称接线桥）

这种方法使用瓷接头上接线柱的螺钉来实现导线的连接。瓷接头由电瓷材料制成的外壳和内装的接线柱组成。接线柱一般由铜质材料制作，又称针形接线桩，接线桩上有针形接线孔，两端各有一只压线螺钉。使用时，将需连接的铝导线插入两端的针形接线孔，旋紧压线螺钉就完成了导线的连接。图 3-20 所示是二路四眼瓷接头的结构图。

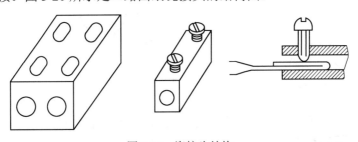

图 3-20　瓷接头结构

4）并沟线夹连接

并沟线夹螺钉压接的方法适用架空线路的分支连接。导线截面在 75mm² 以下用一副小型并沟线夹，把分支线头末端与干线进行绑扎，如图 3-21 所示。导线截面在 75mm² 及以上需用两副大型并沟线夹，两副相隔应保持在 300～400mm 之间。

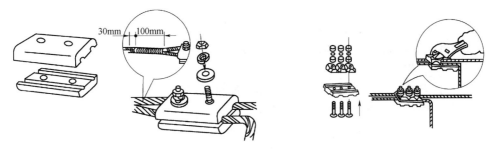

（a）小型并沟线夹　　　　　　　　　　　（b）大型并沟线夹

图 3-21　并沟线夹的安装方法

3. 铜、铝导线的连接

铜、铝导线的连接必须采用铜铝过渡连接管（铜铝过渡接头），这种接头是专门制成的一端为铜，另一端为铝的连接管，使用铜铝过渡连接管，可以防止铜铝导线连接在一起的电化腐蚀。压接时，铜导线与连接管的铜端压接，铝导线与铝端压接，压接方法与铝导线压接法相同。

3.2.3 导线的封端

安装的配线都要与电气设备相连接。对 $10mm^2$ 及以上多股导线都必须先在导线端头做好接线端子，再与设备相连。电气设备的接线桩有针孔式、螺钉平压式、瓦形式三种，如图 3-22 所示。

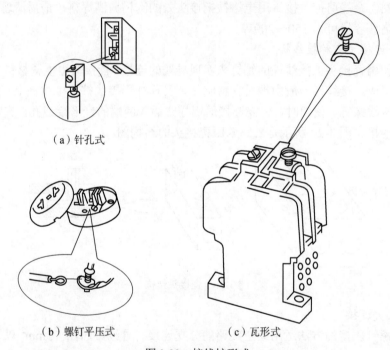

（a）针孔式

（b）螺钉平压式 （c）瓦形式

图 3-22 接线桩形式

1. 导线与接线桩直接封端

1）导线与接线桩连接时的基本要求

（1）多芯线头应先进一步绞紧，然后再与接线桩连接。

（2）分清导线相位后方可与接线桩连接。

（3）小截面导线与接线桩连接时，必须留有能供再剖削 2～3 次线头的余线。

（4）导线绝缘层与接线桩之间应保持适当距离。

（5）软导线线头与接线桩连接时，不允许出现松散、断股和外露等现象。

（6）线头与接线桩必须连接得平服、紧密和牢固。

2）导线封端方法

（1）线头与针孔式接线桩的连接方法。

这种接线桩是依靠位于针孔顶部的压紧螺钉压住线头来完成电连接的，电流容量较小的接线桩有一个压紧螺钉，电流容量较大的接线桩通常有两个压紧螺钉，连接时操作要求和方法如下。

① 单股芯线线头的连接方法。

在通常情况下，芯线直径都小于钉孔直径可直接插入钉孔。当芯线直径小于钉孔直径的 2 倍时，可把线头的芯线折成双股并列后插入针孔，并使压紧螺钉顶在双股芯线的中间，如图 3-23 所示。

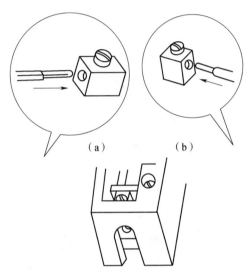

（a）　　　　　（b）

图 3-23　单股芯线的连接

② 多股芯线线头的连接方法。

连接时，必须把多股芯线按原拧紧方向进一步绞紧。由于多股芯线的载流量较大，针孔上往往有两个压紧螺钉，连接时应先拧紧第一个螺钉（靠近端部的一个），再拧紧第二个。多股芯线线头三种工艺处理方法如图 3-24 所示。

a．芯线直径与针孔大小较匹配时，把芯线绞紧后插入针孔，见图 3-24（a）；

b．针孔过大时，可用一根单股芯线在已绞紧的芯线线头上紧密排绕一层，见图 3-24（b）；

c．针孔过小时，可把多股芯线剪掉几根。7 股芯线剪去中间一根，19 股芯线剪去中间 1～7 根，然后绞紧进行连接，如图 3-24（c）所示。

操作评分标准：

① 螺钉必须拧紧，以防脱出。

② 线头插入钉孔时，必须插到底。

③ 导线绝缘层不得插入针孔。

④ 线头处不得有毛刺、外伤等现象。

（2）线头与平压式接线桩的连接方法。

① 单股芯线的操作方法如图 3-25 所示。

（a）离绝缘层根部 3mm 处向外侧折角。

（b）按略大于螺钉直径弯成圆弧。

（c）剪去芯线余端。

（d）修正圆圈致圆。

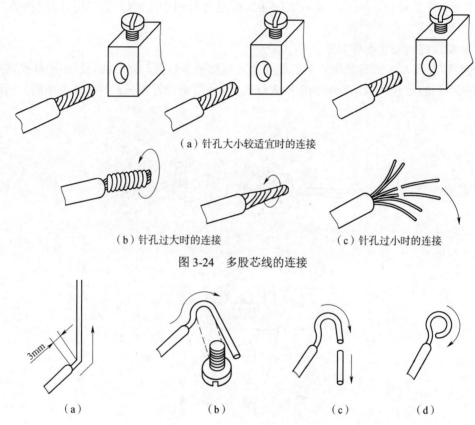

（a）针孔大小较适宜时的连接

（b）针孔过大时的连接　　　（c）针孔过小时的连接

图 3-24　多股芯线的连接

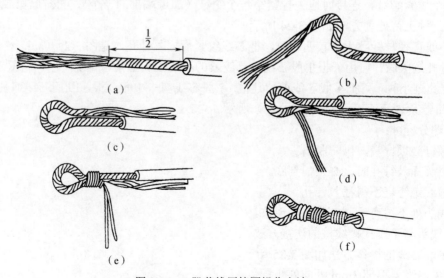

（a）　　　　　　（b）　　　　　（c）　　　　　（d）

图 3-25　单股芯线压接圈的弯法

② 7 股芯线压接圈操作方法如图 3-26 所示。

（a）

（b）

（c）

（d）

（e）

（f）

图 3-26　7 股芯线压接圈操作方法

（a）把离绝缘层根部约 1/2 处的芯线绞紧。

（b）在 1/3 处向外折角然后弯曲成圆弧。

（c）圆弧弯曲成圆圈并把芯线线头与导线并在一起。

（d）将拉直的两线头一起按顺时针方向绕两圈，然后和芯线并在一起，从折点再取出两根芯线线头拉直。

（e）将取出的两芯线线头先以顺时针方向绕两圈。

（f）然后与芯线并在一起，最后取出余下的三根线也以顺时针方向绕两圈，多余芯线剪掉。

软导线线头与接线桩的连接方法如图 3-27 所示。

（3）线头与瓦形接线桩的连接方法（或桥形）。为了防止线头脱落，在接线时把芯线按如图 3-28（a）所示的方法处理。如果有两个线头时，应按图 3-28（b）所示方法进行处理。

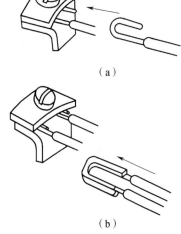

（a）

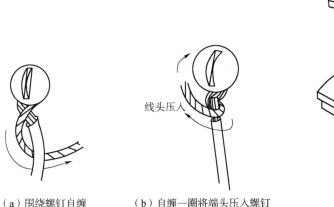

（a）围绕螺钉自缠　　　（b）自缠一圈将端头压入螺钉　　　　　（b）

图 3-27　软导线的连接　　　　　图 3-28　导线线头与瓦形接线桩的连接

2. 导线通过接线端子与接线桩封端

1）接线端子与接线桩封端的基本要求

（1）导线截面大于 $10mm^2$ 的多股铜线或铝线必须先做好接线端子后，再与接线桩连接。

（2）自制接线端子时，要避免出现裂缝。

（3）导线绝缘层不能压入接线端子。

（4）搪锡的接线端子与接线头连接要避免虚焊。

2）封端方法

（1）锡焊法。

先把导线表面和接线端孔内清除干净，再涂以无酸焊锡，将芯线搪一层锡，再把接线端子用喷灯加热，把锡熔化在端子孔内，把搪好锡的芯线插入孔内，继续加热，直到焊锡完全渗透化在芯线缝隙中，方可停止加热。

（2）压接法。

压接前，剥削导线绝缘层，除掉导线表面和接线端子孔内氧化层，涂以石英粉-凡士林，再将芯线插入接线端子内，用压接钳进行压接。压接时，先压靠近端子口处的第一个坑，然后再压第二坑。接线端子外形和规格见图 3-29 和表 3-11，压坑位置和尺寸见表 3-12。

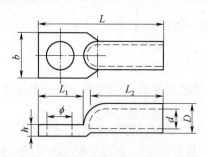

图 3-29　接线端子外形

表 3-11　接线端子规格

适用导线截面（mm²）	端子各部尺寸（mm）							
	d	D	L	L_1	L_2	b	h	d
16	5.2	10	65	26	32	16	3.5	6.5
25	6.8	12	70	26	34	19	4.0	6.5
35	8.0	14	80	30	36	21	5.0	8.5
50	9.6	16	86	32	40	23	5.5	8.5
70	11.6	18	96	40	42	27	5.5	10.5
95	13.6	21	106	42	45	30	6.8	10.5
120	15.0	23	116	44	50	34	7.0	13.0
150	16.6	25	120	45	52	36	7.5	13.0
185	18.6	27	130	50	55	40	7.5	13.0
240	21.0	31	140	55	60	45	8.5	17.0

表 3-12　接线端子压坑位置和尺寸

压坑位置	电线截面积（mm²）	A（mm）	C（mm）	B（mm）	L（mm）	内径（mm）	外径（mm）
	16	13	2	2	32	5.2	10
	25	13	2	2	32	6.8	12
	35	13	2	2	32	7.7	14
	50	14	3	3	37	9.2	16
	70	15	3	4	40	11.0	18
	95	17	3	4	45	13.0	21
	120	17	5	5	48	14.5	22.5
	150	18.4	5	5	50	16.0	24
	16	13	2	2	32	5.2	10

3.2.4 导线绝缘的恢复

导线绝缘层被破坏或连接以后，必须恢复其绝缘性能。恢复后绝缘强度不低于原有绝缘层，其恢复方法通常采用包缠法。

绝缘材料有黄蜡带，涤纶薄膜带和胶带。绝缘带的宽度为 15～20mm。

包缠方法：从完整绝缘层上开始包缠，包缠两根带宽后方可进入连接处的芯线部分；包至另一端时，也需同样包入完整绝缘层上两根带宽的距离，如图 3-30（a）所示。包缠时，绝缘带与导线应保持 55°的倾斜角，每圈包缠压带的一半，如图 3-30（b）所示，或用绝缘带自身套结扎紧，方法如图 3-30（e）所示。

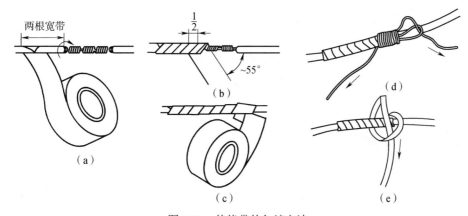

图 3-30　绝缘带的包缠方法

导线绝缘的恢复方法如下。

（1）220V 线路上的导线恢复绝缘层时，先包缠一层黄蜡带（或涤纶薄膜带），然后再包缠一层黑胶带，或用胶带采用"三叠两次一回头"的方法直接包缠。

（2）380V 线路上的导线恢复绝缘层时，先包缠 2～3 层黄蜡带（或涤纶薄膜带），然后再包缠两层黑胶带，或用胶带采用"三叠两次一回头"的方法直接包缠。

3.3 槽板的安装

槽板配线是将绝缘导线敷设在槽板内，上面用盖板把导线盖住，它适用于干燥房间内的明配线路。

槽板配线的施工应在土建抹灰层干透后进行，施工步骤如下。

3.3.1 定位画线

槽板配线的定位画线由于是在土建抹灰以后进行的，为使线路安装得整齐、美观，应尽量沿房屋的线脚、横梁、墙角等处敷设,与建筑物的线条平行或垂直,应注意不要弄脏、弄花墙面。

(1)定位:定位时,首先按施工图确定灯具、开关、插座和配电箱等设备的安装位置;然后确定导线的敷设路径,穿越楼板和墙体的位置以及配线的起始、转角和终端的固定位置;最后再确定中间固定点的安装位置,槽板底板固定点距转角、终端及设备边缘的距离应在50mm左右,中间固定点间距不少于500mm。

(2)画线:画线时,应考虑线路的整洁和美观,要沿建筑物表面逐段画出导线的走线路径,并在每个开关、灯具、插座等固定点中心画出"×"记号。画线时应避免弄脏墙面。

3.3.2 打眼安装固定件

在画好的固定点处用手电钻或冲击钻打眼,打眼时应注意深度,避免过深或过浅,适当超过膨胀螺栓或塑料胀塞即可,然后在打眼孔中逐个放入固定件(膨胀螺栓或塑料胀塞、木塞等)。

3.3.3 槽板安装

将槽板固定在垂直或水平画的线上,用扎锥在槽板上扎孔,然后用木螺丝把槽板固定在墙体上,在安装过程中,如遇到转角、分支及终端时应注意倒角,操作步骤如下。

(1)对接:对接时,将两槽板锯齐,并用木锉将两槽板的对接口锉平,保证线槽对准时拼接紧密。

(2)转角连接:转角连接应将槽板连接处锯成45°角,并用木锉倒角。

(3)分支连接:将干线槽板分别锯成45°角,再将分支线槽板锯成45°角进行拼接。

3.3.4 导线敷设

将导线敷设于线槽内,起始两端留出100mm线头。

3.3.5 盖板及其附件安装

在敷线的同时,边敷线边将盖板固定在底板上,盖板与底板的接口应相互错开,如图3-31所示。各种图例符号如图3-32所示。

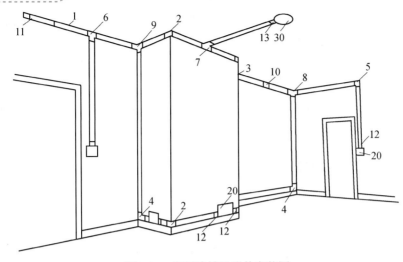

图 3-31 塑料线槽及附件安装图

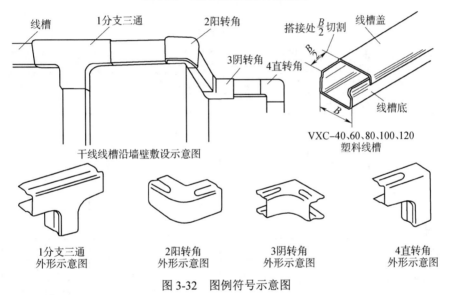

图 3-32 图例符号示意图

3.3.6 配线要求

（1）敷设导线时，槽内导线不允许有接头，必要时可装设接线盒。

（2）导线在灯具、开关、插座及配电箱等处，一般应留有 100mm 的余量。

（3）导线在槽内的配线根数应符合有关规定。

3.4 线管的安装

将绝缘导线穿在管内敷设，称为线管配线，这种配线方式比较安全可靠；导线在管内受到保护,可避免多尘环境的影响、腐蚀性气体侵蚀和机械损伤;导线发生故障时不易外传,提高了供电可靠性;施工穿线和维修换线方便等。线管配线有明管配线和暗管配线两种敷设方式。将线管直接敷设在墙上或其他明露处,称明管配线(明敷设);把线管埋设在墙、楼板或地坪内及其他看不见的地方,称暗管配线(暗敷设)。

在工业厂房中,多采用明管配线,在宾馆饭店、文教设施等场所,宜采用暗管配线。

3.4.1　管材的选择

1．选择要求

(1)线管管径要求:管内绝缘导线或电缆的总截面(包括绝缘层),不应超过管内径截面的40%,线管管径的选用通常由设计确定或者参照表3-13进行选择。

表3-13　单芯绝缘导线穿管选择表

导线截面 (mm²)	线管直径(mm)										
	水煤气钢管穿入导线根数				电线管穿入导线根数				硬塑料管穿入导线根数		
	2	3	4	5	2	3	4	5	2	3	4
1.5	15	15	15	20	20	20	20	25	15	15	15
2.5	15	15	20	20	20	20	25	25	15	15	20
4	15	20	20	20	20	20	25	25	15	20	25
6	20	20	20	25	20	25	25	32	20	20	25
10	20	25	25	32	25	32	32	40	25	25	32
16	25	25	32	32	32	32	40	40	25	32	32
25	32	32	40	40	32	40	—	—	32	40	40
35	32	40	50	50	40	40	—	—	40	40	50
50	40	50	50	70					40	50	50
70	50	50	70	70					40	50	50
95	50	70	80						50	70	70
120	70	70	80	80					50	70	80
150	70	70	80	—					50	70	80
185	70	80	—	—							

(2)线管质量要求:管壁内不能存有杂物积水,金属管不能有铁屑毛刺。

(3)线管长度要求:当线管超过下列长度时,线管的中间应装设分线盒或拉线盒,否则应选用大一级的管子。

① 线管全长超过45m,并且无弯头时;
② 线管全长超过30m,有一个弯头;
③ 线管全长超过20m,有两个弯头;
④ 线管全长超过12m,有三个弯头。

（4）线管垂直敷设时的要求：敷设于垂直线管中的导线，每超过下列长度时，应在管口处或接线盒内加以固定。

① 导线截面为 50mm² 及以下，长为 30m 时；

② 导线截面为 70～95mm²，长为 20m 时；

③ 导线截面为 120～240mm²，长为 18m 时。

2．适用场合

常用的电线管有水煤气管、薄钢管、金属软管、塑料管和瓷管五种。这五种电线管的应用分别适用于不同的场合。

水煤气管管壁较厚（3mm 左右），适用于输送水煤气及作为建筑物构件用（扶手、栏杆等），也适用于有机械外力或有轻微腐蚀气体的场所用作明敷设或暗敷设。

薄钢管适用于干燥场所敷设。

塑料管、硬型管适用于腐蚀性较强的场所用作明敷设和暗敷设。软型管质轻、刚柔适中，适合用作电气软管。

金属软管适用于活动较多的场所。

瓷管适用于穿越墙壁、楼板及导线交叉敷设时的保护。

3.4.2　管材的加工

1．管材的清扫

（1）清扫的要求和刷漆：管内如有杂物、油污等，会使穿线困难，导线也易受损伤。在配管前，应对管材进行去除污垢和杂物的清扫工作，对金属管还应除锈刷漆。但对暗设在混凝土内的金属管无须刷漆。

（2）清扫方法：在钢丝刷两端各绑一根铁丝，将其穿过管子，并在管子两头来回拉动铁丝，将管内铁锈等杂物清除干净。或采用压缩空气，利用其压力将管内脏物吹出。

2．锯管下料

（1）长度的确定：应按现场的需要，根据接线盒或设备间的连接和转角情况，确定实测长度（先确定弯曲部分，再确定直线部分）。

（2）下料：可使用手持钢锯或管子割刀下料，较粗的管子可用电动切割机或锯床切割，手钢锯、管子割刀、电动切割机、锯床，如图 3-33 所示。

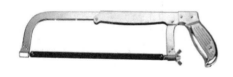

（a）手钢锯　　　　　　　　　　　　　　　（b）管子割刀

图 3-33　下料工具示意图

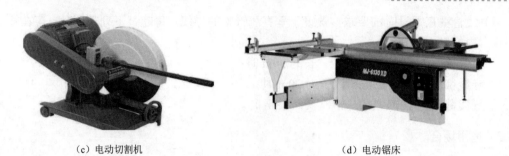

（c）电动切割机 　　　　　　　　　　　　（d）电动锯床

图 3-33　下料工具示意图（续）

3. 弯管

为了便于穿线，应尽可能减少弯头，管子弯曲处也不应出现凹凸和裂缝现象。弯管的弯曲半径应符合表 3-14 中的规定，弯曲角度 α 应在 90°以上，如图 3-34 所示。金属管的焊缝应放在弯曲的侧面，如图 3-35 所示。弯曲较粗的管子应灌沙，以防管子弯瘪。

表 3-14　线管的弯曲半径要求

配　管　条　件	弯曲半径 R 和线管外径 D 之比
明配时	6
明配只有一个弯时	4
暗配时	6
埋设于地下或混凝土楼板内时	10

（1）弯制金属管。金属管常用管弯管器、滑轮弯管器、电动顶弯机弯制或用气焊加热弯制。

（2）弯制塑料管。

① 直接加热煨弯：管径为 20mm 及以下时可采用此法。煨弯时先将管子放入烘箱、电炉或喷灯上加热，到适当温度后立即将管子放在平板或弯制模具上煨弯。为加速硬化，可浇水冷却。

② 填沙煨弯：管径为 25mm 及以上时应采用此法。煨弯时先将管子一端用木塞堵好，然后将干沙灌入敦实后，将另一端堵好，最后加热放在模具上弯制成型，如图 3-36 所示。

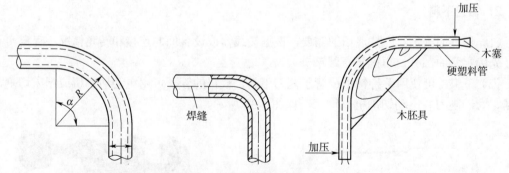

图 3-34　线管的弯度要求　图 3-35　线管弯曲与焊缝的配合　图 3-36　塑料管填沙煨弯

4. 钢管的套丝

钢管之间或钢管与箱、盒采用螺纹连接时，应使用管子铰板或板牙将线管端部绞制外螺纹，管子铰板、板牙如图 3-37 所示。

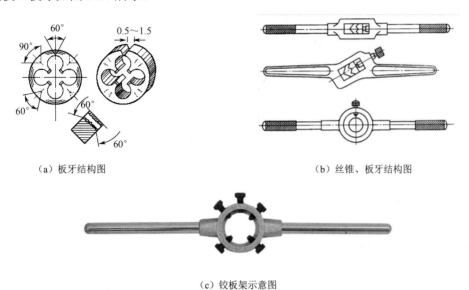

（a）板牙结构图 　　　　　　　　　（b）丝锥、板牙结构图

（c）铰板架示意图

图 3-37 　铰板板牙示意图

3.4.3 　管间或与箱体的连接

1．金属配管的连接

（1）管间连接：管间宜采用管箍连接，尤其直埋地或防爆线管更应采用，有时为保证管口的严密性，应缠麻、涂漆，然后用管钳拧紧，并跨接地线。

（2）管盒连接：先在线管上旋上一个锁紧螺母（俗称根母），然后把盒上敲落孔打掉，将管子穿入孔内，再旋上盒内螺母（俗称护口），最后用两把扳手将锁紧螺母和盒内螺母反向拧紧，如图 3-38 所示。

（3）焊接连接：有时为了施工简便和节约钢材，其配管用电焊直接进行焊接，并将钢管直接接地或接零。

2．硬塑料管的连接

（1）插接法：此法适用于管径为 50mm 及以下的硬塑料管连接。

① 管口倒角：将外管口倒内角，内管口倒外角，如图 3-39（a）所示。

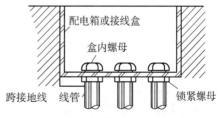

图 3-38 　线管与箱体连接

② 管口清扫：将内外管插接段的污垢擦净。

③ 加热：用喷灯、电炉或炭火炉将插接段加热。

④ 插接：插接段软化后，将内管插入外管，如图 3-39（b）所示，待内外距离合适时，应立即用湿布或冷水冷却，使管子恢复硬度。

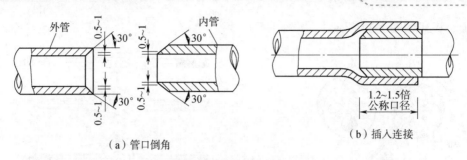

（a）管口倒角　　　　　　　　　　　　（b）插入连接

图 3-39　硬塑料管的直接插入法

（2）套接法适用于各种管径的硬塑料管连接。

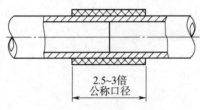

图 3-40　套管连接法

① 截取套管：在同径管上截取长度为管径的 2.5～3 倍（管径为 50mm 及以下时取 2.5 倍，50mm 以上时取 3 倍）作为连接套管。

② 管口倒角、清扫和加热套管：操作方法与插接法相同。

③ 套管插接：待套管加热软化后，立即将被连接的两根硬塑料管插入套管中，使连接管对口处于套管中心，并浇冷水使其恢复强度，如图 3-40 所示。

3.4.4　线管的敷设

1. 明配线管

1）明配线管的一般步骤

（1）确定电器与设备（如配电箱、开关、插座、灯头等）的位置。

（2）画出管路走向的中心线和管路交叉位置。

（3）埋设木榫或其他预埋件和紧固件。

（4）量测管线的实际长度。

（5）将线管按建筑物的结构形状进行弯曲。

（6）按实测长度切断线管并绞制螺纹。

（7）固定线管。固定点间距应符合表 3-15 中规定，且要均匀设置。

表 3-15　明配线管敷设固定点的最大允许间距

敷 设 方 式	钢 管 名 称	钢管直径（mm）			
		15～20	25～30	40～50	65～100
		最大允许间距（m）			
吊架、支架或沿墙敷设	厚壁钢管	1.5	2.0	2.5	3.5
	薄壁钢管	1.0	1.0	2.0	—

（8）线管接地。

2）明配线管的敷设方式

明配线管有三种敷设方式：沿墙敷设、吊装敷设和管卡槽敷设。

（1）沿墙敷设：一般采用管卡将线管直接固定在墙壁或墙支架上，其基本方法如图 3-41（a）、（b）、（d）所示。

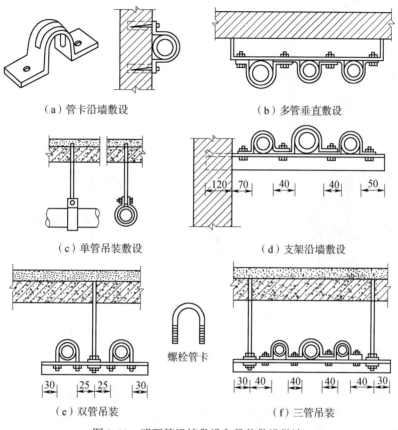

（a）管卡沿墙敷设　　　　　　　（b）多管垂直敷设

（c）单管吊装敷设　　　　　　　（d）支架沿墙敷设

螺栓管卡

（e）双管吊装　　　　　　　　　（f）三管吊装

图 3-41　明配管沿墙敷设和吊装敷设做法

（2）吊装敷设：多根管子或管径较粗的线管在楼板下敷设时，可采用吊装敷设，其操作方法如图 3-41（c）、（e）、（f）所示。

（3）管卡槽敷设：将管卡板固定在管卡槽上，然后将线管安装在管卡板上，即为管卡槽敷设，如图 3-42 所示。它适用于多根线管的敷设。

2. 暗配线管

1）暗配线管的一般步骤

（1）确定各类电气设备的安装位置。

（2）量测长度。

（3）配管加工（选材、弯管、锯管和套丝等）。

（4）进行管间及管盒的连接。

（5）将箱盒、管子连接成整体预埋在地坪钢筋或模板上。

（6）跨接地线。

（7）管口堵上木塞，防止水泥砂浆和杂物进入。

（8）检查有无遗漏和错误。

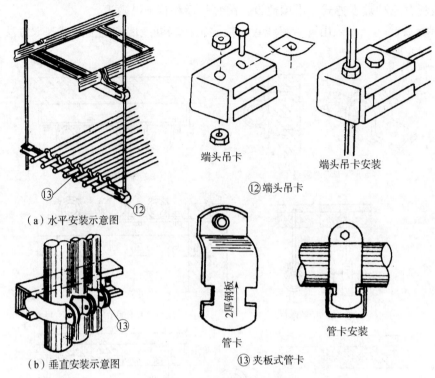

（a）水平安装示意图

⑫端头吊卡

端头吊卡　　端头吊卡安装

（b）垂直安装示意图

管卡　　管卡安装

⑬夹板式管卡

图 3-42　明配管的管卡槽敷设

2）暗配线管的敷设方法

暗配线管有三种敷设方式：线管敷设、灯头盒敷设、接线盒敷设。

（1）线管敷设：现浇混凝土结构敷设线管时，应在土建施工前将管子固定牢靠，并用垫块（一般厚 15mm）将管子垫高，使线管与土建模板保持一定距离，然后用铁丝将线管固定在土建结构的钢筋上。或用铁钉将其固定在木模板上，如图 3-43 所示。在预制楼板内的敷设方法如图 3-44 所示。

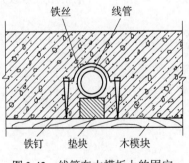

铁丝　　线管

铁钉　　垫块　　木模块

图 3-43　线管在木模板上的固定

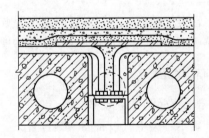

图 3-44　线管和灯头盒在楼板内的敷设

（2）灯头盒敷设：在现浇板内敷设时，灯头盒的固定可参照图 3-45，灯头盒的敷设如图 3-46 所示。

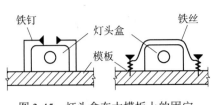

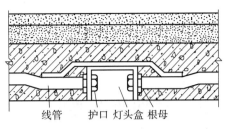

图 3-45 灯头盒在木模板上的固定　　　　图 3-46 灯头盒在现浇板内的敷设

（3）接线盒敷设：接线盒和开关盒的预埋安装可参照图 3-47。线管与盒体在现浇混凝土内埋设时应固定牢靠，以防土建振捣混凝土时使其移位。也可在墙壁粉刷前凿沟槽、孔洞，将管子和器件埋入后，再用水泥砂浆抹平。

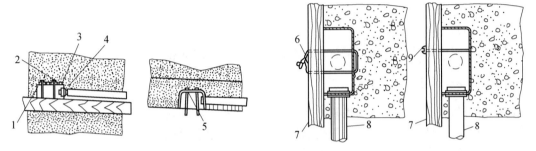

图 3-47　接线盒和开关盒的安装

1—接线盒；2—钉子；3—护线箍；4—紧扣环；5—钉子由此切断；6—铁线；7—托架；8—电线管；9—螺丝

3.4.5　扫管穿线

扫管穿线工作一般在土建地坪和粉刷完毕后进行。

1. 清扫线管

用压缩空气吹入管路中，以除去灰土杂物和积水。或在引线钢丝上绑以纱布，来回拉动数次，将管内灰尘和水分擦净。管路扫清后，可向管内吹入滑石粉，使得导线润滑以利穿线。

2. 导线穿管

导线穿管工作应由两人合作。将绝缘导线绑在线管一端的钢丝上，由一人从另一端慢慢拉引钢丝，另一人同时在导线绑扎处慢慢牵引导线入管，如图 3-48 所示。

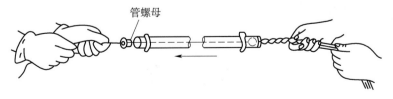

图 3-48　导线穿管方法

3．剪断导线

导线穿好后，剪断多余导线，并留有适当余量，以便于以后的接线安装。

3.4.6　其他敷设要求

1．多根导线同穿一根管的要求

不同电压和回路的导线，在一般情况下不应穿入同一根管内，但下列情况除外。
（1）供电电压为 65V 及以下的回路。
（2）同一设备的主回路和无抗干扰要求的控制回路。
（3）照明花灯的所有回路。
（4）同类照明的几个回路（但管内导线总根数不应超过 8 根）。

2．硬塑料管的敷设要求

硬塑料管与金属管的敷设要求基本相同，另外还有以下特殊要求。
（1）硬塑料管敷设在易受机械损伤的场所时，应采用套管保护。
（2）当硬塑料管与蒸气管道平行敷设时，管间净距不应小于 500mm。
（3）与硬塑料管配线安装的开关盒和接线盒，严禁使用金属盒。
（4）硬塑料管暗管配线时，须用水泥砂浆浇铸牢固。

3．装设补偿装置

（1）当线管经过建筑物的沉降伸缩缝时，为防止建筑物伸缩沉降不匀而损坏线管，需在变形缝旁装设补偿装置。补偿装置连接管的一端用根母和护口拧紧固定，另一端无须固定。当为明管配线时，可采用金属软管补偿，如图 3-49 所示。

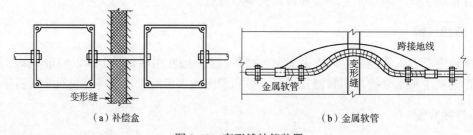

（a）补偿盒　　　　　　　　　（b）金属软管

图 3-49　变形缝补偿装置

（2）由于硬塑料管的热膨胀系数较大（约为钢管的 5～7 倍），所以当线管较长时，每隔 30m 要装设一个温度补偿装置。

3.5　护套线的安装

护套线是一种具有塑料护层的双芯或多芯绝缘导线，它具有防潮、耐酸和防腐蚀等性能，护套线可直接敷设在空心楼板内和建筑物表面，用铝线卡或塑料卡钉作为导线的固定件。

护套线敷设的施工方法简单、线路整齐美观、造价低廉，广泛用于电气照明及其他配电线路。但护套线不宜直接埋入抹灰层内暗配敷设，并不得在室外露天场所敷设。

3.5.1　准备工作

（1）准备塑料卡钉或铝线卡及钉卡工具等。

（2）定位：画线并测量实际线路长度，护套线固定点间距为150~200mm，其各种情况的固定距离为50~100mm，如图3-50所示。

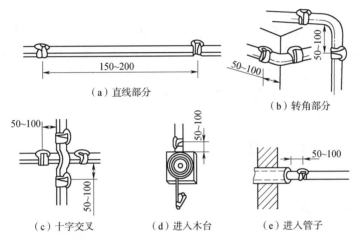

（a）直线部分　　　　（b）转角部分

（c）十字交叉　　　（d）进入木台　　　（e）进入管子

图3-50　护套线固定点的位置

3.5.2　使用塑料卡钉或铝线卡固定护套线

（1）直敷：为使线路整齐美观，须将导线敷得横平竖直。敷设时，一手持导线，将导线用卡钉卡住，另一手拿敲打工具将卡钉钉入水泥或砖墙结构中，然后用手或木槌轻轻拍平导线，使其与墙面紧贴。敷设中应边操作边检查，及时纠正扭曲偏斜，如图3-51所示。

（a）长距离　　　　　　　　　（b）短距离

图3-51　护套线敷设方法

（2）弯敷：护套线在同一墙面转弯时，必须保持相互垂直，弯曲导线要均匀，弯曲半径不应小于护套线宽度的3~6倍。

3.5.3　护套线的敷设要求

（1）护套线的接头应在开关、灯头盒和插座等处，必要时可装设接线盒，以求得整齐美观。

（2）导线穿越墙壁和楼板时，应穿管保护，其突出墙面距离约3～10mm。

（3）与各种管道紧贴交叉时，也应加装保护管。

（4）当护套线直接暗设在空心楼板内时，应将板孔内清除干净，中间不允许有接头。

3.6　配电盘和配电箱的安装

配电盘是一种连接在电源和多个用电设备之间的电气装置。按用途分为照明配电盘、动力配电盘；按结构分为单相电度表盘、三相电度表盘和综合配电盘；按材料分为木质配电盘、铁质配电盘、塑料配电盘；按安装方式分为明装配电盘、暗装配电盘。配电盘暗装时，可装设于墙体、墙洞中的暗箱中，也可装设于独立的配电箱中。

3.6.1　配电盘的安装

1. 配电盘安装的要求

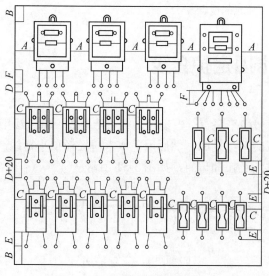

图 3-52　盘面板电器排列尺寸图

（1）配电盘应安装在干燥、不易受振动、便于操作和维护的场所。

（2）配电盘暗装时，底口距地为 1.4m，明装时底口距地为 1.2m，明装电度表盘底口距地不小于 1.8m。

（3）配电盘的金属构件、铁制盘及电器的金属外壳均应保护接地。

（4）配电盘中的母线应有黄（U）、绿（V）、红（W）、黑（接地的零线）、紫（不接地的零线）等分相标志。

（5）电器排列最小间距应符合图 3-52 和表 3-16 中的规定，除此之外，其他各种电器件、出线口、瓷管头等距盘面四边边缘的距离均不得小于 30mm。

表 3-16　盘面板电器排列间距表

间　　距	最小尺寸（mm）	
A	60 以上	
B	50 以上	
C	30 以上	
D	20 以上	
E	电器规格	10～15A　　20 以上
		20～30A　　30 以上
		60A　　50 以上
F	80 以上	

（6）导线必须排列整齐、绑扎成束、用卡钉固定在盘面板的背面。

（7）垂直装设的开关或熔断器等设备的上端接电源、下端接负载，横装的设备左侧（面对盘面板）接电源、右侧接负载。

（8）木质盘面板应根据下列电流值和使用状况加包铁皮。

① 三相四线制供电，电流超过 30A 以上。

② 单相 220V 供电，电流超过 100A 以上。

③ 单相 380V 供电，电流超过 50A 以上。

2．电度表安装时的要求

（1）电度表安装要稳固、装得正，不应有倾斜，否则会发生计度不准或停走。

（2）电度表安装在负载经常低于额定负载的 10%以下时，在电路中禁止使用。单相电度表允许最大与最小负载如表 3-17 所示。

表 3-17　单相电度表允许负载值

额定电压（V）	额定电流（A）	最小使用负载（W）	最大使用负载（W）
220	3	33	990
220	5	55	1 650
220	10	110	3 300

（3）电度表除有特殊装置外，禁止安装在下列地点。

① 湿气多的地方。

② 有受机械危险的处所。

③ 温度变化大的地方。

④ 在存有化学药品腐蚀作用的处所。

⑤ 煤烟、尘埃多的处所。

（4）电度表常用接线如图 3-53～图 3-60 所示。

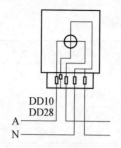

图 3-53　单相电度表跳入式接线

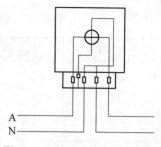

图 3-54　单相电度表顺入式接线

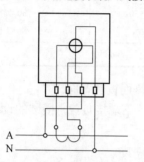

图 3-55　单相电度表经电流互感器接线

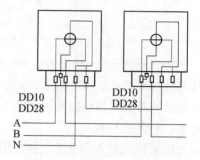

图 3-56　两相系统单相表接线

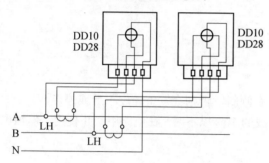

图 3-57　两相系统单相表经互感器接线

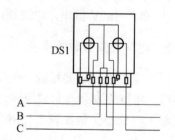

图 3-58　三相三线两元件有功表接线

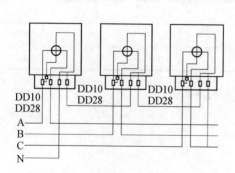

图 3-59　三相四线三只单相电度表接线

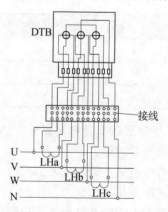

图 3-60　三相四线有功表经互感器接线

3．单相电度表盘安装的方法

1）盘面布置如图 3-61、图 3-62 所示

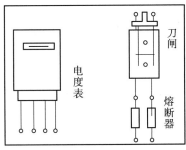

（a）正面布置图

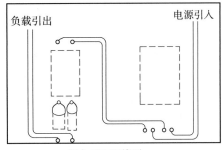

（b）反面配线图

图 3-61　暗配线布置图（一式）

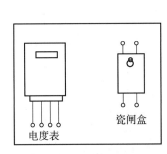

（a）正面布置图

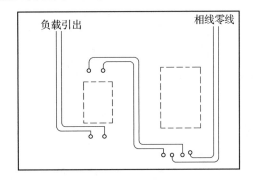

（b）反面配线图

图 3-62　暗配线布置图（二式）

2）安装步骤

（1）电器在配电盘上的定位、画线、钻孔。

（2）在配电盘上安装电器。

（3）敷设导线及各电器之间的导线连接。

（4）检查线路连接是否正确。

（5）接入负载通电试验。

3）注意事项

（1）电度表接线应正确，经教师检查无误后，方可通电。

（2）盘面布置合理、美观。

（3）各种电器轻拿轻放，勿敲勿打。

（4）盘背面布线不得有任何交叉。

4．三相电度表盘安装的方法

1）盘面布置如图 3-63、图 3-64 所示

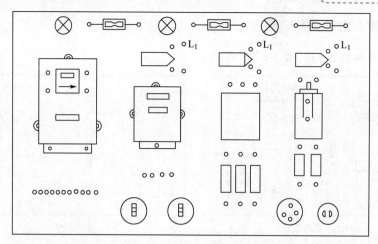

图 3-63　盘正面布置图

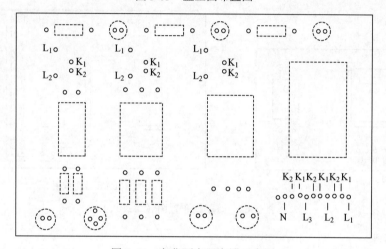

图 3-64　盘背面电器布置示意图

2）盘背面配线如图 3-65 所示

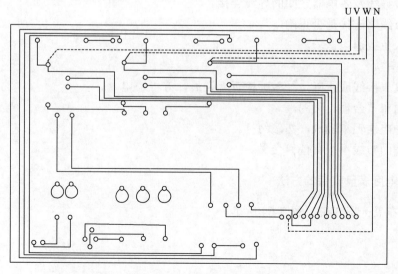

图 3-65　盘背面配线示意图

3）配电盘工作原理如图 3-66 所示

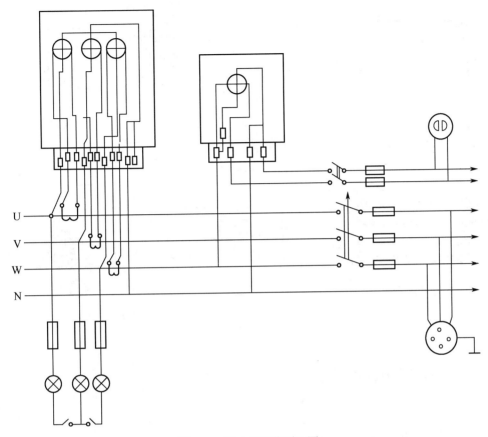

图 3-66　配电盘工作原理图

4）注意事项

（1）三相电度表分清 U、V、W 相及零线。

（2）电流互感器分清 K_1、K_2、U、V 端子。

（3）电源指示灯必须接在电源外侧（U 侧）。

（4）盘后配线应绑扎成束，铝线卡间距不超过 200mm，导线不得交叉。

（5）单相插座，左零右火。

（6）电源引入线必须接电流互感器的 U 端子，零线接电度表。

5）配电盘的安装步骤

（1）木质配电盘的安装一般可采用膨胀螺栓（或预埋木砖）直接将木质配电盘固定在墙上。

（2）铁质配电盘的安装可先将角钢支架预埋在墙内或地坪上，然后将铁质配电盘用螺栓安装固定在支架上，如图 3-67 所示，图中 B 和 H 的尺寸由电器的排列确定。

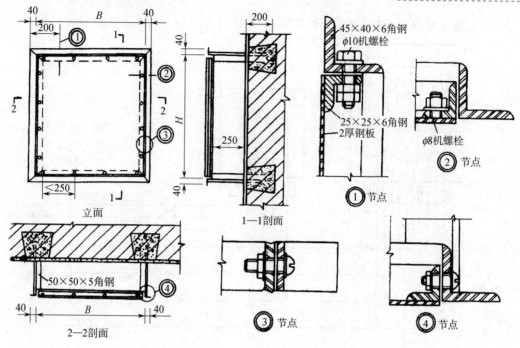

图 3-67　铁质配电盘的安装方法

3.6.2　配电箱的安装

1．配电箱安装的要求

（1）安装配电箱、板所需木砖及铁件等均需预先随土建砌墙时埋入。挂式配电箱宜采用胀管螺栓固定。

（2）在 240mm 厚的墙壁内暗装配电箱时，其后壁需用 10mm 厚石棉板及直径 2mm、网目 10mm 的铅丝网钉牢，再用 1∶2 水泥砂浆抹好，以防开裂。

（3）配电箱外壁与墙有接触的部分均涂防腐漆，箱内壁及盘面均刷驼色油漆两道，箱门油漆颜色除施工中有特殊要求外，一般均应与工程门窗颜色相同。

（4）接零系统中的零线应在引入线处及末端配电箱处做好重复接地。

2．配电箱的安装方法

1）配电箱在墙上安装

（1）预埋固定螺栓：在墙上安装配电箱之前，应先量好配电箱安装孔的尺寸，在墙上画好孔的位置，然后凿孔洞，预埋固定螺栓（有时采用塑料胀管）。预埋螺栓的规格应根据配电箱的型号和重量选择，参见表 3-18。螺栓的长度应为埋设深度（一般为 120～150mm）加上箱壁、螺母和垫圈的厚度，再加上 3～5mm 的余留长度。配电箱一般有上下各两个固定螺栓，埋设时应用水平尺和线锤校正使其水平和垂直，螺栓中心间距应与配电箱安装孔中心间距相等，以免错位，造成安装困难。

表3-18　常用配电箱安装尺寸表

设 备 型 号	安装孔间距（mm）		螺栓螺母垫圈尺寸 d	重量（kg）	说　明
	A	B			
XL－3－1	390	290	8	30	
XL－3－2	570	290	8	35	
XL－10－1/15	180	360	10	10	
XL－10－2/15	365	465	10	22	
XL－10－3/15	495	465	10	28	
XL－10－4/15	665	465	10	40	
XL－10－1/35，XL－10－1/60	180	420	10	12	
XL－10－2/35，XL－10－2/60	430	550	10	28	
XL－10－3/35，XL－10－3/60	595	555	10	40	
XL－10－4/35，XL－10－4/60	760	555	10	45	
XLF－11－100，XLF－11－200	274	176	10	26	
XLF－11－400	334	232	10	40	尺寸 A、B 说明：
XLF－11－60R	274	184	10	34	
XLF－11－100R	274	230	10	50	
XLF－11－200R	315	295	10	55	
XLF－11－400R	364	476	10	75	
XL－12	290	320	10	23	
XM－7－3/10，XM－7－3/0A	240	370	8	8	
XM－7－6/0	240	290	8	7	
XM－7－6/1	270	570	8	12～15	
XM－7－6/0A	270	410	8	12	
XM－7－9/0，XM－7－9/1	450	670	8	21～30	
XM－7－6，XM－7－12/0，XM－7－12/1	450	670	8	18～33	
XM－7－9/0A，XM－7－12/00	450	510	8	19～28	
XM－7－3/1	270	470	8	9	
XM－7－2	350	370	8	12	
XM－7－4	350	570	8	15	

（2）配电箱的固定：待预埋件的填充材料凝固干透后，方可进行配电箱的安装固定。固定前，先用水平尺和线锤校正箱体的水平和垂直度，如不符合要求，应检查原因，调整后再将配电箱固定可靠。配电箱的墙上安装如图3-68所示。

2）配电箱在支架上安装

在支架上安装配电箱之前，应先将支架加工焊接好，并在支架上钻好固定螺栓的孔洞，然后将支架安装在墙上或埋设在地坪上。配电箱的安装固定与上述方法相同，其安装如图 3-69所示。

3）配电箱在柱上安装

安装之前一般在柱上先装设角钢和包箍，然后在上、下角钢中部的配电箱安装孔处焊接固定螺栓的垫铁，并钻好孔，最后将配电箱固定安装在角钢垫铁上，如图3-70所示。

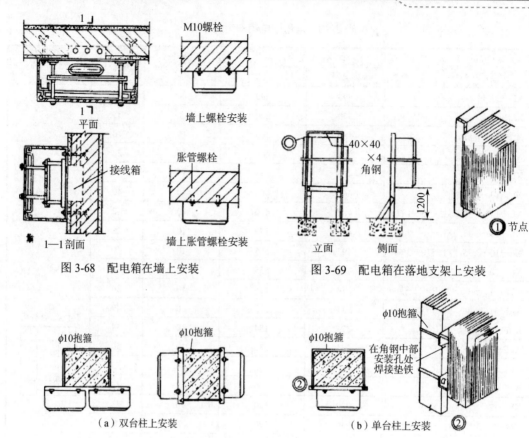

图 3-68　配电箱在墙上安装

图 3-69　配电箱在落地支架上安装

（a）双台柱上安装　　　　　（b）单台柱上安装

图 3-70　配电箱在柱上安装

4）配电箱的嵌墙式安装

嵌墙式安装应配合配线工程的暗敷设进行，待预埋线管工作完毕后，将配电箱的箱体嵌入墙内，并做好线管与箱体的连接固定和跨接地线的连接工作，然后在箱体四周填入水泥砂浆。

当墙壁的厚度不能满足嵌入式（如图 3-71（b）所示）的需要时，可采用半嵌入式安装，使配电箱的箱体一半在墙面外，一半嵌入墙内，如图 3-71（a）所示，其安装方法与嵌入式相同。

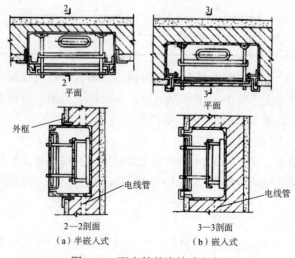

（a）半嵌入式　　　　　　（b）嵌入式

图 3-71　配电箱的嵌墙式安装

5）配电箱的落地式安装

在安装之前，一般应先预制一个高出地面约 100mm 的混凝土空心台，如图 3-72（a）、（b）所示，这样可使进出线方便，不易进水，保证运行安全。进入配电箱的钢管应排列整齐，其管口高出基础面 50mm 以上。图中的 *B*、*C* 尺寸由设计确定，它们的安装方法可参照配电柜的安装进行。

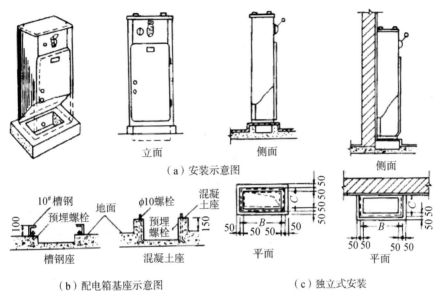

（a）安装示意图

（b）配电箱基座示意图　　　　　（c）独立式安装

图 3-72　配电箱的落地式安装

3.6.3　低压配电柜的安装

1. 低压配电柜的选用和安装

配电柜属于成套的电气产品，把各种单个电气元件，根据设计要求集装在金属的柜形箱体中，具有整齐美观、操作和维修简便，以及安全可靠等优点。低压配电柜具有量电和总配电，以及分路配电等功用。

（1）低压配电柜的选用。常用的型号和应用范围如表 3-19 所示。一般结构如图 3-73 所示。

表 3-19　常用低压配电柜的型号和应用范围

型　　号	额定电压（V）	额定电流（A）	操 作 方 式	用　　途
BSL－1	500	100、150、200、250、400 和 600	手动或电动	动力或照明配电
BSL－11	500	100、250、400、600、1 000 和 1 500	手动或电动	

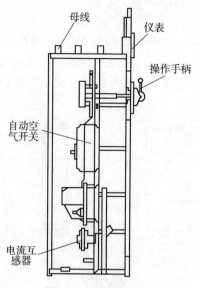

图 3-73　低压配电柜

（2）低压配电柜的安装。配电柜应安装在专用的配电室内。一般的配电柜正面为操作面，背面为维修面，安装时应留出前后两个通道，正面为操作通道，背面为维修通道。配电柜的安装形式分单列布置和双列布置两种，如图 3-74 所示。

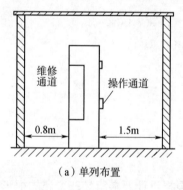

（a）单列布置

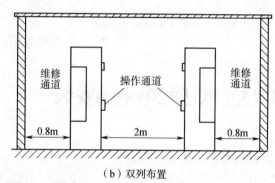

（b）双列布置

图 3-74　配电柜布置形式

2. 低压配电柜的安装要求

（1）操作通道：单列的净宽不应小于 1.5m；双列的净宽不应小于 2m。

（2）跨越操作通道的裸导电部分，高度不应低于 2.5m。

（3）维修通道的净宽不应小于 0.8m，但在建筑物的个别结构凸出的部分，净宽允许减为 0.6m。

（4）通道的净高不应低于 1.9m。

（5）如果通道的一面置有设备，且未加遮护的裸导电部分离地高度低于 2.2m 时，则裸导电部分与对面建筑面之间的距离不应小于 1m。

（6）如果通道的两面置有设备，且未加遮护的裸导电部分离地高度低于 2.2m 时，则裸导电部分与建筑面之间距离不应小于 1.5m。

（7）配电设备的裸导电部分离地高度低于 2.2m 时，应加装遮护或护罩，以保证安全。

遮护体离地高度不应低于 1.7m，离裸导电部分的距离不应小于 100mm。遮护体可用铁丝网，其网孔应不大于 20mm×20mm 或用无孔低碳钢板或绝缘板构成。凡由金属材料构成的遮护体，必须进行可靠的接地。

本章小结

1．室内配线分明配线和暗配线两种，配线过程应按照安全可靠、布局合理、安装牢固、整齐美观的原则和配线工序的七个步骤进行。

2．导线连接与封端是内线工程不可缺少的工序，连接时应符合连接可靠、机械强度高、耐腐蚀和绝缘性能好等基本要求，导线连接时应着重进行铜导线连接的练习，导线的封端以导线与接线桩直接封端为重点内容，最后要做好导线绝缘的恢复。

3．槽板的安装是室内配线的一种方法。在实际应用中，塑料槽板、金属槽板较为常用。要注重其敷设方法的不同，并严格按照配线要求进行施工。

4．线管的安装是室内配线方法中采用最多的一种施工方法，其工艺要求高，施工难度大，在施工过程中应注意管材的选择及管材的加工要符合要求。明配线管是土建施工结束后的敷设方法，无论是沿墙敷设、吊装敷设还是管卡槽板敷设，要保证布局合理、外形美观、安全可靠。暗配线管一般随土建工程同期进行配管，后期进行配线，在配管过程中要仔细检查有无遗漏和错误，金属配管要注意跨接地线的连接，另外在通过建筑物的沉降缝或伸缩缝时要装设补偿装置。

5．护套线的安装方法常用于明敷设，因其施工方便，维修简便，其导线又具有防潮、耐腐蚀等特点，所以人们较喜欢采用这种施工方法。在放线过程中要注意防止弯扭导线。

6．配电盘安装是配线中非常重要的内容。第一，电器排列要符合规定，熟悉安装步骤。第二，要掌握配电盘的工作原理，会画原理图及盘背面配线示意图。第三，要掌握配电箱的安装方法及要求。

7．低压配电柜在实际操作中的选用和安装要注重实用性，要根据配电室具体位置布局而定，最小距离应符合安装要求。

复习题

1．什么叫明配线、暗配线？

2．室内配线的基本要求是什么？

3．室内配线有哪些工序？

4．导线连接的基本要求是什么？

5．铜导线连接的评分标准有哪些？

6．单股大截面直线连接的连接方法如何？

7．多股导线直线连接方法如何？

8．如何进行多股导线倒人字连接？

9．铝导线焊接方法有几种？

10. 导线与接线桩连接时有哪些基本要求？

11. 导线封端的方法有哪些？

12. 接线端子与接线桩封端的基本要求是什么？

13. 导线绝缘恢复的包缠方法如何？

14. 槽板配线的施工步骤有哪些？

15. 槽板配线有哪些配线要求？

16. 什么叫明管配线、暗管配线？

17. 线管选材时对其质量及长度有何要求？

18. 管材加工的方法有哪几种？

19. 硬塑料管的插接法步骤是什么？

20. 明管配线的一般步骤有哪些？

21. 暗管配线的一般步骤有哪些？

22. 扫管穿线的步骤有哪些？

23. 硬塑料管的敷设要求是什么？

24. 护套线的敷设要求是什么？

25. 配电盘是如何分类的？

26. 配电盘安装时有哪些要求？

27. 电度表安装时，不适宜安装的场所有哪些？

28. 三相电度表盘安装时有什么注意事项？

29. 配电箱安装有什么要求？

30. 配电箱的安装方法有几种？

31. 配电柜安装要求是什么？

第4章

照 明 线 路

工业生产与日常生活的照明多为电气照明。正确安装和维修照明线路是电工所必须熟练掌握的基本技术。本章讲述的主要内容有照明线路的光源分类、照明方式、照明电路、安装工艺及故障维修等。本章是本书实际操作内容较多的一章，学习重点是掌握照明线路（如开关、插座、灯头的安装、日光灯、楼梯灯电路等）原理和具体的安装工艺，通过实际操作掌握工作原理、操作工艺，达到知识融会贯通的作用。书后配有一定量的习题和思考题，有条件的同学应该全部熟练地完成课上练习的内容，同时要结合自己的生活实际，在保证安全的条件下，自己动手去解决实际问题，这对提高自己的实际技能，掌握原理是大有裨益的。

4.1 照明线路的基本概念

4.1.1 电光源的分类

电光源的种类很多，目前常用的有白炽体发光和紫外线激励荧光物质发光两种。常见电光源及主要特征如表 4-1 所示。

1. 白炽灯

白炽灯结构简单，价格低廉，显色性好，便于安装和维修，是一种应用最为广泛的热辐射式电光源。白炽灯灯泡分为卡口和螺口两种，其结构如图 4-1 所示。

白炽灯灯丝的主要成分是钨，为防止振动和断裂盘成弹簧状固定在支架上置于灯泡中间，灯泡内抽成真空后充入少量惰性气体，以抑制钨丝

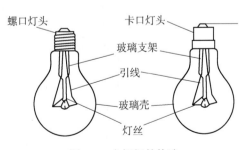

图 4-1 白炽灯的构造

的蒸发而延长其使用寿命。通电后灯丝发热至白炽化而发光，故称为白炽灯。由于高温造成灯丝钨金属颗粒蒸发，使白炽灯玻璃壳内产生沉淀而发黑，透光性能降低，且输入电能多数转变为热能，所以其发光效率较低，寿命较短，其平均寿命大约为 1 000h。

表4-1　常用照明电光源的主要特征及适用场所

名称＼特征	额定功率（W）	光效（lm/W）	平均寿命（h）	显色指数（R_a）	起动稳定时间（min）	再起动时间（min）	功率因数（$\cos\phi$）	频闪效应	表面亮度	电压影响	环境影响	耐震性能	所需附件	适用举例
白炽灯	10~1 000	6.5~19	1 000	95~99	瞬时	瞬时	1	不明显	大	大	小	较差	无	仓库、机关、食堂、办公室、家庭、次要道路
卤钨灯	10~1 000	6.5~19	1 000	95~99	瞬时	瞬时	1	不明显	大	大	小	较差	无	装配车间、礼堂、广场、会场、游泳池、广告栏、建筑物等
荧光灯	6~125	25~67	2 000~3 000	70~80	1~3	瞬时	0.33~0.70	明显	小	较大	大	较好	镇流器起辉器	表面处理、理化、计量、仪表、装配、设计室、阅览室、办公室、教室
高压水银灯	50~1 000	30~50	2 500~5 000	30~40	4~8	5~10	0.44~0.67	明显	较大	较大	较小	好	镇流器	大中型机械加工车间、热加工车间、主要道路、广场、车站、港口等
管型氙灯	500~20 000	20~37	500~1 000	90~94	1~2	瞬时	0.50~0.9	明显	大	较大	小	好	镇流器触发器	广场、港口、大中型建筑工地、体育馆、大型厂房等
高压钠灯	250~400	90~100	3 000	20~25	4~8	10~20	0.44	明显	较大	大	较小	较好	镇流器	铸钢（铁）车间、广场、机场、车站、体育馆、露天工作场所等
金属卤化物灯	400~1 000	60~80	2 000	65~85	4~8	10~15	0.44~0.61	明显	大	较大	较小	好	镇流器触发器	电焊车间、铸钢车间、总装车间、同等

白炽灯还有磨砂泡、乳白泡等，发光效率更低。普通白炽灯的技术数据见表 4-2。

表 4-2　普通照明白炽灯的主要技术数据

白炽灯型号	电压（V）	功率（W）	光通量（lm）	白炽灯型号	电压（V）	功率（W）	光通量（lm）
PZ220－10		10	65				
PZ220－15		15	110	JZ12－10		10	120
PZ220－25		25	220	JZ12－15		15	170
PZ220－40		40	350	JZ12－20		20	200
PZ220－60		60	630	JZ12－25	12	25	300
PZ220－75		75	850	JZ12－30		30	350
PZ220－100	220	100	1 250	JZ12－40		40	500
PZ220－150		150	2 090	JZ12－60		60	850
PZ220－200		200	2 920	JZ12－100		100	1600
PZ220－300		300	4 610	JZ12－15		15	135
PZ220－500		500	8 300	JZ12－25		25	200
PZ220－1000		1 000	18 600	JZ12－40	36	40	460
JZ6－10	6	10	115	JZ12－60		60	800
JZ6－20		20	240	JZ12－100		100	1550

2．荧光灯

荧光灯俗称日光灯，其结构简单、发光效率高、显色性能好，是目前应用最广泛的气体放电光源。

1）荧光灯的组成

由灯管、启辉器、镇流器、灯座及灯架组成，如图 4-2 所示。

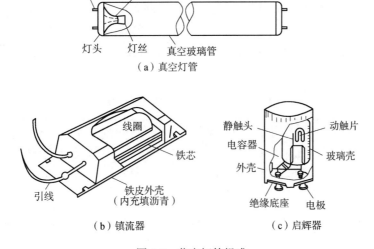

图 4-2　荧光灯的组成

2）荧光灯的工作原理

荧光灯的电路图如图 4-3 所示。

其工作原理是：当电源接通时，电压全部加在启辉器上，氖气在玻璃泡内电离后辉光放电

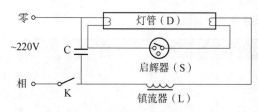

图 4-3 荧光灯原理电路图

而发热（启辉器的玻璃泡内充有氖气），使动触片受热膨胀与静触片接触将电路接通。此时灯丝通过电流加热后发射出电子，使灯丝附近的水银开始游离并逐渐气化，同时启辉器触点接触后辉光放电随即结束，动触片冷却收缩使触点断开，电路中的电流突然中断，在此瞬间，镇流器产生的自感电动势与电源电压叠加，全部加在灯管两端灯丝间。此瞬时高压使灯管内的水银气体全部电离，产生弧光放电，辐射出不可见的紫外光，激发管壁荧光粉而发出可见光，光色近似"日光色"。

由于不同功率的荧光灯工作条件不同，荧光灯的组件必须严格配套使用，尤其镇流器和灯管。其技术数据见表 4-3～表 4-5。

表 4-3　直管荧光灯的技术数据

灯管型号	额定功率（W）	工作电压（V）	工作电流（A）	启动电流（A）	灯管压降（V）	光通量（lm）	平均寿命（h）	主要尺寸（mm）		
								直径	全长	管长
YZ4RR	4	35	0.11			70	700	16	150	134
YZ6RR	6	55	0.14			160	1500	16	226	210
YZ8RR	8	60	0.15			250	1500	16	302	288
YZ10RR	10	45	0.25			410	1500	26	345	330
YZ12RR	12	91	0.16	0.44	52	580	3 000	18.5	500	484
YZ15RR	15	51	0.33	0.50	60	930	3 000	38.5	451	437
YZ20RR	20	57	0.37	0.56	89	1 550	5 000	38.5	604	589
YZ30RR	30	81	0.41	0.65	108	2 400	5 000	38.5	909	894
YZ40RR	40	103	0.45			4 250	5 000	38.5	1 215	1 200
YZ85RR	85	1 201	0.80			5 000	2 000	40.5	1 778	1 764
YZ100RR	100	49	0.90			6 250	2 000	38	1 215	1 200
YZ125RR	125	158	0.94			6 450	2 000	40.5	2 389	2 375

注：1. 启动电压均<190V；2. Y—荧光灯；3. Z—直管型；4. RR—日光色。

表 4-4　荧光灯镇流器的技术数据

镇流器型号	配用灯管功率（W）	电源电压（V）	工作电压（V）	工作电流（A）	启动电压（V）	启动电流（A）	功率损耗（W）	功率因数 cosφ	配用补偿电容（μF）
YZ－220/6	6		203	0.14		0.18	4	0.34	2.5
YZ－220/8	8		200	0.15		0.19	4	0.38	3.75
YZ1－220/15	15		202	0.33		0.44	8	0.33	4.75
YZ1－220/20	20	220	196	0.35	215	0.46	8	0.36	
YZ1－220/30	30		180	0.36		0.56	8	0.50	
YZ1－220/40	40		165	0.41		0.65	8	0.53	
YZ1－220/100	100		185	1.50		1.80	20	0.37	

表 4-5　荧光灯启辉器的技术数据

启辉器型号	配用灯管功率（W）	电源电压（V）	全压启动		启辉电压（V）	平均寿命（次）
			电压（V）	时间（s）		
YQI－220/4～8	4～8	220	220	<5	>75	5 000
YQI－220/15～40	15～40	200	200	<4	>130	5 000
YQI－220/30～40	30～40	200	200	<4	>130	5 000
YQI－220/100	100	200	200	<5	>130	5 000
YQI－220～250/4～80	4～80	230	190	<4	>130	5 000

3）荧光灯的安装

荧光灯的安装要按连接电路具体要求进行（电路如图 4-3 所示）。

（1）安装要求。

① 灯架不可直接贴装在由可燃性建筑材料构成的墙壁或平顶上。

② 灯架下放至离地 1m 高时，电源引线要套上绝缘套管，灯架背部加装防护盖，镇流器部位的盖罩上要钻孔通风，以利散热。

③ 吊式灯架的电源引线必须从挂线盒中引出，一般要求一灯接一个挂线盒。

（2）安装方法。

① 荧光灯管是长形细管，光通量在中间部分最高。安装时，应将灯管中部置于被照面的正上方，并使灯管与被照面横向保持平行，力求得到较高的照度。

② 吊式灯架的挂链吊钩应拧在平顶的木结构或木楔或预制的吊环上，以牢固可靠为准。

③ 接线时，把相线接入控制开关，开关出线必须与镇流器相连，再按镇流器接线图接线。

④ 当四个线头镇流器的线头标记模糊不清楚时，可用万用表电阻挡测量，电阻小的两个线头是副线圈，标记为 3、4，与启辉器构成回路；电阻大的两个线头是主线圈，标记为 1、2，接法与二线镇流器相同，如图 4-4 所示。

⑤ 在工厂企业中，往往把两盏荧光灯装在一个大型灯架上，仍用一个开关控制，接线应按照并联电路接法，如图 4-5 所示。

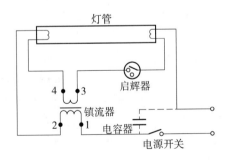

图 4-4　四个线头镇流器接线图　　　　　图 4-5　多支灯管的并联线路

3. 节能灯

目前大量使用的节能灯属于节能型光源，采用较细的玻璃管，内壁涂有三基色荧光粉，光色接近白炽灯，具有光效高、寿命长的特点，这种光源有各种外形，如圆环灯、双曲灯、H 灯和双 D 灯等，其中有些灯内附镇流器，可以直接代替白炽灯，如圆环灯、双曲灯等。其功率有

3W、5W、7W、9W、11W、13W、21W、22W、24W、26W、28W、30W、36W、60W 等各种规格。外形如图 4-6 所示。

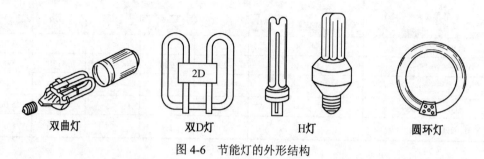

双曲灯　　　　　双D灯　　　　　H灯　　　　　圆环灯

图 4-6　节能灯的外形结构

4. 卤钨灯

卤钨灯是在灯内充入微量卤素元素，使蒸发的钨与卤素起化学反应，弥补了普通白炽灯玻璃壳发黑的问题。卤钨灯有两种：碘钨灯和溴钨灯，其属于热辐射电光源，发光原理与白炽灯相似，碘钨灯的结构及实物图如图 4-7 所示。

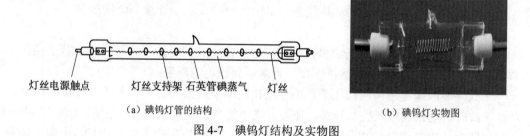

灯丝电源触点　　　灯丝支持架　石英管碘蒸气　　灯丝

（a）碘钨灯管的结构　　　　　　　　　　　　（b）碘钨灯实物图

图 4-7　碘钨灯结构及实物图

5. 高压汞灯

蒸气与荧光灯一样，也是气体放电光源，玻璃壳内充以水银，依靠汞蒸气放电而发光，发光时，内部汞蒸气压力较高。特点是光效高、点燃时间长及电压跌落时会出现自熄，且熄灭后再点燃需要 5～10min。

高压汞灯有镇流式、自镇流式两种，如图 4-8、图 4-9 所示。

1）高压汞灯工作原理

当接通电源后，辅助电极与相邻的主电极之间即加上了 220V 的电压，由于两个电极间距很小（2～3mm），所以两者之间就产生了很强的电场，使其中的气体被击穿而产生辉光放电（放电电流受电阻所控制），因辉光放电而产生了大量电子和离子，这些带电粒子在两主电极电场作用下，就使灯管两端间导通，即形成两主电极之间的弧光放电，这时灯管电压很低而电流很大（称启动电流），随着低压放电所放出的热量不断增加而灯管温度逐渐提高，汞就逐渐气化，汞蒸气压力和灯管电压也跟着升高，当汞全部蒸发后，就进入高压汞蒸气放电，灯管就进入工作阶段。可见，高压汞灯从启辉到工作阶段的时间较长，一般需 4～10min。此外，高压汞灯熄灭后不能马上再次点燃，一般需间隔 5～10min，才能重新发光。这是因为灯灭后，灯管内的汞蒸气气压仍然较高，再加上原来的电压，电子不能积累足够的能量来电离气体，所以需待灯管逐步冷却而使蒸气凝结后，才能重新点燃。

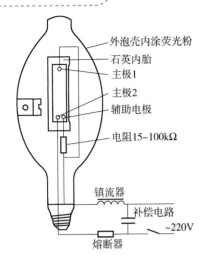

图 4-8　镇流式高压汞灯的结构及接线

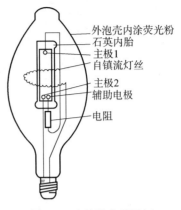

图 4-9　自镇流高压汞灯

2）高压汞灯的安装方法

按图 4-10 所示的线路图连接。

所用灯座的功率在 125W 及以下的，应配用 E27 型的瓷质灯座；功率在 175W 及以上的应配用 E40 型的瓷质灯座，因其工作时温度较高，不能用别的型号灯座代用。

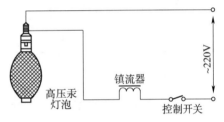

图 4-10　高压汞灯接线图

所用镇流器的规格须符合要求，即功率要配合高压汞灯的需要。镇流器宜安装在人体触及不到的位置；在镇流器接线桩的端面上应覆盖保护物，但不可装入箱体内，以免影响散热；装于户外的镇流器应有防雨措施。

3）常见故障和排除方法

（1）不能启辉。一般由于电压过低，或镇流器选配不当而使电流过小，或灯泡内部构件损坏等原因所引起。

（2）只亮灯芯。一般由于灯泡玻璃破碎或漏气等原因引起。

（3）亮而忽熄。一般由于电源电压下降或灯座、镇流器和开关的接线松动或损坏等原因所引起。

（4）忽亮忽熄。一般由于电源电压波动在启辉电压临界值上或灯座接触不良或灯泡螺口松动或连接头松动等原因所引起。

（5）开而不亮。一般由于停电或线路的保护熔体烧断、开关失灵、连接导线脱落、镇流器烧毁、灯座中心触片未弹起或灯泡损坏等原因引起。

根据不同的故障原因，采取相应的修理措施予以排除。

高压汞灯的技术数据见表 4-6。

表4-6 照明用荧光高压汞灯技术数据

灯泡型号	额定功率（W）	工作电压（V）	工作电流（A）	启动电流（A）	稳定时间（min）	再启动时间（min）	光通量（lm）	平均寿命（h）	配用镇流器数据			
									镇流器型号	端电压（V）	损耗（W）	功率因数 $\cos\phi$
GGY50	50	95	0.62	1.0	10~15		1 500	2 500	GYZ-50	184	8.6	0.44
GGY80	80	110	0.85	1.3	4~8		2 800	2 500	GYZ-80	165	10	0.51
GGY125	125	115	1.25	1.8	4~8		4 750	2 500	GYZ-125	154	13	0.55
GGY175	175	130	1.50	2.3	4~8	5~10	7 000	2 500	GYZ-175	152	14	0.61
GGY250	250	130	2.15	3.7	4~8		10 500	5 000	GYZ-250	153	25	0.61
GGY400	400	135	3.25	5.7	4~8		20 000	5 000	GYZ-400	146	36	0.61
GGY700	700	140	5.45	10.0	4~8		35 000	5 000	GYZ-700	144	70	0.64
GGY1000	1 000	145	7.50	13.7	4~8		50 000	5 000	GYZ-1000	139	100	0.67
GGY160	160	220	0.75	0.95		3~6	2 560	3 000				
GGY250	250		1.20	1.70			4 900					
GGY450	450		2.25	3.50			11 000					
GGY750	750		3.55	6.00			22 500					

6. 高压钠灯

高压钠灯（见图4-11）广泛运用于城市街道照明。

1）基本结构

图4-11是高压钠灯的基本结构。发光管较长较细，管壁温度达700℃以上，因钠对石英玻璃具有较强的腐蚀作用，故管体由多晶氧化铝（陶瓷）制成。为了能使电极与管体之间具有良好的密封衔接，采用化学性能稳定而膨胀系数与陶瓷接近的铌做成端帽（也有用陶瓷制成的）。电极间连接着用来产生启动脉冲的双金属片（与荧光灯的启辉器作用相同）。泡体由硬玻璃制成，灯头与高压汞灯一样制成螺口式。

2）基本工作原理

高压钠灯启动方式与高压汞灯不同。高压汞灯是通过辅助电极帮助发光管点燃，而高压钠灯因发光管既长又细，就不能采用这种较简的启动方式，却要采用类似于荧光灯的启动原理来帮助发光管点燃，但启辉器被组合在灯泡体内部（即双金属片）。高压钠灯的启动原理如图4-12所示，当接通电源时，电流通过双金属片 b 和加热线圈 H，b 受热后发生形变而使两触点开启（产生一个触发），电感线圈 L 上就产生脉冲高压电势而加于灯管的电极上，使两极间击穿，于是使灯管点燃。点燃后，因存在放电热量而使 b 保持开路状态。工作电压和工作电流如同荧光灯一样，由镇流器加以控制。

新型高压钠灯的工作原理虽然相同，但启动方式却有所不同，通常采用由晶闸管（可控硅）构成的触发器。

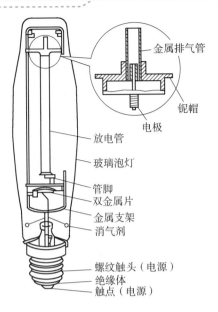

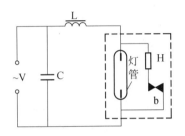

图 4-11　高压钠灯　　　　　　　　　　图 4-12　高压钠灯启动原理图

3）常用规格

钠灯泡的规格有 NG－110（W）、NG－215、NG－360 和 NG－400 等多种，选用时应配置与灯泡规格相适应的镇流器和触发器等附件，其中 MGC 型触发器有 110W 至 400W 的通用产品，适用于上述各种规格的钠灯泡。钠灯同汞灯一样，必须选用 E 型瓷质灯座。

4）安装和常见故障

安装方法和注意事项基本与高压汞灯类似，常见故障和排除方法也与高压汞灯和荧光灯类似，均可参照应用。

7. 霓虹灯

霓虹灯是用于广告、宣传以及指示性的灯光装置，其实物如图 4-13 所示。

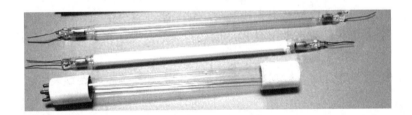

图 4-13　霓虹灯

1）基本工作原理

霓虹灯是通过低气压放电而发光的电灯。在灯管两端置有电极，施加高电压后，电极发射电子，激发管内惰性气体或金属蒸气游离，使电流导通而发光。管内通常置放的元素有氖、氩、氮、钠、汞和镁等，不同元素能发出不同颜色的光，如氖能发红色或深橙色光，氦能发淡红色光，氩能发青色光，氮和钠能发黄色光等，管内若置有几种元素，则如同调配颜料一样能发出复合色调的光，也可在灯管内壁喷涂颜色来获得所需色光。

根据霓虹灯管的不同直径和长度，以及管内所放置的不同放电气体，电极的工作电压是不同的，通常灯管电极所加的电压在 4 000～15 000V 之间，高压电源由专用的霓虹灯变压器提供。霓虹灯装置由灯管和变压器两大部分组成。

2）安装要求

（1）霓虹灯用的变压器应符合下列规定：

① 变压器应为双圈。铭牌应标明电压、电流、容量、周波等数据；

② 变压器的电压一次为 220V，二次不应超过 15kV；

③ 室内式变压器装在室外时，应加设防雨箱；

④ 变压器的二次侧不应串、并联使用。

（2）霓虹灯电源的控制应符合下列规定：

① 每一分路上霓虹灯变压器的总容量不大于 15A，并装设双极开关及熔断器；

② 其他照明的电源不应与霓虹灯共用一回路。

（3）霓虹灯二次线路应符合下列规定：

① 应采用铜导线，截面积不应小于 $0.5mm^2$，玻璃管的厚度不应小于 1mm；

② 室内敷设的二次线路，在非耐火建筑上安装时，应加设双层玻璃管；

③ 导线应用玻璃制品的支持物固定。支持点与建筑物距离，室外不应小于 50mm，室内不应小于 40mm；

④ 导线支持点的距离在水平线段不应大于 0.5m；在垂直线不应大于 0.75m；

⑤ 导线连接处应错开，连接点应套以长度不小于 100mm 的玻璃管。

（4）二次线路及灯管与易燃物质、其他线路、水管、煤气管等距离不应小于 300mm。室外霓虹灯的铁架和拉线距高压架空电力线路的净空距离不应小于 2m。

（5）霓虹灯变压器应装设在明显且容易检查的地方，变压器对地距离一般不小于 2.5m，达不到要求时，应有保护措施。

（6）橱窗内装有霓虹灯时，橱窗门与变压器的一次侧开关应有连锁装置。

8．LED 灯

现在 LED 灯已经步入家家户户，LED 灯有着非常出色的表现，也让人们的生活和工作越来越舒适。目前生产的 LED 灯按工作性质和功能分为 LED 日光灯、LED 灯带、LED 面板灯、LED 节能灯、LED 装饰灯。按外观作用分为 LED 台灯、LED 路灯、LED 洗墙灯、LED 工矿灯、LED 交通灯、LED 草坪灯、LED 球泡灯、LED 泛光灯、LED 筒灯、LED 射灯、LED 吊灯、LED 吸顶灯、LED 壁灯，其实物图如图 4-14 所示。

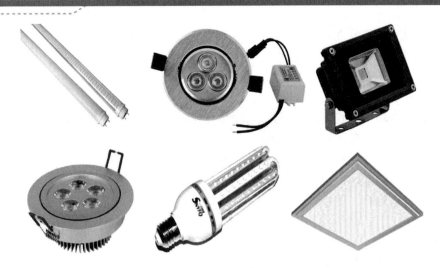

图 4-14　LED 灯实物图

1）工作原理

LED（Light Emitting Diode）又称为发光二极管，它是一种固态的半导体器件，可以直接把电转化为光。LED 的心脏是一个半导体晶片，它的一端附在一个支架上，作为负极，另一端接电源正极，使整个晶片被环氧树脂封装。半导体晶片由三部分组成，一部分是 P 型半导体，一部分是 N 型半导体，还有一部分处在中间位置，它通常是 1～5 个周期的量子阱，即 PN 结。当电流通过晶片时，N 型半导体中的电子流动越过量子阱（PN 结），与 P 型半导体中的空穴复合，从而以光子的形式发出能量，这就是 LED 发光的原理。

2）LED 的分类

（1）按发光管颜色分，有红色、橙色、绿色、蓝色、组合色，其中根据发光管出光出掺或不掺散射剂分，有无色透明、有色透明、无色散射、有色散射四种类型。

（2）按发光面特征分，有圆形、方形、矩形、侧向管等。圆形按直径分为 2mm、4.4mm、5mm、8mm、10mm、20mm 等。

（3）按发光强度分布角分，有高指向型、标准型、散射型。

高指向型一般为尖头环氧封装，或带金属反射封装，不加散射剂，半值角为 5°～20°，标准型一般用作指示灯，其半值角为 20°～45°。

散射型可用作视角较大的指示灯，半值角为 45°～90°或更大。

（4）按发光管的结构分，有环氧树脂封装、金属底座环氧封装、陶瓷底座环氧封装。

3）LED 灯的应用

LED 灯具有体积小、耗电低、寿命长、无毒环保等很多优点，目前应用领域有室外装饰工程照明，市政、道路照明，汽车照明，室内外显示屏，家庭照明。

4）LED 灯与传统灯比较具有的优势

（1）环保。

（2）寿命长。

（3）色系丰富。

（4）能耗低。

（5）稳定性好。

（6）维护成本低。

（7）光效集中，显示性好。

（8）响应时间短，控制效果好。

5）LED 灯安装要求

（1）要求外观整洁美观。

（2）选择适合环境的灯具，解决好通风散热问题。

（3）选配镇流器时要求与灯具功率相同，偏差不超过 10%。

（4）安装前将灯具通电确认完好后，再确定安装。

（5）冬季寒冷的地区，户外应选用高密封等级的灯具。

（6）移动和运输时，要轻拿轻放，保护灯芯以防磕碰。

4.1.2　光的量度

光的常用量度单位有光通量、发光强度、光的照度、光的亮度等。

（1）光通量。光通量是指单位时间内光源辐射能量的大小，单位为流明（lm）。

（2）发光强度。光源在某一方向的光通量，单位为烛光，也称坎得拉（cd）。

（3）照度。物体在单位面积上接收到的光通量叫光的照度，照度符号是 E，单位为勒克司（lx）。计算公式为

$$E = \frac{F}{S}$$

式中　F——光通量，lm；

　　　S——照明面积，m²；

　　　E——照度，lx。

1 勒（lx）相当于 1m² 被照面上光通量为 1 流明（lm）时的照度。夏季阳光强烈的中午地面照度约 50 000lx，冬天晴天时地面照度约 2000lx，晴朗的月夜地面照度约 0.2lx。

4.1.3　照明光源的选用

照明光源的选用应根据照明要求和使用场所的特点，选用时一般考虑以下几方面。

（1）照明开闭频繁、需要及时点亮、需要调光的场所，或因频闪效应影响视觉效果，以及防止电磁波干扰的场所，宜采用白炽灯或卤钨灯。例如，交通信号灯、应急照明灯、舞台灯、剧院调光灯，以及电台、通信中心用灯等。

（2）振动较大的场所，如冶金车间、锻工加工车间，宜采用荧光高压汞灯或高压钠灯。有高挂条件并需大面积照明的场所，如施工工地、足球场、中心广场等，宜采用金属卤化物灯。

（3）识别颜色要求较高、视看条件要求较好的场所。如商店、百货商场、纺织口检验车间，宜采用三基色荧光灯、白炽灯和卤钨灯。

（4）对于一般性生产车间和辅助车间、仓库和站房，以及非生产性建筑物、办公楼和宿舍、厂区道路等，优先考虑采用价格低廉的白炽灯和简易荧光灯。

（5）选用光源时还应考虑照明器具的安装高度，如白炽灯适于 2～4m，荧光灯适于 2～3m，荧光高压汞灯适于 3.5～6.5m，卤钨灯适于 6～7m，金属卤化物灯适于 6～14m，高压钠灯适于 6～7m。

（6）在同一场所，当采用一种光源的光色较差时（显色指数低于 50），一般均考虑采用两种或多种光源混光的办法，以改善光色。

4.1.4　电气照明类别

我国电力系统分类：电气照明分为工作照明、局部照明和事故照明。

1．工作照明

供整个工作场所正常使用的照明。工作照明又可分为生活照明、办公照明和生产照明。凡人们日常生活所需要的照明，均属于生活照明，它对照度的要求不高，只要求均匀地照亮环壁，属于一般照明。办公照明也可理解为机关照明，它主要是用于人们在室内非生产用照明，它比生活照明的照明质量要求高一些，但也属于一般照明。生产照明是人民从事科学实验、劳动生产的照明，如工厂、铁路、机场、剧场等的照明，它要求有足够的照度，有的场所对照明还有些特殊要求（如方向性、局部性、颜色及各种颜色照度变换配合等）。工作照明是我们日常生活中接触最多的。

2．局部照明

仅供工作地点（固定式或携带式）使用的照明。

（1）局部照明以及移动式手提灯（行灯），其电压不应超过 36V，在特别潮湿场所和金属容器内工作的照明灯电压不应超过 12V。

（2）供局部照明的行灯变压器应是双圈的，一、二次均应装熔断器。

（3）携带式行灯变压器一次侧电源线不应过长（一般在 3m 以内），且应使用绝缘互套线或橡胶电缆。

（4）行灯变压器二次侧线圈及金属外皮应可靠接地。

（5）不许将行灯变压器携至金属容器内使用。

（6）行灯变压器中断使用时间超过三个月或在雨季，使用前应问作者绝缘电阻。

3．事故照明

在工作照明熄灭情况下，供工作人员暂时延续作业及疏散使用的照明。例如：

（1）医院急救室和手术室；

（2）公众密集场所；

（3）中断正常照明后，容易造成事故的车间、工地和仓库等场所；

（4）地下室和防空设施等缺少或没有自然光照的地方。

事故照明灯具应做特殊标记（与工作照明灯具形式不同时可不做）。事故照明的光源一般采用白炽灯。当事故照明由专一回路供电，且作为工作照明的一部分时，可采用与工作照明相同的光源。

4.2　照明线路

4.2.1　基本照明电路

1．一个开关控制一盏或几盏灯电路

此种电路是照明线路中最常见的线路，如图 4-15、图 4-16、图 4-17 所示。

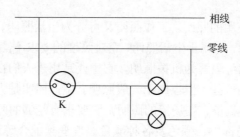

图 4-15　单处控制的白炽灯电路

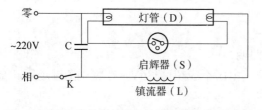

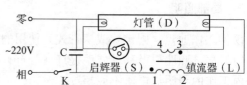

图 4-16　配有单线圈镇流器的日光灯接线原理图　　图 4-17　配有双线圈镇流器的日光灯接线原理图

日光灯电路工作原理见本章 4.1 节，电容起补偿功率因数的作用。启辉器上并联小电容的作用有两个：一个是与镇流器线圈形成 LC 振荡电路，延长灯丝的预热时间和维持脉冲高压；其二，能吸收干扰电视机、收音机、录像机、VCD、DVD、移动电话机等电子设备的杂波。容量以 0.005μF 为最佳。当电容器击穿时，将其剪除，启辉器还可用。

以上电路，只要分别在相线和零线各引出一条线接在插销座上，就可作为单相电器的电源（现在大多数电器还应接保护地线）。

2．楼梯灯电路

这种电路经常使用的场所是楼梯、庭院和走廊等地方。它的主要优点是控制方便（在楼梯上下、室内室外、走廊两端分别装设三线开关即可在两处随意控制照明灯），其次便于节约用电，实现人走灯灭。

1）楼梯灯

如图 4-18、图 4-19 所示。

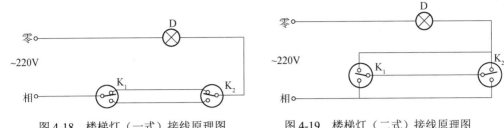

图 4-18 楼梯灯（一式）接线原理图　　　　图 4-19 楼梯灯（二式）接线原理图

2）三处控制一盏灯线路（楼梯灯）

这种线路由两个单极双控开关和一个双控三极开关（三联开关）组成，可在三处同时控制一盏灯（见图 4-20）。

（a）基本线路　　　　　　　　（b）三联开关接点动作顺序图

图 4-20　三处控制单灯线路

4.2.2　室内配电方式

1．电压

室内配电用的电压有下列几种。

（1）电灯用 110V 和 220V 直流电压。

（2）直流电动机用 110V、220V 和 440V 的直流电压。

（3）127V 电灯用 220/127V 三相四线制交流电压。这种等级的电压，只用于矿井或其他保安条件要求较高的地方。

（4）380/220V 三相四线制交流电压，380V 大多用于动力设备，220V 用于照明和其他电气设备。

（5）36V、24V 交流电压用于移动式局部照明，12V 用于危险场所的手提灯。

（6）大容量的高压电动机采用 3 000V 或 6 000V 交流电压。

（7）室内高压变配电所的电压为 6kV 或 10kV，室内变电站最高到 35kV。

在铁路内电力供应，室内配电用的电压，高压 6～10kV，低压一律采用 380/220V。电气设备的对地电压在 250V 以上为高压，250V 以下为低压，因此在 380/220V 三相四线制线路中，中性线不接地的为高压，中性线接地的为低压。

照明线路的电压损失一般不应超过额定电压的 5%，远离电源的场所，允许降低 10%。

2．配电方式

1）220V 单相制

一般小容量（负荷电流为 15～20A）负荷可采用 220V 的单相二线制交流电源，如图 4-21

所示。这是由外线路上一根相线和一根中性线（又称零线）组成。

2）380/220V 三相四线制

大容量的照明线路供电采用 380/220V 三相四线制中性点直接接地的交流电源，将各种单相负荷平均地分别接在每一根相线和中性线之间。如图 4-22 所示。这种用电制当三相负荷平衡时，中性线上没有电流，所以在设计电路时应尽可能使得各相负荷平衡。

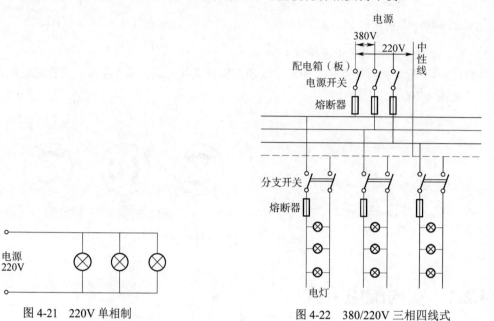

图 4-21   220V 单相制

图 4-22   380/220V 三相四线式

在工厂企业中，动力与照明混合式用电，现在都采用动力和照明设备分别由总变压器引出单独线路供电。根据电源情况可分三种，如图 4-23、图 4-24 和图 4-25 所示。

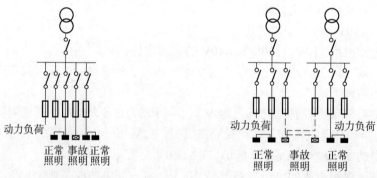

图 4-23   由一台变压器供电的单线图

图 4-24   由两台变压器供电的单线图

如果动力用电电压较高时，则工厂中照明用电可以经过中间变压器供电，如图 4-26 所示。

3）配电方式

（1）照明线路的基本形式。照明线路的基本形式如图 4-27 所示。图中，由室外架空线路电杆上到建筑物外墙支架上的线路称引入线；从外墙到总配电箱的线路称进户线；由总配电盘至分配电盘的线路称干线；由分配电箱至照明灯具的线路称支线。

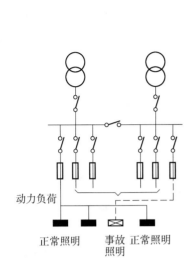

图 4-25 由两台变压器供电的交叉互用单线图

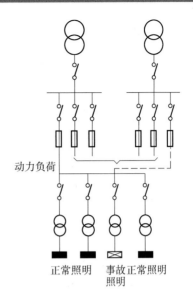

图 4-26 采用中间变压器供电的单线图

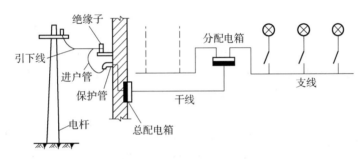

图 4-27 照明线路的基本方式

（2）照明线路的供电方式。总配电箱的干线有放射式、树干式和混合式三种供电方式，如图 4-28 所示。

① 放射式。各分配电箱分别由干线供电，如图 4-28（a）所示。当某分配电箱发生故障时，保护开关将其电源切断，不影响其他分配电箱的工作。所以放射式供电方式的电源较为可靠，但材料消耗较大。

② 树干式。各分配电箱的电源由一条共用干线供电，如图 4-28（b）所示。当某分配电箱发生故障时，影响到其他分配电箱的工作，所以电源的可靠性差，但这种供电方式节省材料，较经济。

③ 混合式。放射式和树干式混合使用供电，如图 4-28（c）所示，吸取两式的优点，既兼顾材料消耗的经济性又保证电源具有一定的可靠性。

对于住宅照明、车间照明、多层建筑物的照明供电方式一般采用三种方法混合进行安排。如图 4-29、图 4-30、图 4-31 所示。

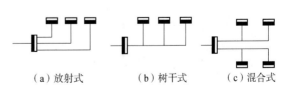

（a）放射式　　　（b）树干式　　　（c）混合式

图 4-28 照明干线的供电方式

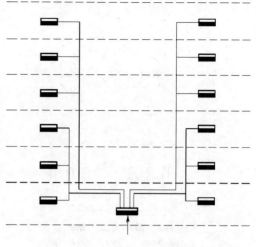

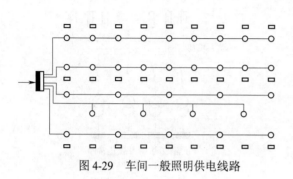

图 4-29 车间一般照明供电线路

图 4-30 多层建筑物的照明供电线路

3. 照明支线

1）支线供电范围

单相支线长度不超过 20～30m，三相支线长度不超过 60～80m，每相的电流以不超过 15A 为宜。每一单相支线所装设的灯具和插座不应超过 20 个。在照明线路中插座的故障率最高，如安装数量较多时，应专设支线供电，以提高照明线路供电的可靠性。

2）支线导线截面

室内照明支线的线路较长，转弯和分支很多，因此从敷设施工考虑，支线截面不宜过大，通常应在 $1.0～4.0\text{mm}^2$ 范围内，最大不应超过 6mm^2。如单相支线电流大于 15A 或截面大于 6mm^2 时，可采用三相或两条单相支线供电。

3）频闪效应的限制措施

为限制交流电源的频闪效应（电光源随交流电的频率交变而发生的明暗变化称为交流电的频闪效应），三相支线的灯具可按相序排列的方法进行弥补，并尽可能使三相负载接近平衡，以保证电压偏移的均衡。如图 4-32 所示。

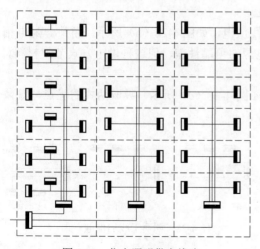

图 4-31 住宅照明供电线路

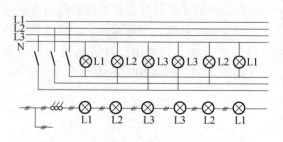

图 4-32 三相支线灯具最佳排列示意图

4.2.3　照明负荷的计算

照明负荷一般根据需要系数法进行计算。当三相负荷不均匀时，取最大一相的计算结果作为三相四线制照明线路的计算容量（或计算电流）。

1. 容量的计算

单相二线制照明线路计算容量的公式为

$$P_j = K_c P_e \tag{4-1}$$

或

$$P_j = \sum K_c P_e \tag{4-2}$$

式中　P_j——计算容量，单位 W；

　　　K_c——需要系数，可按表 4-7 选择；

　　　P_e——线路上的额定安装容量（包括镇流器或触发器的功率损耗）。

表 4-7　照明负荷计算需要系数 K_c 表

建 筑 类 别	需要系数 K_c
大型厂房及仓库、商业场所、户外照明、事故照明	1.0
大型生产厂房	0.95
图书馆、行政机关、公用事业	0.9
分隔或多个房间的厂房或多跨厂房	0.85
试验室、厂房辅助部分、托儿所、幼儿园、学校、医院	0.8
大型仓库、配变电所	0.6
支线	1.0

2. 电流的计算

1）白炽灯和卤钨灯

单相线路：

$$I_j = \frac{P_j}{U_p} = \frac{K_c P_e}{U_p} \tag{4-3}$$

三相线路：

$$I_j = \frac{P_j}{\sqrt{3} U_L \cos\phi} = \frac{K_c P_e}{\sqrt{3} U_L} \tag{4-4}$$

2）荧光灯及带有镇流器的气体放电灯

单相线路：

$$I_j = \frac{K_c P_e}{U_p \cos\phi} \tag{4-5}$$

三相线路：

$$I_j = \frac{K_c P_e}{\sqrt{3} U_L \cos\phi} \tag{4-6}$$

3）混合线路（既有白炽灯又有气体放电类）

各种光源的电流：

$$I_{yg} = \frac{P_e}{U_p} = \frac{P_e}{220} \qquad (4\text{-}7)$$

$$I_{wg} = I_{yg}\,\text{tg}\,\phi \qquad (4\text{-}8)$$

每相线路的工作电流和功率因数：

$$I_g = \sqrt{\left(\sum I_{yg}\right)^2 + \left(\sum I_{wg}\right)^2} \qquad (4\text{-}9)$$

$$\cos\phi = \frac{\sum I_{yg}}{I_g} \qquad (4\text{-}10)$$

总计算电流：

$$I_j = K_c I_g \qquad (4\text{-}11)$$

式（4-3）～式（4-9）中

P_e——线路安装容量，单位 W；

U_p——线路额定相电压，一般为 220V；

U_L——线路额定线电压，一般为 380V；

K_c——照明负荷需要系数，查表 4-7；

I_j——线路计算电流，单位 A；

I_{yg}——线路有功电流，单位 A；

I_{wg}——线路无功电流，单位 A：

I_g——线路工作电流，单位 A；

$\cos\phi$——线路功率因数。

当三相负载分布不均匀时，应取最大的一相作为计算容量或计算电流。

例 1　某生产厂房的三相四线制照明线路上，有 250W 高压汞灯和 25W 白炽灯两种光源，各相负载分配如下：

相序	灯数	250W 高压汞灯	25W 白炽灯
U	4 盏	1 000W	100W
V	8 盏	2 000W	200W
W	2 盏	500W	50W

试计算线路电流。

解：查表 4-7 得 250W 高压汞灯的 $\cos\phi = 0.61$（$\text{tg}\,\phi = 1.3$），其镇流器损耗忽略不计。查表 4-7，支线的 $K_{c1} = 1$，生产厂房的 $K_{c2} = 0.95$。

各相负荷计算如下：

相序	$P_{e\,(Hg)}$	$I_{yg\,(Hg)} = \dfrac{K_c P_{e(Hg)}}{220}$	$I_{wg\,(Hg)} = I_{yg\,(Hg)}\,\text{tg}\,\phi$	$P_{e\,(IN)}$	$I_{yg\,(IN)} = \dfrac{K_{c1} P_{e(IN)}}{220}$
U	1 000W	4.55A	5.91A	100W	0.45A
V	2 000W	9.09A	11.82A	200W	0.90A
W	500W	2.27A	2.95A	50W	0.23A

相序 $I_g = \sqrt{(I_{yg(Hg)} + I_{yg(IN)})^2 + I^2_{wg(Hg)}}$ $\cos\phi = \dfrac{\sum I_{yg}}{I_g}$

U	7.74A	0.65
V	15.48A	0.65
W	3.87A	0.65

I 和 P 的下标：Hg 为荧光高压汞灯；IN 为白炽灯。

由于 V 相电流最大，线路的功率因数为 $\cos\phi = 0.65$，故三相四线制照明线路的计算电流为：

$$I_j = K_{c2}I_g = 0.95 \times 15.48 = 14.7（A）$$

3. 照明电路常用电流计算和熔丝选择

在生产实际中，电流的计算和熔丝的选择比较简单，现在全国的电力系统及劳动部门在电工考核定级中都采用下列的简便算法，要求学员必须掌握。

1）电流的计算

（1）单相电路： $\quad I_j = \dfrac{P_e}{U_p}$（适用白炽灯等电阻性线路） （4-12）

$$I_j = \dfrac{P_e}{U_p\cos\phi}$$（适用荧光灯等电感性线路） （4-13）

在单相电路中既有荧光灯负载又有白炽灯负载，可按下面的方法计算。

白炽灯电路： $\quad I_{Rj} = \dfrac{P_e}{U_p}$ （4-14）

荧光灯电路： $\quad I_{Xj} = \dfrac{P_e}{U_p\cos\phi}$ （4-15）

总电流电阻分量： $\quad I_{R总} = I_{Rj} + I_{Xj}\cos\phi$ （4-16）

总电流电抗分量： $\quad I_{X总} = I_{Xj}\sin\phi$ （4-17）

总电流： $\quad I_j = \sqrt{I^2_{R总} + I^2_{X总}}$ （4-18）

（2）三相电路： $\quad I_j = \dfrac{P_e}{\sqrt{3}U_L\cos\phi}$ （4-19）

2）熔丝选择

$$I_R = （1.1 \sim 1.5）I_j$$ （4-20）

当照明电路总熔丝装于电度表出线上时，为了保护电表，熔丝的容量按下式计算：

$$I_R = （0.9 \sim 1）I_w$$ （4-21）

式中 I_w——电度表额定电流。

例 2 有一单相照明电路，电压为 220V，接有 220V100W 白炽灯 22 盏，以及 220V40W 白炽灯 10 盏，请计算电路的总电流，并合理选用熔丝。

解：（1）分路的额定电流：

设 $n_1 = 22$，$n_2 = 10$，$P_{1e} = 100$，$P_{2e} = 40$

$$I_{j1} = n_1 \frac{P_{1e}}{U_p} = 22 \times \frac{100}{200} = 10 \ （A）$$

$$I_{j2} = n_2 \frac{P_{2e}}{U_p} = 10 \times \frac{40}{220} = 1.82 \ （A）$$

（2）电路的总电流：$I_j = I_{j1} + I_{j2} = 10 + 1.82 = 11.82$（A）

（3）熔丝选择范围为：$I_R = （1.1 \sim 1.5） I_j = （1.1 \sim 1.5） \times 11.82 = 13 \sim 17.73$（A）

答：电路的总电流为11.82A，可选15A的熔丝。

例3　有一单相照明电路，电压为220V，接有220V40W日光灯30盏，日光灯的功率因数为0.5，计算电路中的电流，并合理选用熔丝（镇流器功率损耗不计）。

解：（1）电路的总电流：

设 $n = 30$

$$I_j = n \frac{P_e}{U_p \cos \phi} = 30 \times \frac{40}{220 \times 0.5} = 10.9 \ （A）$$

（2）熔丝选择范围：

$$I_R = （1.1 \sim 1.5） I_j = （1.1 \sim 1.5） \times 10.9 = 11.99 \sim 16.35 \ （A）$$

答：电路总电流为10.9A；熔丝可选15A的。

例4　有单相220V照明电路，一支路接有40W日光灯10盏，功率因数为0.5；另一支路接有40W白炽灯10盏；试计算：

（1）日光灯与白炽灯各支路电流为多少A？（日光灯镇流器功率消耗不计）

（2）电路中总电流为多少A？

（3）选择电路的总熔丝应为多少A？

解：（1）日光灯支路电流：设 $n_1 = 10$　　$n_2 = 10$

$$I_{Xj} = n_1 \frac{P_e}{U_p \cos \phi} = 10 \times \frac{40}{220 \times 0.5} = 3.64 \ （A）$$

白炽灯支路电流：

$$I_{Rj} = n_2 \frac{P_e}{U_p} = 10 \times \frac{40}{220} = 1.82 \ （A）$$

（2）照明回路总电流：

总电流电阻分量：

$$I_{R总} = I_{Rj} + I_{Xj} \cos \phi = 1.82 + 3.64 \times 0.5 = 3.64 \ （A）$$

总电流电抗分量：

$$I_{X总} = I_{Xj} \sin \phi = 3.64 \times 0.866 = 3.15 \ （A）$$

总电流：$I_j = \sqrt{I_{R总}^2 + I_{X总}^2} = \sqrt{3.64^2 + 3.15^2} = 4.81$（A）

（3）总熔丝选择范围为：

$$I_R = （1.1 \sim 1.5） I_j = （1.1 \sim 1.5） \times 4.81 = 5.29 \sim 7.22 \ （A）$$

答：（1）日光灯支路电流为3.64A，白炽灯支路电流为1.82A；

（2）电路中总电流为4.81A；

（3）总熔丝应选6A或7A。

例5　有一照明线路，接有局部照明变压器，额定容量为1 000V·A；一次侧额定电压为220V，试计算：（变压器损耗可忽略不计）

（1）计算一次侧额定电流并选择熔丝。

（2）二次侧电压使用36V，熔丝应为多少A？

解：局部变压器接有 36V 安全灯，可视为纯电阻负载，$\cos \phi = 1$，变压器损耗不计。

（1）一次侧额定电流：因为 $S = UI$（S 为视在功率）

所以 $I_1 = \dfrac{S}{U_1} = = 4.55$（A）

（2）二次侧电流：$S_2 = S_1 = S = 1\,000$（V·A）

所以 $I_2 = \dfrac{S}{U_2} = \dfrac{1\,000}{36} = 27.78$（A）

（3）熔丝选择范围为：

一次侧：$I_R = (1.1 \sim 1.5) I_1 = (1.1 \sim 1.5) \times 4.55 = 5 \sim 6.83$（A）

二次侧：$I_R = (1.1 \sim 1.5) I_2 = (1.1 \sim 1.5) \times 27.78 = 30.56 \sim 41.67$（A）

答：（1）一次侧额定电流为 4.54A，可选熔丝 5A 的。

（2）二次侧额定电流为 27.78A，可选熔丝 35A 的。

4.3　照明装置的安装

照明装置安装的基本要求是：正规、合理、牢固、整齐。

正规：是指各种灯具装置等必须按照有关规程和要求进行安装。

合理：是指各种照明器具必须正确、适用、经济、可靠，安装的位置在与规程不矛盾的情况下应符合实际需求，使用方便。

牢固：各种装置安装必须牢固可靠，使用安全。

整齐：是指同一使用环境和同一照明要求的器具要安装得横平竖直，品种规格要整齐统一，型色协调。

4.3.1　照明灯具的分类

1. 灯具的分类

照明灯具（以下简称灯具）是由包括电光源在内的照明器具等组成的照明装置，主要作用是将光通量进行重新分配，以合理地利用光通量和避免由光源引起的眩光，达到固定光源. 保护光源免受外界环境影响和装饰美化的效果。

（1）按光通量照射在空间的分配比例分类可分为直射型、半直射型、漫射型、间接型和半间接型灯具。如表 4-8 所示。

表 4-8　灯具分类及特点

灯具类型		直 射 型	半 直 射 型	漫 射 型	半 间 接 型	间 接 型
光通量分配的比例%	上半球	0~10	10~40	40~60	60~90	90~100
	下半球	100~90	90~60	60~40	40~10	10~0

灯具类型	直射型	半直射型	漫射型	半间接型	间接型
特点	光线集中，工作面上可得到充分照度	光线主要向下射出，其余透过灯罩向四周射出	光线柔和，各方向光的强度基本上一致，可达到无眩光，但光损失较多	光线主要反射到顶棚或墙上再反射下来，使光线比较柔和均匀	光线全部反射，能最大限度减弱阴影和眩光，但光的利用率低
示意图					

① 直射型灯具：其灯罩由反光性能良好的不透明材料制成，如搪瓷、铝和镀银镜面等。它发光效率高，但在灯具以上的空间几乎没有光线，因此顶棚很暗，又由于光线比较集中，方向性强，产生的阴影也较深。

② 半直射型灯具：能将较多的光线照射到工作面上，使空间环境得到适当亮度，这种灯具的灯罩常用半透明材料制成下面开口的样式，如玻璃碗形罩等。

③ 漫射型灯具：是乳白玻璃球型灯，用漫射透光材料制成封闭式的灯罩，造型美观，光线柔和均匀，但光的损失较多。

④ 间接型灯具：这类灯具的全部光线由上半球射出，经顶棚反射到室内，光线均匀柔和，无大的阴影和眩光。但光的损失较大，不经济，多适用于剧场，展览馆和医院的一般照明。

⑤ 半间接型灯具：这种灯具的灯罩上半部用透明材料、下半部用漫射透光材料制成。上半球光通量增加，增强了室内反射光的照明效果，使光线更加均匀柔和。但在使用中，上部容易积灰尘，影响发光亮度，多用于教室和实验室的照明。

（2）按灯具的结构特点分类可分为开启式、保护式、封闭式和防爆式灯具。

① 开启式灯具：开启式灯具光源与外界环境直接相通。

② 保护式灯具：保护式灯具有闭合的透光灯罩，但内外仍能自由通气，如半圆罩天棚乳白玻璃球形灯等。

③ 密闭式灯具：密闭式灯具的透光灯罩将内外隔绝，能防水、防尘。

④ 防爆式灯具：防爆式灯具防护严密，在通常情况下不会因灯具而引起爆炸。

2．照明灯具的技术数据

照明灯具的技术数据主要包括产品名称、型号、规格等。目前我国生产的灯具尚无统一技术标准和规格，全国各生产厂的产品型号（包括规格和名称）很不一致，现基本采用上海和北京产品型号。

下面以荧光灯具、工厂灯具为例说明其产品名称、型号、规格。见表4-9和表4-10。

表4-9　荧光灯具技术数据

名　称	产　地	型　号	灯管数量及功率（W）	电源电压（V）	灯具长度（mm）	结构特点	用　途
筒式荧光灯	上海	YG1－1	1×40	110/220	1 280	灯具用钢板制成，结构坚固，造型简单，安装轻便	一般工厂、办公室、车间、食堂、商店等照明
		YG1－2	2×40				
		YG2－1	1×40				
		YG2－2	2×40				
	北京	YJQ－1/40－1	1×40				
		YJQ－2/40－1	2×40				
		YJQ－3/40－1	3×40				
		YJK－1/40－2	1×40				
		YJK－2/40－2	2×40				
荧光灯嵌入式	上海	YG3－2	2×40	110/220	1 300	配磨砂玻璃罩	精密产品的工厂、车间、大厅、礼堂嵌顶照明
		YG3－3	3×40				
荧光灯密闭型	上海	YG4－1	1×40	110/220	1 380	灯座内有密封圈可防止潮气及有害气体侵入。灯具有吊链和双吊杆二种，不能吸顶安装	化工厂、印染厂及其他具有潮湿蒸气及有害气体的场所照明
		YG4－2	2×40				
		YG4－3	3×40				
	北京	YMB－1/40－1	1×40		1 300		
		YMB－2/40－2	2×40		1 350		
三角罩荧光灯	上海	YG5－2	2×40	110/220	1 300	灯具顶部是两个角度陡峭的斜面，尘埃等不易集结，有聚光效果	纺织厂、制鞋厂、配电站、食品加工厂照明
	北京	YSK－2/40－1	2×40				
		YSK－3/40－1	3×40				
吸顶式荧光灯	上海	YG6－2	2×40	110/220	1 334	灯具用薄钢板或木材加工制成	一般工厂、车间、大厅、食堂、商店等吸顶安装照明
		YG6－3	3×40				
	北京	YQD－2/40－1	2×40		$L=1\ 470$ $B=570$		
		YQD－4/40－1	4×40		$L=1\ 470$ $B=820$		
		YQD－4/40－2	4×40		$L=1\ 470$ $L=1\ 470$		

续表

名　称	产　地	型　号	灯管数量及功率（W）	电源电压（V）	灯具长度（mm）	结　构　特　点	用　途
上海		YG7-2-40	2×40		1 300	灯具用薄钢板及钢管加工制成，结构坚固，灯具为单吊杆（在中心）安装灯具用钢板制成、罩壳夹层内设有防震装置，镇流器装在灯具内，灯罩有良好的散热效果 A—双吊杆式 B—吊链式 C—单吊杆式 D—壁式，车间和精密机床等操作环境照明	车间和精密机床等操作环境照明
		YG7-2-30	2×30		1 000		
		YG7-2-20	2×20		700		
		YG8-1-A B C D	1×40	110/220	1 300		
		YG8-2-A B C D	2×40				
		YG8-3-A B	3×40				

表 4-10　工厂灯具技术数据

灯具名称	灯具型号	功率范围（W）	光通量（lm）	外形尺寸（mm）			
				D	L	H	d
配照型工厂灯	GC1-A、B-1	60～100		355	300～1 000	209	100
	GC1-D、E、F、G-1	60～100		355	300	209	100
	GC1-C-2	150～200		406	—	220	120
广照型工厂灯	GC3-A、B1	60～100		355	300～1 000	140	100
	GC3-D、E、F、G-1	60～100		355	300	140	100
	GC3-C-2	150～200		406	—	180	120
深照型工厂灯	GC5-A、B-2	150～200		250	300～1 000	265	120
	GC5-D、E、F、G-1	150～200		250	300	265	120
	GC5-C-3	300		310	—	320	120
防火防尘灯	GC9-A、B-1	60～100		355	300～1 000	170	100
	GC11-A、B-1	60～100		355	300～1 000	170	100
	GC15-A、B-2	60～100		355	300～1 000	305	100
防爆灯	B3C-200	200		210		365	
	B3C-100	100		205		420	
	B3B-200	200		193		355	

注：1. 灯具型号中：A—吊杆式，B—吊链式，C—吸顶式，E、F、G—弯灯式；

2. 灯具外形中：D—灯罩直径，L—吊杆（链）长度，H—灯罩高度，d—安装座直径；

3. 防火防尘灯型号中：GC9—广照型防水防尘灯，GC11—广照型有保护网防水防尘灯，GC15—散照型防火防尘灯。

4.3.2 灯具的布置

灯具的布置是确定灯具在屋内的空间位置。它对光的投射方向、工作面的照度、照度的均匀性、眩光阴影限制及美观大方等方面均有直接的影响。

1. 灯具的布置

应根据工作的分布情况、建筑物的结构形式和视觉的工作特点进行。有时偏重于建筑空间的照明均匀度（如办公室、家庭居室等），有时偏重于照明的装饰美化效果（如厅堂照明只要求亮度，不考虑其均匀性），有时只注重照明的局部场所（如工作台等），有时需进行统筹考虑（即亮度、均匀性、装饰性等都要兼顾）。

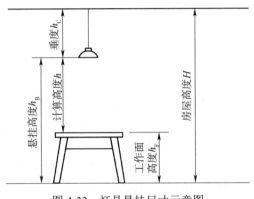

图 4-33 灯具悬挂尺寸示意图

2. 灯具的悬挂高度

灯具悬挂尺寸的示意如图 4-33 所示，室内一般灯具的最低悬挂高度 h_B 应根据表 4-11 选择，灯具的垂度 h_c 一般为 0.3～1.5m（多取用 0.7m）。灯具悬挂高度一般为 2.4～4m。

表 4-11 室内一般照明灯具的最低悬挂高度

光 源 种 类	灯 具 形 式	灯具保护角	灯泡功率（W）	最低悬挂高度（m）
白炽灯	带反射罩	10°～30°	≤100	2.5
			150～200	3.0
			300～500	3.5
			>500	4.0
	乳白玻璃漫射罩	—	≤100	2.0
			150～200	2.5
			300～500	3.0
荧光高压汞灯	带反射罩	10°～30°	≤250	5.0
			≥400	6.0
卤钨灯	带反射罩	≥30°	1 000～2 000	6.0～7.0
荧光灯	无罩	—	≤40	2.0

3. 灯具的间距

灯具的间距（L）就是灯具布灯的平面距离（有纵向和横向）用 L 表示。一般灯具（视为点光源的灯具）布灯间的纵横间距是相同的，它的几种布灯形式的 L 值，可根据图 4-34 所列的公式进行计算。荧光灯的间距是不相同的，它有横向（$B-B$）和纵向（$A-A$）两个间距。

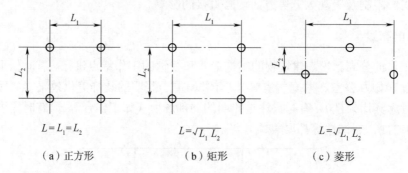

$$L = L_1 = L_2$$

（a）正方形

$$L = \sqrt{L_1 L_2}$$

（b）矩形

$$L = \sqrt{L_1 L_2}$$

（c）菱形

图 4-34 均匀布灯的几种形式

4. 允许距高比

允许距高比就是灯具布置的间距（L）和悬挂计算高度（h）的允许比值，用 L/h 表示。布灯是否合理，主要取决于 L/h 的比值是否适宜：L/h 值小，照度均匀性好，但经济性相对较差；L/h 值大，则布灯稀，满足不了一定的照度均匀性。为了兼顾两者的优点，应使 L/h 的值符合表 4-12 中的有关数值（部分灯具的推荐数值）。如校验荧光灯的允许距高比时，应同时满足表 4-13 中的横向和纵向的两个数值。

表 4-12 荧光灯具的最大允许距高比值

灯 具 名 称	功率（W）	型 号	灯具效率%	（L/h）		光通量 F（lm）
				$A-A$	$B-B$	
普通荧光灯	1×40	YG1-1	81	1.62	1.22	2 200
	1×40	YG2-1	88	1.46	1.28	2 200
	2×40	YG2-2	97	1.33	1.28	2×2 200
密闭型荧光灯	1×40	YG4-1	84	1.52	1.27	2 200
	2×40	YG4-2	80	1.41	1.26	2×2 200
吸顶荧光灯	2×40	YG6-2	86	1.48	1.22	2×2 200
	3×40	YG6-3	86	1.50	1.26	3×2 200
嵌入荧光灯（塑料格）（铝格）	3×40	YG15-3	45	1.07	1.05	3×2 200
	2×40	YG15-2	88	1.25	1.20	2×2 200

表 4-13 部分灯具的最大允许距高比 L/h 和最小照度 Z 值表

灯具名称	灯具型号	光源种类及容量（W）		距离比 L/h 及 Z 值				L/h 及 Z 的最大允许值
		白炽灯（B）	水银灯（G）	0.6	0.8	1.0	1.2	
配照型灯具	GC1-A、B-1	B150	G125	1.30	1.32	1.33	1.32	1.25/1.33
	GC1-A、B-2				1.34	1.33		1.41/1.29
	GC19-A、B-2							
广照型灯具	GG5-A-2	B150、B200	G125	1.30	1.33			0.98/1.32
	GG5-B-2	B150、B200	G125	1.28	1.30			1.02/1.33
深照型灯具	GC5-A-3	B300		1.29	1.34	1.33	1.30	1.40/1.29
	GC5-B-3	B300、B500	G250		1.35	1.34	1.32	1.45/1.32
	GC5-A-4				1.33	1.34	1.32	1.40/1.31
	GC5-B-4		G400		1.34	1.31		1.23/1.32
普通荧光灯具	YG1-1		Y40	1.34	1.34	1.31	1.28	1.22/1.29
	YG2-1		Y40		1.35	1.33	1.29	1.28/1.28
	YG2-2		Y2×40		1.35	1.33	1.31	1.28/1.29
	YG4-2		Y2×40		1.34	1.34		1.26/1.30
吸顶式荧光灯具	YG6-2		Y2×40	1.34	1.36	1.33	1.30	1.22/1.29
	YG6-3		Y3×40		1.35	1.32		1.26/1.30
嵌入式荧光灯具	YG15-2		Y2×40	1.34	1.34	1.31	1.30	1.05/1.30
	YG15-3		Y3×40	1.37	1.33			
房间较矮反射条件较好		灯排数<3				1.15～1.2		
						1.10～1.2		
其他白炽灯灯具布置合理时		灯排数<3				1.10～1.12		

4.3.3 灯具的选用及要求

布置和选用灯具时，应考虑维修方便和使用安全，并根据周围环境按下列规定选用。

（1）易燃和易爆的场所，采用防爆式灯具。

（2）有腐蚀性气体及特殊潮湿的场所，采用密闭式灯具。灯具各部件应做防腐处理。

（3）潮湿的厂房内和户外采用有凝结水放出口的封闭式灯具，亦可采用防水灯口的开敞式灯具。

（4）多尘的场所，根据粉尘的浓度及性质，采用封闭式或密闭式灯具。

（5）灼热多尘场所（如出钢、出铁、轧钢等场所），采用投光灯。

（6）可能受机械损伤的厂房内，采用有保护网的灯具。

（7）防震的场所（如装有锻锤、空压机、桥式起重机等）的灯具应有防震措施（如采用吊链等软性连接）。

（8）除敞开式灯具外，其他各类灯具灯泡容量在 100W 及以上者均应采用瓷灯口。

4.3.4　照明器具的安装

1．安装要求

1）灯具安装要求

（1）灯具安装应牢固，灯具重量超过 3kg 时，应固定在预埋的吊钩或螺栓上，如图 4-35 和图 4-36 所示。灯具承载件（膨胀螺栓）的埋设可参照表 4-14。

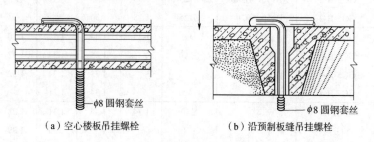

（a）空心楼板吊挂螺栓　　　　（b）沿预制板缝吊挂螺栓

图 4-35　预制楼板埋设吊挂螺栓做法

（2）普通吊线灯具的重量在 1kg 以下可采用软导线自身吊装，大于 1kg 的灯具应采用吊链，且软线宜编叉在铁链内，为了美观和导线不受力。

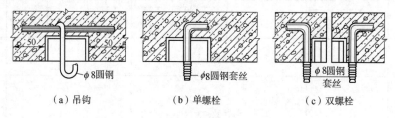

（a）吊钩　　　　（b）单螺栓　　　　（c）双螺栓

图 4-36　现浇楼板预埋吊钩和螺栓做法

表 4-14　膨胀螺栓固定承装载荷表

胀管类别	规格（mm）						承装荷载容许拉力（×10N）	承装荷载容许剪力（×10N）
	胀管		螺钉或沉头螺栓		钻孔			
	外径	长度	直径	长度	直径	深度		
塑料胀管（膨胀螺栓）	6	30	3.5	按需要选择	7	35	11	7
	7	40	3.5		8	45	13	8
	8	45	4.0		9	50	15	10
	9	50	4.0		10	55	18	12
	10	60	5.0		11	65	20	14
沉头式胀管（膨胀螺栓）	10	35	6	按需要选择	10.5	40	240	160
	12	45	8		12.5	50	440	300
	14	55	10		14.5	60	700	470
	16	65	12		19.0	70	1 030	690
	20	90	16		23.0	100	1 940	1 300

（3）软线吊灯，在吊盒内应做结扣，如图 4-37 所示。装自在器时，应套软塑料管，并采

用具有安全灯口的灯具。

（4）当灯具自身超过一定重量时，可采用钢管来悬挂灯具，钢管直径一般不小于10mm，如图4-38所示。

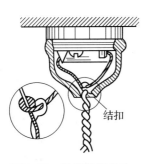

图4-37　导线结扣做法

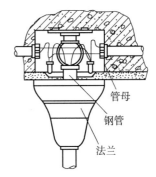

图4-38　暗管配线吊管灯具的固定方法

（5）照明灯具采用螺灯口时，相线应接顶心，开关应断相线，零线接灯口螺旋部分。当采用花线时，花色线应接相线，无花单色线应接零线。

（6）当导线与电器接线螺丝相连时，导线端头应顺螺丝拧紧方向做弯，使导线越拧越紧，如图4-39所示。灯具导线不应有接头，分支连接处应便于检修。

（7）一般敞开式的灯具，灯头对地距离不应小于下列数值（采用安全电压时除外）室外2.5m，室内2m，厂房照明2.5m，软吊线带升降器0.8m（指吊线展开后）。

（8）灯具的金属外壳必须接地或接零时，应有接地螺栓与接地网连接。

图4-39　灯头接线和导线与电器连接做法

（9）明敷导线进入室外灯具时，应做防水弯。灯具有可能进水者应打泄水眼。每盏路灯应装熔断器。

（10）各式灯具装在易燃部位或暗装在木制吊顶内时，在灯具周围应做好防火隔热处理。

（11）根据不同的场所和用途，照明灯具使用的导线最小截面应符合表4-15。

表4-15　线芯最小允许截面

最小允许截面（mm²）／导线分类 安装场所及用途		铜芯数线	铜　　线	铝　　线
照明用灯头线	民用建筑室内	0.4	0.5	1.5
	工业建筑室内	0.5	0.8	2.5
	工业建筑室外	1.0	1.0	2.5
移动用电设备	生活用	0.2	—	—
	生产用	1.0	—	—

（12）如遇到特殊情况难以达到上述要求时，可采取一定的保护措施或改用36V安全电压

供电。

2）开关的安装应符合下列规定

（1）扳把开关距地面高度一般为 1.2～1.4m，距门框一般为 150～200mm。

（2）拉线开关距地面高度一般为 2.2～2.8m，距门框一般为 150～200mm，如图 4-40 所示。

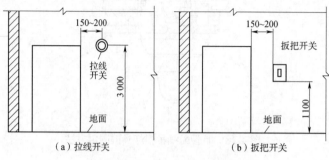

（3）室内照明开关一般安装在门边便于操作的地方，开关位置应与灯位相对应。同一室内，开关方向应一致。

（4）暗装开关的盖板应端正、严密并与墙面平。

（5）多尘潮湿场所和户外应用防水瓷质拉线开关或加装保护箱。

（6）在易燃、易爆和特别潮湿的场所，开关应采用防爆密闭型

图 4-40　灯开关安装位置示意图

的，其控制位置应安装在其他场所。

（7）明线敷设的开关应安装在不少于 15mm 的木台上。

3）插座的安装应符合下列规定

（1）不同电压的插座应有明显的区别，使其不能互用。

（2）凡为携带式或移动式电器用的插座，单相应用三眼插座，三相用四眼插座，其接地孔应与接地线或零线接牢。

（3）明装插座距地面不应低于 1.8m，暗装和工业用插座距地面不应低于 30cm。

（4）儿童活动场所的插座应采用安全插座，用普通插座时，安装高度不应低于 1.8m。

（5）在特别潮湿和有易燃易爆气体和粉尘的场所，不应装设插座。

2．照明器具的安装

1）灯座的安装

灯座又称灯头，品种有许多种，常用灯座的外形结构和用途见表 4-16。

表 4-16　常用灯座的选用

名　称	种　类	规　格	外　形	外形尺寸（mm）	备　注
普通插口灯座	胶木 铜质	250V，4A，C22 250V，1A，C15		$\phi 34 \times 48$ $\phi 25 \times 40$	一般使用
平装式插口灯座	胶木 铜质	250V，4A，C22 250V，1A，C15		$\phi 57 \times 41$ $\phi 40 \times 35$	装在天花板上、墙壁上、行灯内等

续表

名　称	种　类	规　格	外　形	外形尺寸（mm）	备　注
插口安全灯座	胶木	250V，4A，C22		ϕ 43×75 ϕ 43×65	可防触电还有带开关式
普通螺口灯座	胶木 铜质	250V，4A，E27		ϕ 40×56	安装螺口灯泡
平装式螺口灯座	胶木 铜质 瓷质	250V，4A，E27		ϕ 57×50 ϕ 57×55	同插口
螺口安全灯座	胶木 铜质 瓷质	250V，4A，E27		ϕ 47×75 ϕ 47×65	同插口
悬挂式防雨灯座	胶木 瓷质	250V，4A，E27		ϕ 40×53	装设于屋外防雨
M10管接式螺口、卡口灯座	胶木 瓷质 铁质	250V，4A E27 E40 C22		40×77 41×61 40×56	用于管式安装还有带开关式
安全荧光灯座	胶木	250V，2.5A		45×32.5×54	荧光灯管专用灯座
荧光灯启辉器座	胶木	250V，2.5A		40×30×12 50×32×12	荧光灯启辉器专用灯座

　　灯座的作用是固定灯泡（或灯管）并供给电源。按其结构形式分为螺口和卡口（插口）灯座；按其安装方式分为吊式灯座（俗称灯头）、平灯座和管式灯座；按其外壳材料分为胶木、瓷质和金属灯座；按其用途还可分为普通灯座、防水灯座、安全灯座和多用灯座等。

　　灯座上有两个接线柱，一个与电源的中性线（零线）连接，另一个与来自开关的相线（火线）相连（为了安全，相线一定要通过开关），对于螺口灯座，中性线要与螺纹相连的接线柱连接，相线要接在与灯顶心铜簧片相连的接线柱上。

平灯座要装在木台上，不可直接安装在建筑物平面上。

2）灯具的安装

照明灯具的安装有室内室外之分，室内外灯具的安装方式，应根据设计施工的要求确定，室内通常有悬吊式（又称悬挂式）、嵌顶式和壁式等，室外有悬吊式、壁式和投光式等，如图4-41所示。

（1）悬吊式灯具安装。

① 吊线式。吊线式直接由软线承重，但由于挂线盒内接线螺钉承重较小，因此安装时需在吊线盒内打好线结，使线结卡在盒盖的线孔处，打结方法如图4-37所示。有时还在导线上采用自在器，以便调整灯的悬挂高度，软线吊灯多用于普通白炽灯照明。

② 吊链。吊链式其方法与软线吊灯相似，但悬挂重量由吊链承担，下端固定在灯具上，上端固定在吊线盒内或挂钩上。

③ 吊管式。吊管式当灯具自重较大时，可采用钢管来悬挂灯具，用暗管配线安装吊管灯具时，其固定方法如图4-38所示。

（2）嵌顶式灯具安装。

其安装方式为吸顶式和嵌入式。

① 吸顶式。吸顶式是通过木台或涨开式伞形螺栓将灯具安装在屋面上。涨开式伞形螺栓固定方法是将两边的弹簧片用手捏紧，然后插入事先打好的孔洞内松手，随后将铁挂钩或木台固定。在空心楼板上安装木台时，可采用弓形板固定，其做法如图4-42所示。弓形板适用于护套线直接穿楼板孔的敷线方式。

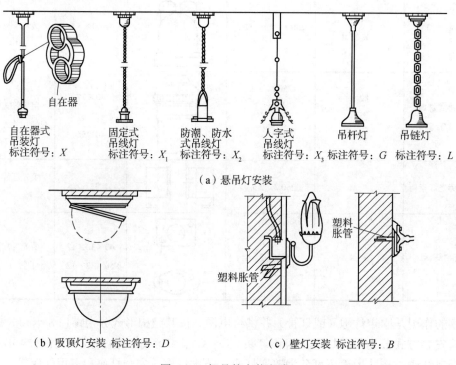

（a）悬吊灯安装

（b）吸顶灯安装 标注符号：D   （c）壁灯安装 标注符号：B

图4-41　灯具的安装方式

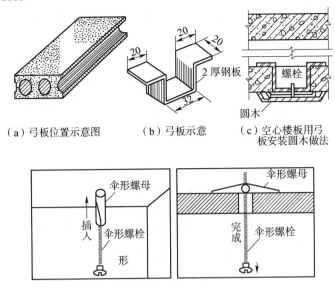

（a）弓板位置示意图　　　（b）弓板示意　　　（c）空心楼板用弓板安装圆木做法

（d）涨开式伞形螺栓做法

图4-42　空心楼板用弓形板安装木台及伞形螺栓做法

② 嵌入式。嵌入式适用于室内有吊顶的场所。其方法是在吊顶制作时，根据灯具的嵌入尺寸预留孔洞，再将灯具嵌装在吊顶上，其安装如图4-43所示。

（3）壁式灯具安装。

壁式灯具一般称为壁灯，通常装设在墙壁或柱上。安装前应埋设木台固定件，如预埋木砖、焊接铁件或打入膨胀螺栓等，其预埋件的做法如图4-44所示。

（4）投光式灯具安装。投光式灯具的布置有以下四种方法。

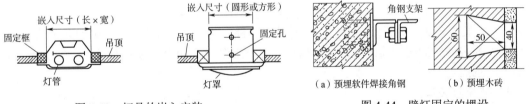

图4-43　灯具的嵌入安装　　　　　图4-44　壁灯固定的埋设

① 在建筑物本身安装照明器，可直接安在外墙上。

② 在建筑物附近的地面上安置照明器。

③ 利用电杆安装照明器。

④ 在附近建筑物上安装照明器。

在安装时可以将这四种方法组合运用。以取得最佳效果。同时要注意，当投光灯离建筑物太近时，会显示出建筑材料的缺点，而且光束会出现扇状及贝形光影，影响表面照度的均匀度；若投光灯离建筑物远些时，亮度会变得均匀，但也会过度地形成平面，而失掉建筑物的立体感。如果能将投光灯设置在女儿墙内，即可隐蔽灯具，夜间可减少眩光，白天又看不见灯具，以取得较好的照明效果。

3）开关的安装

开关的作用是接通或断开照明灯具的器件，一般称灯开关。根据安装形式分为明装式和暗装式；明装式有拉线开关、扳把开关（又称平开关）等；暗装式多采用扳把开关（有时称跷板式开关）。按其结构分为单极开关、双极开关、三极开关、单控开关、双控开关、多控开关及旋转开关等。

明装时，应先在定位处埋好木楔或膨胀螺栓（多采用塑料胀管）以固定木台，然后在木台上安装开关。暗装时，应设有专用接线盒，一般是先进行预埋，再用水泥砂浆填充抹平，接线盒口应与墙面粉刷层保持平齐，穿线完毕后再安装开关，其盖板或面板应端正紧贴墙面。

安装开关的一般做法如图 4-45 所示。所有开关均应接在电源的相线上，其扳把接通或断开的上下位置应一致。

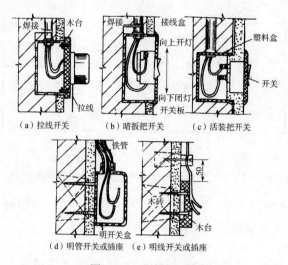

图 4-45　开关的安装

（1）在开关内的两个接线桩，一个与电源线路中的一根相线连接，另一个接至灯座中的顶芯接线桩。

（2）安装拉线式开关时，拉线口必须与拉向保持一致，否则容易磨断拉线。

（3）安装平开关时，应使操作柄向下时接通电路，向上时断开电路，与闸刀开关恰巧相反。这是电工约定俗成的统一安装方法，沿用已久，不要装反。如果不按此要求，应把所有方向都统一做好规定。

4）插座的安装

安装插座的方法与安装开关相似，其插孔的极性连接应按图 4-46 要求进行，切勿乱接。当交直流或不同电压的插座安装在同一场所时，应有明显区别，并且插头和插座不能相互插入。

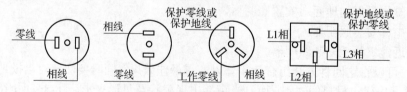

图 4-46　插座插孔的极性连接法

插座的作用是为移动式照明电器、家用电器或其他用电设备提供电源。它连接方便、灵活多用，有明装和暗装之分，按其结构可分为单相双极双孔、单相三极三孔（有一极为保护接地或接零）和三相四极四孔（有一极为接零或接地）插座等。

5）挂线盒的安装

挂线盒（或吊线盒）的作用是悬挂吊灯或连接线路的，一般有塑料和瓷质两种。

常用开关、插座、挂线盒的规格参数见表4-17。

表 4-17　常用灯开关、插座、挂线盒的规格

名　　称	规　　格	灯座外表	外形尺寸（mm）	备　注
拉线开关	250V，4A		ϕ 72×30	胶木 还有带吊线盒 拉线开关
防雨拉线开关	250V，4A		ϕ 72×37	瓷质
平装明扳把开关	250V，4A		ϕ 52×40	有单控、双控
跷板式明开关	250V，4A		55×40×40	还有带指示灯
跷板式一位暗开关 二位暗开关 三位暗开关 电子触摸开关	250V，4A 86 系列		ϕ 86×86	有单控、双控，单控触摸感应、双控触摸感应，并有带指示灯式
跷板式一位暗开关 二位暗开关 三位暗开关 四位暗开关 电子触摸开关	250V，4A 75 系列		75×75 75×100 75×100 75×125	同上
单相二极暗插座 单相二极扁圆二用暗插座 单相三极暗插座 三相四极暗插座	250V，10A 250V，10A 250V，15A 380V，15A 380V，25A		75×75 86×86 75×75 86×86 86×86	还有带指示灯式和带开关式
单相二极明插座	250V，10A		ϕ 42×26	有圆形、方形及扁圆两用插座
单相三极明插座	250V，6A 250V，10A 250V，15A		ϕ 54×31	有圆形、方形
三相四极明插座	380V，15A 380V，25A		73×60×36 90×72×45	同上
挂线盒	250V，5A 250V，10A		ϕ 57×32	胶木、瓷质、塑料

4.3.5 照明类型

这里只简要介绍四种类型的照明。

1. 住宅照明

住宅照明是一般的居住照明。住宅的视觉较为复杂，照度要求也不尽相同：有时需较高的照度，如阅读学习、备餐、洗涤等；有时仅需要低照度，如看电视、听音乐等。

住宅照明可采用以下几种形式。

（1）吊灯或吸顶灯。房间较高时可采用吊灯，房间较低时（如小于 2.7m）可采用吸顶灯。

（2）嵌入式灯具。用于有吊顶的房间，空间效果比较宽阔，但照明效果较固定。

（3）装饰性顶棚花灯。用于面积和高度大的住宅，能突出艺术性，采用时应与建筑的形式相协调。

例如：门厅、走廊、楼梯、卫生间的照明，一般可采用吊灯或吸顶灯。

厨房是用来备餐的，应有一定的亮度，一般多采用顶棚灯（也可增加局部照明）。

客厅（或门厅）为增强宽阔感，应适当提高亮度，可采用嵌顶灯与壁灯混合使用。

2. 学校照明

学校照明应以教室照明为主，要求有足够的亮度，尽量减少眩光，从而减轻学生和教师眼睛的视觉疲劳。

（1）教室照明。指教室的一般照明，多采用荧光灯具，效率高、寿命长，有较好的显色性，荧光灯的布置应与黑板构成直角（见图 4-47（a）），这种排列方式，照度均匀且眩光较小，能有效减小黑板的光幕反射。

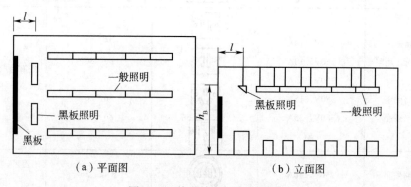

图 4-47　普通教室照明布置图

（2）黑板照明。黑板是用深色无光材料制成的，沿墙壁垂直方向装设，反射效率较低。仅有天棚照明时垂直照度不够，必须装设专门灯具（多采用斜照型灯具，见图 4-47（b））照射黑板，以保证其照度高于教室的一般照明。黑板照明灯具的安装高度 h_B（光源悬挂高度）和黑板到光源的距离 l，可参照表 4-18 进行选择。

表 4-18 黑板照明的位置和高度

从地面到光源的高度 h_B（m）	2.2	2.4	2.6	2.8	3.0	3.2	3.4
从黑板面到光源的距离 l（m）	0.6	0.7	0.85	1.0	1.1	1.25	1.4

3．道路照明

道路照明质量，一般由以下四个因素确定，①路面平均亮度；②路面亮度的均匀度，③眩光；④诱导性。

路面平均亮度是影响能否看见障碍物的最重要因素，由于道路照明是以把路面照亮到足以看清障碍物的轮廓为原则，因此要求应有相当高的路面平均亮度，对于级别较高的高速公路，其路面平均亮度需要达到 $1\sim2cd/m^2$。

路面亮度分布的均匀程度称为均匀度。通常用下式表示：

$$U_0 = \frac{L_{\min}}{L_r}$$

式中 $L_{\min}$——前方路面上的最小亮度；

L_r——前方路面上的平均亮度。

一般要求 $U_0 > 0.4$。

用于道路、隧道、广场的照明光源，应该按照光源效率、光通量、寿命、光色、配光曲线，以及环境因素进行综合比较而选定。

选用道路照明灯具应注意以下问题。

（1）灯具的配光曲线应符合照明的目的，并能符合被照场所的几何形状。

（2）外形尺寸应尽可能小，要安装牢固、维护方便、密封性能良好。

（3）材料的耐腐蚀性能良好。

（4）避免眩光。

（5）具有一定的防震功能。

4．公园照明

公园的功能是多种多样的，照明方式必须与之相适应而采用最有效的设备。照明灯具与光源种类也要根据公园的不同场景设置不同性质的照明。

公园中庭园及道路的照明方式有以明视、防范为主体的明视照明，和显出与白天完全不同的新夜景的饰景照明。

明视照明，是以园路为中心进行活动或工作所需要的照明，因此必须保证照度值，还应从效率与维修方面考虑，一般多采用 $5\sim12m$ 杆头式照明灯具。

饰景照明，是为了创造出夜间景色的照明，显示出夜间的气氛。它主要以亮度对比表现光的协调，并应避免光源产生的直射光。

4.4 照明线路故障维修

照明系统的故障多种多样，但总的说比较简单，维修人员要在熟悉线路的基础上，运用所学的知识，根据故障现象进行判断，最后进行故障排除。

本节仅就一些常见的故障进行介绍。

4.4.1 低压安全线路的维修

1．维修保养

电工应定时对线路和照明装置进行检查和维修。检查和维修的内容有以下几项。

1）照明装置方面

（1）在灯座、开关和插座等装置上的各种接线的线头是否松动，有否被擅自拆装过的痕迹，线头有否被接错。

（2）灯座、开关和插座等装置的结构是否完整，操作是否灵活可靠，通电触片是否良好，有否被电弧灼伤的痕迹。

（3）携带式安全灯变压器的接地线有否被拆除或接错，电源引线有否被擅自接长，导线绝缘是否良好。

（4）灯泡的功率是否符合标准，有否被擅自换大。

2）安全电源变压器方面

（1）运行是否正常，有否过热或异声等不正常现象。

（2）铁芯或线圈上有否异物或严重积尘。

（3）绝缘性能有否下降，绕组间或对地间的绝缘电阻应在 $0.5M\Omega$ 以上。

（4）输出电压是否正常，有否经常烧断熔体的现象。

（5）输出、输入两端的熔断器是否完好，熔体有否被擅自换粗，双极闸刀开关是否完整，操作是否灵活，接触是否良好。

3）线路装置方面

（1）有否被擅自加接灯座或插座的情况。

（2）导线绝缘有否损坏或老化，中间连接处有否松散现象，线路有否被移位。

（3）各级保护熔断器中的熔体有否被换粗。

2．常见故障和排除方法

1）导线和变压器过热

通常是由擅自换大灯泡的功率或任意加接负载所引起的；或因导线和变压器的规格选配不当所引起的；或因线路装置存在严重漏电所引起的。

排除方法如下。

（1）消除过载。

（2）减少灯泡功率。

（3）换上适应负载需要的导线和变压器。

（4）更换破损的绝缘导线和装置。

2）导线和变压器烧毁

通常是严重过载或短路等因素所引起。

排除方法如下。

（1）消除过载或短路故障。

（2）修复已烧毁的线路或变压器。

3）灯光红暗

通常由于电源电压过低，或变压器过载太多，或变压器初、次级绕组匝数比错误，或存在严重漏电等因素所造成。

排除方法如下。

（1）减轻负载，或更换变压器。

（2）查明漏电原因，更换绝缘不良的导线和器材。

4.4.2 特殊环境的照明装置的维修

危险环境是安全用电的薄弱环节，较易发生用电事故，平时应加强管理，维护保养周期应适当缩短，维修质量要求较高，并要及时排除故障苗头。在维修时，要加强安全措施，除非是危急性的抢修，一般均不允许带电操作。

危险环境所设置的线路和设备，应重点检查和维修的项目有以下几项。

1．导线的绝缘强度

用于危险环境的导线，绝缘较易老化，故应相隔半年或一年检查一次导线的绝缘性能，不符合规定时，应及时更换。

2．熔体的选配

用于危险环境的熔体，往往会因环境影响而出现异常现象，如熔断时限过早或过迟，熔断后继续放电形成电弧或又恢复通电，或不断越级烧断熔体等，所以，应根据特殊环境的具体情况选配合适的熔体规格和熔体材料。

3．连接点的检查

由于环境的影响，连接点往往容易松散或脱落；或因氧化及酸碱腐蚀致使接点接触不良或断裂，因而对连接点要经常进行检查并作加固处理。

4．装置的活动部分

用于潮湿和腐蚀等环境中的开关、灯座、插座和熔断器等电气装置，往往会因环境中具有严重的潮气和腐蚀性气体而使各种螺钉、触点或操作部分的金属构件加快腐蚀生锈，造成诸如开关失灵、动静触头接触不良、或灯泡在灯座上脱卸不下、或熔断器插盖拔不出等故障，这些环节应经常进行检查和维修。

5．接地系统

由于危险场所的接地装置特别重要，由于环境中存在较强的腐蚀物质，接地装置容易被腐蚀而发生故障。危险环境中，人体电阻往往较低，设备外壳一旦带电，就会增加人体触电机会，也会增加触电的受害程度。因此要加强接地装置的检查和维修，同时要缩短接地电阻的测量周期，发现故障苗头应及时维修。

4.4.3　白炽灯常见故障的排除方法

1. 电灯开关常见故障及原因

（1）拉线断折。由于拉线口位置装得偏斜，或使用时经常使拉线不处于垂直状态，使拉线摩擦力增大，加速磨损，以至断折。

（2）接触不良。拉线式开关通常由于触头压力弹簧（或簧片）失效，平式开关通常由于静触片开距增大、或由于触头表面沾有大量污垢、或触头表面严重灼伤（电弧）等原因所造成。

（3）控制失灵。由于复位弹簧脱钩引起。

2. 白炽灯常见故障原因及排除方法

白炽灯常见故障原因及排除方法见表4-19所示。

表4-19　白炽灯常见故障和排除方法

故障现象	产生故障的可能原因	排除方法
灯泡不发光	1. 灯丝断裂 2. 灯座或开关触点接触不良 3. 熔丝烧毁 4. 电路开路 5. 停电	1. 更换灯泡 2. 把接触不良的触点修复，无法修复时，应更换完好的 3. 修复熔丝 4. 修复线路 5. 开启其他用电器给以验明，或观察邻近不是同一进户点用户的情况给以验明
灯泡发光强烈	灯丝局部短路（俗称搭丝）	更换灯泡
灯光忽亮忽暗，或时亮时灭	1. 灯座或开关触点（或接线）松动，或因表面存在氧化层（铝质导线、触点易出现） 2. 电源电压波动（通常由附近有大容量负载经常启动引起） 3. 熔丝接触不良 4. 导线连接不妥，连接处松散	1. 修复松动的触头或接线！去除氧化层后重新接线！或去除触点的氧化层 2. 更换配电变压器，增加容量 3. 重新安装，或加固压紧螺钉 4. 重新连接导线
不断烧断熔丝	1. 灯座或挂线盒连接处两线头互碰 2. 负载过大	1. 重新接线头 2. 减轻负载或扩大线路的导线容量

4.4.4　荧光灯常见故障和维修方法

荧光灯常见故障和维修方法见表4-20所示。

表 4-20　荧光灯常见故障的可能原因及排除方法

故 障 现 象	产生故障的可能原因	排 除 方 法
灯管不发光	1. 无电源 2. 灯座触点接触不良，或电路线头松散 3. 启辉器损坏，或与基座触点接触不良 4. 镇流器绕组或管内灯丝断裂或脱落	1. 验明是否停电，或熔丝烧断 2. 重新安装灯管，或重新连接已松散线头 3. 先旋动启辉器，看是否发光，再检查线头是否脱落，排除后仍不发光，应更换启辉器 4. 用万用表低电阻挡测试绕组和灯丝是否通路20W 及以下灯管一端断丝，可把两脚短路，仍可应用
灯丝两端发亮	启辉器接触不良，或内部小电容击穿，或基座线头脱落，或启辉器已损坏	按上例 3 方法检查，小电容击穿，可剪去或复用
启辉困难，（灯管两端不断闪烁，中间不亮）	1. 启辉器配用不成套 2. 电源电压太低 3. 环境气温太低 4. 镇流器配用不成套，启辉器电流过小 5. 灯管衰老	1. 换上配套的启辉器 2. 调整电压或缩短电源线路，使电压保持在额定值 3. 可用热毛巾在灯管上来回烫（但应注意安全，灯架和灯座处不可触及和受潮） 4. 换上配套的镇流器 5. 更换灯管
灯光闪烁或管内有螺旋形滚动光带	1. 启辉器或镇流器连接不良 2. 镇流器不配套（工作电流过大） 3. 新灯管暂时现象 4. 灯管质量不佳	1. 镇流器质量不佳 2. 换上配套的镇流器 3. 使用一段时间，会自行消失 4. 无法修理，更换灯管
镇流器过热	1. 启辉器或镇流器连接不良 2. 启辉情况不佳，连接不断地长时间产生触发，增加镇流器负担 3. 镇流器不配套 4. 电源电压过高	1. 常温度以不超过 65℃ 为限，过热严重的应更换 2. 排除启辉系统故障 3. 换上配套的镇流器 4. 调整电压
镇流器异声	1. 铁芯叠片松动 2. 铁芯硅钢片质量不佳 3. 绕组内部短路（伴随过热现象） 4. 电源电压过高	1. 灯管衰老 2. 更换硅片（需校正工作电流，即调节铁芯间隙） 3. 更换绕组或整个镇流器 4. 调整电压
灯管两端发黑	1. 灯管衰老 2. 启辉不佳 3. 电压过高 4. 镇流器不配套	1. 更换灯管 2. 排除启辉系统故障 3. 调整电压 4. 换上配套的镇流器
灯管光通量下降	1. 灯管衰老 2. 电压过低 3. 灯管处于冷风直吹场合	1. 更换灯管 2. 调整电压，或缩短电源线路 3. 采取遮风措施
开灯后灯管马上被烧毁	1. 电压过高 2. 镇流器短路	1. 检查过高原因，排除后再使用 2. 更换

4.4.5　LED 灯的常见故障及排除方法

LED 灯常见故障及排除方法，见表 4-21 所示。

表 4-21　LED 灯常见故障的可能原因及排除方法

故障现象	产生故障的可能原因	排除方法
灯不亮	1. 无电源 2. 开关触点接触不良或烧蚀 3. LED 灯珠有问题或烧毁 4. 驱动器坏	1. 用验电器验电是否停电或熔丝烧断 2. 更换电源开关 3. 更换灯珠 4. 更换驱动器
灯变暗	1. 部分灯珠烧毁 2. 驱动器不匹配或输出电流减少	1. 并联连接临近灯珠 2. 更换驱动器
关灯后闪烁	1. 开关控制零线 2. LED 灯产生自感电流	1. 对调火线和零线 2. 购买 220V 继电器，将线圈与电灯串联

4.4.6　其他故障

（1）现象：灯不亮，用试电笔测试火线、零线时氖泡均发光。摘下灯泡或卸下灯管后测试零线不发光。

原因：零线断。

排除方法：将断线修复。

（2）现象：三相四线制低压供电系统突然发生很多电器烧毁、电灯烧毁。用万用表交流电压挡测电压，超过 220V，有的电压达到 300 多伏。

原因：控制本工作面的配电盘处零线断路，造成三相负荷严重不平衡。

排除方法：将断线处零线恢复做好接地。

4.5　照明线路安装练习

4.5.1　膨胀螺栓的安装

在电器安装中，膨胀螺栓使用很多，很普遍，要求学生必须掌握安装方法。

1. 安装图

安装图如图 4-48 所示。

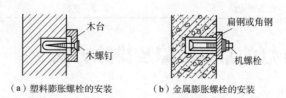

（a）塑料膨胀螺栓的安装　　（b）金属膨胀螺栓的安装

图 4-48　膨胀螺栓安装实习图

2．实验器材和工具

（1）塑料膨胀螺栓 2～3 副（规格不限）。
（2）金属膨胀螺栓 2 副（可选 6mm 或 8mm 的）。
（3）冲击钻头若干。
① 安装塑料膨胀螺栓钻头直径可与螺栓同规格。
② 安装金属膨胀螺栓钻头直径比螺栓直径一般要大 4mm。
（4）手电钻一把。
（5）圆木台 2 块（常用圆木台，规格不限）。
（6）角钢或扁钢 4mm×50mm×50mm 或 4×40 两根。
（7）插销座一个。
（8）绝缘手套一副。

3．安装步骤及要求

（1）按照图 4-48 在废砖墙或砖上钻孔。
① 安装塑料膨胀螺栓孔深与螺栓长相同。
② 安装金属膨胀螺栓孔深应比螺栓外套略长即可。
两种孔深均不可过长，过长不易安装牢固。
（2）手电钻在圆木和角钢上钻孔，孔径与螺栓外径相同。
（3）用木螺钉在塑料膨胀螺栓上固定圆木。
（4）用金属膨胀螺栓安装扁钢或圆钢。
（5）检查是否牢固。

4．评分方法

本练习两个内容可各按 5 分制记分，每个时限 20min，全部练习可在一堂课内完成。

4.5.2　一个单联开关控制一盏白炽灯

一个开关控制一盏白炽灯并带一个插销座电路是照明线路中最典型的电路，每个从事电气工作的人员都必须掌握。

1．电路介绍

（1）电路原理图，如图 4-49 所示。
工作原理如下：

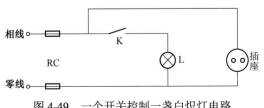

图 4-49　一个开关控制一盏白炽灯电路

K 开关闭合→L 白炽灯得电点亮；

K 开关断开→L 白炽灯失电熄灭；插销座始终得电。

（2）实验安装图，如图 4-50 所示。本题以塑料槽板为例。

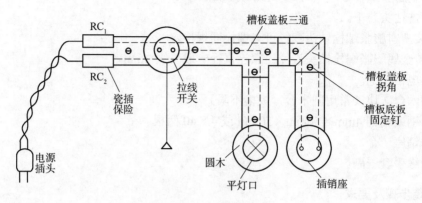

图 4-50　白炽灯安装图

2．实验材料

（1．木制配电盘一块，规格 $800 \times 600 \times 25 mm^3$。

（2）插式熔断器二套，规格 RC1A－5A。

（3）螺口平灯口一个。

（4）圆木 3 个，规格 100 或 75。

（5）塑料槽板 2 条，规格二线或三线。

（6）塑料槽板三通一个，转角一个，规格同 5。

（7）单相双眼插座一个。

（8）单联拉线开关一个。

（9）塑料绝缘线 $2 \times 2m$，规格 BV（$1.5 mm^2$）或其他。

（10）带软导线的单相插头一个。

（11）木螺钉及小铁钉若干，绝缘胶布若干。

3．实验工具

实验工具包括：电工皮五联及皮带、十字改锥、一字改锥、电工刀、尖嘴钳、挑口钳、克丝钳、试电笔、小锤、盒尺、直尺、钢笔等。

4．安装步骤及要求

1）安装步骤

（1）电器定位画线。

（2）固定槽板底板。

（3）固定圆木及电器。

（4）在槽板底板上敷设导线并连接电器。

（5）安装槽板盖板、转角、三通。

（6）检查线路无误后接通电源。

2）安装要求

（1）定位画线要合理。

（2）所有元件固定牢靠。

（3）电源相线进开关，相线进灯口顶心，零线接灯口螺丝扣。

（4）绝缘恢复要可靠，导线连接要可靠。

（5）导线头顺时针弯成羊眼圈固定在电器上。

（6）插销左孔接零线，右孔接相线。

（7）槽板安装要横平竖直，所有电器导线等要无破损。

5．评分标准

学生在经教师讲解之后，掌握实验要领，要限时进行考核练习，考核标准见表4-22。

表4-22　单联开关控制白炽灯考核评定表

练习内容	配　分	扣分标准	扣　分	得　　分
灯具及插座等安装	70分	1．灯头及插座处导线未按顺时针弯弯者，每处扣5分 2．元件位置不正，固定不牢，每处扣10分 3．元件定位不合理扣10分 4．元件损坏，每处扣20分 5．相线未进开关扣15分 6．安装造成断路、短路每通电一次扣25分		
槽板安装	30分	1．槽板固定不牢扣5分 2．槽板接口不严密扣5分 3．槽板敷设不直扣5分 4．槽板盖板错位、不严扣5分 5．导线连接方法不对扣10分 6．导线连接不紧密，绝缘不好扣10分 7．导线零火线进插销座不对扣10分 8．导线防线，每处扣5分		
考核时间	120min	每超过5min扣5分，不足5min按5min计		
开始时间		结束时间	评分	

注：各项内容中的最高扣分不应超过各项内容的配比分数。

说明：通电实验时，要通过改变电源插头位置保证相线进入RC1，零线进入RC2。

6．故障与排除

在生活实际和练习当中，电路经常会出现一些故障，这里仅就常见故障列举如下。

（1）一开灯，保险丝即熔断。

此为短路故障，多发生在灯口顶心与外皮螺口相碰。排除方法：用尖嘴钳或改锥校正，严重者更换灯口。

（2）开灯灯不亮，其他无异常。

① 灯泡坏。排除方法：换灯泡。

② 开关接触不良。排除方法：修理或更换开关。

③ 不摘灯泡测量，灯口两端用试电笔测试均带电。原因是零线路断路。排除方法：从灯

口往电源方向检查零线，将断处接上即可。

4.5.3　日光灯的安装

现在的日光灯多为成品灯，从商店买来就可直接安装。本练习的目的在于通过具体安装进一步掌握工作原理，掌握安装技巧，掌握组成结构，掌握维修方法。

1. 电路介绍

（1）电路原理图（见图4-51）。

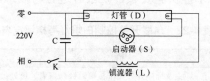

图4-51　配有单线图镇流器的日光灯接线原理图

（2）实验安装图（见图4-52）。

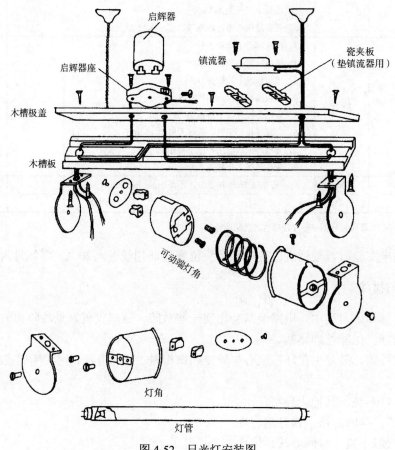

图4-52　日光灯安装图

2．实验器材

（1）双线木槽板一根，长度 0.7m。

（2）瓷夹板两副。

（3）20W 镇流器一个。

（4）20W 灯管一个。

（5）管脚一副。

（6）启辉器及座一套。

（7）0.8mm^2 塑铜软导线 2m。

（8）双线插销头一个。

（9）黑胶布，木螺钉，小铁钉若干。

3．实验工具

实验工具：电工皮五联及工具全套，另小锤，试电笔，盒尺或直尺，铅笔、手电钻或台钻等。

4．安装步骤及要求

1）安装步骤

（1）电器定位画线（参照安装图上各元件的位置）。

（2）用手电钻打孔，用电工刀在槽板中间靠左或靠右位置拉一个过线槽。

（3）敷设导线。导线按长度剪好，（略长一些），每根在线槽内靠近电器处用黑胶布缠 1～2 圈，便于导线固定。

（4）固定电器（镇流器先不要固定）和接线。

（5）检查确无接线错误，并将灯管试装，若灯脚距离合适，灯管可以方便可靠地安装上，取下灯管，盖上盖板，并用小钉钉好。

（6）固定镇流器及吊线并安装好电源插头。

（7）用万用表电阻挡检查有无短路，断路。

（8）确认正常后通电试灯。

2）安装要求

（1）定位画线要合理、准确。

（2）所有元件接线正确，且安装牢固可靠。

（3）电源相线进入开关，之后相线进镇流器（此实验因不用实验板，此要求不好实现，但在生产实际中务必要注意）。

（4）导线连接要可靠，绝缘要恢复正常，凡是导线与螺钉相接时，导线头要顺时针弯成羊眼圈，固定在螺钉上。

（5）镇流器安装位置要靠近吊链，启辉器一般安在槽板中间位置。

5．评分标准

学生在经教师讲解之后，掌握实验要领，要限时进行考核练习，评分标准见表 4-23。

表4-23 日光灯电路考核评定表

练习内容	配　分	扣 分 标 准	扣　分	得　分
定位 画线 打眼 开过线槽	30	1．定位一处不准扣5分 2．画线不直扣10分 3．打孔一处不直或未打好每处扣5分 4．过线槽未削好（不够深，过宽，过窄，板开裂）每处扣3分		
固定元件和固定导线	40	1．元件或导线固定不牢扣5分 2．元件损坏每处扣10分 3．导线损伤每处扣10分 4．槽板损坏每处扣5分 5．槽板盖不严扣10分		
接线	30	1．接线头应顺时针旋入，未旋入好每处扣3分 2．导线绝缘未做好每处扣5分 3．导线固定处有毛刺每处扣5分 4．接线错误每处扣10分		

4.5.4　楼梯灯安装

1．电路

（1）电路原理图（见图4-18和4-19）。

（2）实验安装图（见图4-53）。本题以扳把楼梯开关为例，其他楼梯开关与此相似。

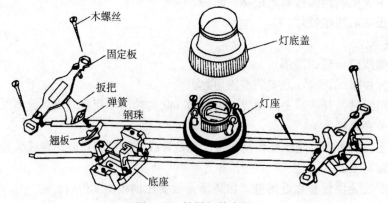

图4-53　楼梯灯的安装

2．实验器材

（1）扳把式或拉线式楼梯开关2副。

（2）圆木一块。

（3）螺口平灯口一个。

（4）白炽灯泡一个。

（5）1.5mm^{2}铜或 2.5mm^{2}铝单股导线 2m。

（6）三线塑料线槽 1m。

（7）四线接线端子排一个。

（8）木制配电盘一块，规格 800×600×25mm^3。

（9）小铁钉、木螺钉若干，胶布若干。

（10）带插头的塑料双股铜绞线 2～3m。

3．实验工具

电工皮五联工具及小锤、钢笔、直尺等。

4．安装步骤及要求

1）安装步骤

（1）按照安装图在配电盘上定位画线。

（2）将平灯口放在圆木中央四周画线定位。

（3）圆木按要求用电工刀刻槽，便于放置导线。

（4）固定圆木、端子排及塑料槽板（图中未画出）。

（5）槽板内敷线并穿进电器中。

（6）固定开关、灯口等电器并接线。

（7）接好电源引线至端子排。

（8）盖上线槽板。

（9）检查各部安装是否正确可靠。

（10）接通电源试灯。

2）安装要求

（1）定位要均匀合理。

（2）元件固定牢固。

（3）接线要正确（扳把开关动端接相线；另一扳把开关动端要接灯口顶心，零线接灯口螺扣）。

（4）圆木上部要开三条线槽，线槽深度宽度以导线放入不会硌伤导线为准。

（5）导线要顺时针弯成羊眼圈固定在电器上（直入式除外）。

（6）所有接线处应无毛刺，导线不应有接头，绝缘要恢复良好。

5．故障与排除

现象：一个开关能控制，另一个开关不能控制。

原因：相线未安装在动端上。

排除方法：将相线安装在开关动端即可。

其他故障与白炽灯类似。

6. 评分标准

学生在教师讲解之后，便可进行练习操作，此练习大约需要二课时，成绩评定见表 4-24。

表 4-24　楼梯灯安装考核评定表

练习内容	配分	扣分标准	扣分	得分
定位画线	20	1. 固定不准每处扣 5 分 2. 圆木不正扣 5 分 3. 所有元件不在一条直线上扣 5 分		
元件固定	30	1. 线槽不合要求每处扣 5 分 2. 元件固定不牢每处扣 5 分 3. 元件损坏每处扣 5 分 4. 导线损伤每处扣 5 分		
接线和试灯	50	1. 接线错误每处扣 8 分 2. 接线头应顺时针旋入而未做者每处扣 5 分 3. 导线固定处有毛刺每处扣 5 分 4. 未检查，或检查后未排除故障试灯者扣 10 分		

注：各项内容中的最高扣分不应超过各项内容的配分数。

4.6　电气施工平面图

电气施工图在建筑物内一般采用平面图表示，很少有剖面图或竖向图。因为竖向线路由总配电盘在垂直方向以最短的距离输送到上一层配电盘再送到该层室内，所以看了平面图就了解了电气线路的走向及做法。有关电气符号及建筑图例符号请参见附录Ⅰ和附录Ⅱ。

4.6.1　住宅照明线路平面图的识读

住宅照明线路目前有明敷和暗敷两种。暗敷在平面图上的线路总以最短的距离达到灯具，计算线的长度往往要依靠比例尺去量取其长度。明敷线路一般沿墙走，横平竖直比较规矩，其长度一般可参照建筑物平面图的尺寸来算得。

这里介绍的是住宅室内照明施工平面图，采用的是明敷设，如图 4-54 所示。

从图上可以看出，进线位置在纵向墙南往北第二道轴线处。在楼梯间有一个配电箱，室内有日光灯、天棚座灯、墙壁座灯，楼梯间有吸顶灯、插座、拉线开关及连接这些灯具的线路。

看图时应注意这些线路平面实际是在房间内的顶上部分，沿墙的按安装要求应离地最少2.5m，图中间位置的线路实际均装设在顶棚上。线通过门口处实际均在门框以上部分通过。所以看图时应有这种想象。

此外，图上的文字符号，如日光灯处所标 $\frac{30}{2.5}$L 或 $\frac{40}{2.5}$L。其意义如下：分子表示灯管功率为 30W 或 40W；分母表示灯具距地面高 2.5m；L 表示采用吊链吊装。

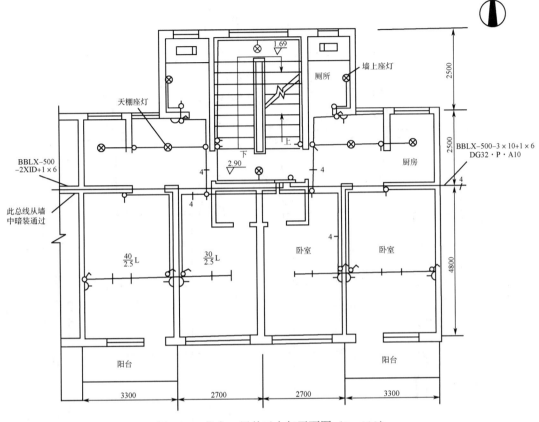

图 4-54　住宅二层单元电气平面图（1∶100）

4.6.2　车间照明线路平面图

这里介绍的车间照明施工平面图，采用的是暗敷设，如图 4-55 和图 4-56 所示。

从图 4-55 上可以看到，在西门厅工具室外墙上安装一个照明用配电盘，由该盘分别引出三条照明线路。

一路向车间左半边各灯具、插座供电。它们分别是十只 40W 的日光灯，距地面 2.5m 用吊链吊装；首层楼梯间照明用吸顶灯 $\frac{25}{-}$D，东门厅照明用吸顶灯 $\frac{60}{-}$D。这些灯分别由暗装单极开关控制。另外，在车间南侧墙上安装两个带接地插孔的暗装单相插座。

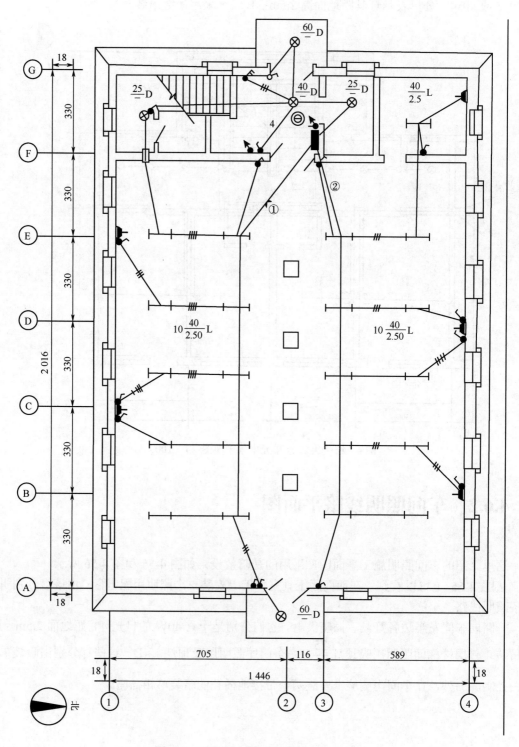

图 4-55 车间首层照明平面图（1∶100）

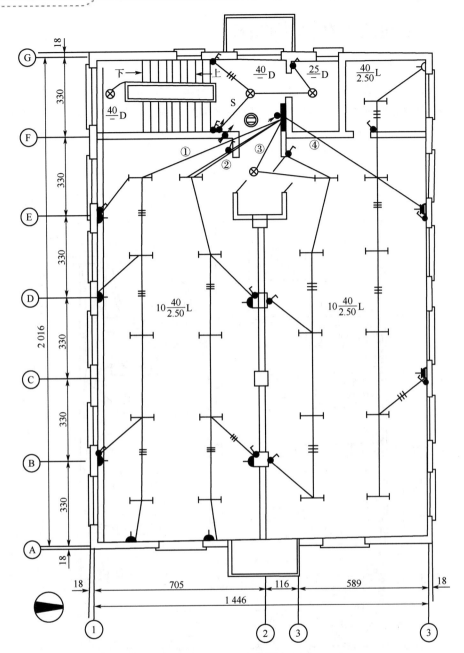

图 4-56　车间二层照明平面图（1：100）

二路向车间右半边各灯具、插座供电。它们分别是十只 40W 的日光灯，离地面 2.5m 吊链吊装。另外一只装在储藏室内。它们分别由暗装单极开关控制。在车间北侧墙安装两个带接地插孔的暗装单相插座，一个暗装单相二极插座在工具室。

三路在西门大厅、工具室内分别装有 60W、40W、25W 的吸顶灯各一盏，分别由暗装单极开关、暗装双极开关控制。在此间还设置有向上层引出的两条照明线路的标志。

在图 4-56 中是二层车间的照明线路平面图，共分四条线路。灯具仍以日光灯为主，少量是吸顶灯，其他插座增加较多。布局与首层大同小异，识读时可与首层照明平面图对照观看。

4.6.3 车间动力线路平面图

这里介绍的是首层设备的动力线路平面图，如图 4-57 所示。从动力线路平面图上可以看出，动力线路由西北角进入，导线型号是 BBLX（棉纱编织橡皮绝缘铝线）共三根，截面积为 75mm²，用直径 70mm 焊接钢管敷设，线路电源为三相 380V。进入室内总控制屏后分三条路线在该层通往各用电设备；一路在墙内引向上面一层去。

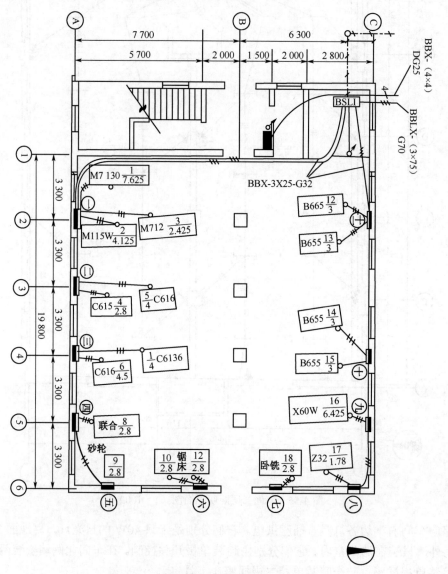

图 4-57 车间动力线路平面图（1∶100）

室内共有 18 台设备，11 个分配电箱分别供给动力用电。如图中 M7130、M115W、M7112 三台设备由西南面一号配电箱供电，其中分式 $\dfrac{1}{7.625}$、$\dfrac{2}{4.125}$、$\dfrac{3}{2.425}$，分子为设备编号，分母为电动机的容量，单位为 kW。

本章小结

1．电光源的分类有：白炽灯、荧光灯、节能灯、卤钨灯、高压汞灯、高压钠灯、霓虹灯、LED 灯。

2．电气照明分为工作照明、局部照明、事故照明，工作照明是我们日常生活中接触最多的电气照明。

3．常用的照明线路有：一只开关控制一盏或几盏灯电路、两处控制一盏灯电路、三处控制一盏灯电路。

4．室内常用配电方式有 220V 单相制、380/220V 三相四线制；其照明线路的供电方式有放射式、树干式、混合式。

5．照明负荷的计算其主要目的是解决照明线路的熔丝选择问题，根据线路电流的大小通过 $I_R＝（1.1－1.5）I_j$ 和 $I_R＝（0.9－1）I_w$ 两个公式来确定熔丝的规格大小。

6．照明灯具按光通量照射在空间的分配比例分为直射型、半直射型、漫射型、间接型和半间接型灯具；按灯具的结构特点可分为开启式、保护式、封闭式和防爆式灯具。

7．照明器具的安装要求一定要认真掌握，在任何时候都要严格遵守其规定，特殊情况下有特殊要求；照明器具的安装有灯座、灯具、开关、插座、挂线盒的安装，比较重要的是灯具、开关、插座的安装；照明类型举了四种例子。

8．在熟悉线路的基础上，运用所学的知识，对于常用白炽灯常见故障及荧光灯常见故障应根据故障现象，判断故障原因，进行故障排除。

9．照明线路安装练习中列出了膨胀螺栓、白炽灯、楼梯灯、日光灯的安装要求、方法及评定标准。

10．电气施工图介绍了住宅照明、车间照明平面图及车间动力线路平面图，着重了解电气线路的走向及做法，熟悉电气符号及建筑图例符号意义，具体内容请参见附录Ⅰ和附录Ⅱ。

 复习题

1．目前常用电光源有哪几种？

2．叙述荧光灯的工作原理。

3．叙述霓虹灯工作原理。

4．我国电气系统分类电气照明分为哪三种？

5．画出荧光灯电路。

6．画出三种楼梯灯电路，并试述工作原理。

7．民用电电压一般为多少伏？采用什么供电形式？线电压为 380V 的三相四线制供电线路属于低压线路吗？为什么？

8．照明线路的供电方式分为哪三种？

9．有一单相照明线路，接有 220V40W 白炽灯 10 盏，以及 220V60W 白炽灯 10 盏，计算各自电流和总电流，并合理选择熔丝。

10．有一单相照明电路，电压 220V，接有 20 盏 40W 日光灯，日光灯的功率因数为 0.5，试计算（镇流器功率损耗不计）：

（1）回路总电流是多少？

（2）合理选择回路的熔丝。

11．照明装置安装的基本要求是什么？

12．照明灯具按其结构特点分类可分为哪几种？

13．布置和选用灯具时，应如何根据周围环境来选用？

14．照明灯具的安装应符合哪些规定？

15．灯座上的两个接线柱对于火线和零线是如何规定的？

16．开关的安装是如何规定的？

17．插座的安装是如何规定的？并画图说明。

18．一般敞开式灯具，灯头对地距离有何规定？

19．电工定时对线路进行检查和维修的具体内容是什么？

20．电灯开关常见故障有哪些？如何修复？

21．白炽灯不发光的故障原因有哪些？

22．日光灯不发光的故障原因有哪些？

23．对照图4-54住宅照明线路平面图，讲出看图的步骤。

24．对照图4-55或4-56简述本层照明线路、灯具、插座的布局。

第 5 章

电 力 线 路

5.1 低压架空电力线路结构

低压架空电力线路的优点是结构简单，造价低，架设简便，便于检修，所以应用非常广泛。目前，工厂、学校、建筑工地、机关单位以至由公用变压器供电的城市小区、乡镇居民点等低压输、配电线路大都采用架空电力线路。

架空电力线路，根据线路电压的高低，可分为高压架空线路和低压架空线路两种。凡电压在 1 000V 及以下者为低压架空电力线路，超过 1 000V 的属于高压架空电力线路。

低压架空电力线路由电杆、导线、横担、金具绝缘子和拉线等组成，其结构如图 5-1 所示。

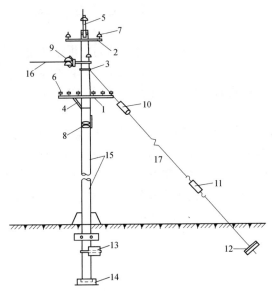

1—低压横担；2—高压横担；3—拉线抱箍；4—横担支撑；5—高压杆头；6—低压针式绝缘子；7—高压针式绝缘子；8—低压蝶式绝缘子；9—悬式蝶式绝缘子；10—接紧绝缘子；11—花篮螺栓；12—地锚（拉线盘）；13—卡盘；14—底盘；15—电杆；16—导线；17—拉线

图 5-1 架空电力线路的组成

5.1.1 电杆

电杆用来支持绝缘子和悬挂导线,并保持导线对地面和其他障碍物或建筑物有足够的高度和水平距离,以保证人身安全。为防止在风雨季节里电杆折断,要求电杆应具有足够的机械强度,而且还应经久耐用,价廉,便于搬运和架设,如图5-1中标号(15)所示。

1. 电杆按其材料分类

(1)木杆:木杆的重量轻,施工方便,成本低;但易腐朽,使用年限短(约5~15年),而且木材又是重要的建筑材料,一般不宜采用。

(2)金属杆(铁杆、铁塔):金属杆较牢固,使用年限长;但消耗钢材多,易生锈腐蚀,造价和维护费用大,一般用于35kV以上架空线路的重要位置上。

(3)水泥杆(钢筋混凝土杆):经久耐用(40~50年),造价较低,维护费用低,节约木材和钢材,但因笨重,施工费用较高,是目前应用最广泛的一种,电杆长度一般为8m、9m、10m、12m、15m等。

2. 电杆按其在线路中的作用和地位分类

(1)直线杆:又叫中间杆,位于线路直线段上仅作支持导线、绝缘子和金具用,只能承受导线的垂直荷重和侧向的风力,不能承受顺线路方向的导线拉力。此类电杆占线路全部电杆数的80%左右。

(2)耐张杆:又叫承力杆,位于线路直线段的数根直线杆之间,或位于有特殊要求的地方(如架空导线需要分段架设等处),这种电杆机械强度较大,能够承受一侧导线的拉力,在断线事故时可以把故障限制在两个耐张杆之间。利用耐张杆可以分段紧线,因此耐张杆能起线路分段和控制事故范围的作用。耐张杆上的导线必须用悬式绝缘子或蝶式绝缘子来固定,所以耐张杆的强度比直线杆大得多。

(3)转角杆:位于线路改变方向的地方,它的结构应根据转角的大小而定。转角杆可以是直线杆型的,也可以是耐张杆型的,由转角大小来决定,能承受两侧导线的合力。

(4)终端杆:位于线路的始端和终端,正常情况下,除受导线自重和风力外,还能承受单方向的不平衡拉力。

(5)分支杆:位于干线与分支线相连接处,在主干线路方向上有直线杆型和耐张杆型两种,在分支线路方向上,则为耐张型,应能承受分支线路导线的全部拉力。

(6)跨越杆:用于铁道、河流、道路和电力线路等交叉跨越处的两侧。由于它比普通电杆高,承受力较大,故一般要增加人字或十字拉线补充强度(简称补强)。

各种杆型在线路中的特征及应用如图5-2所示。

5.1.2 导线

导线的作用是传送分配电能。架空线路中的导线经常受风、冰、雨、雪及大气温度变化的作用，还可能受到周围空气所含化学杂质的侵蚀。因此，必须科学地选择导线。

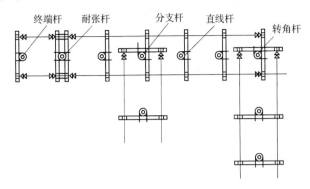

（a）各种电杆的特征

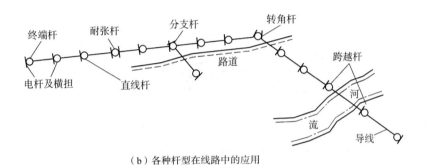

（b）各种杆型在线路中的应用

图 5-2　各种杆型在线路中的特征及应用

导线的选择应按以下几个条件进行。

1. 按导线的允许电流值选择导线截面

负荷电流流过导线时，由于导线具有一定的电阻，将使导线发热，温度升高，使裸导线接头处加剧氧化；使绝缘导线的绝缘老化，甚至损坏。导线的允许持续电流是根据导线的用途、材料、绝缘种类、允许温度和表面散热条件而决定的。架空线路用裸铝导线安全载流量见表 5-1。

表 5-1　架空线路用裸铝导线安全载流量

铝 绞 线		铜芯铝绞线	
导 线 型 号	安全载流量（A）	导 线 型 号	安全载流量（A）
LJ-16	93	LGJ-16	97
LJ-25	120	LGJ-25	124
LJ-35	150	LGJ-35	150
LJ-50	190	LGJ-50	195
LJ-70	234	LGJ-70	242
LJ-95	290	LGJ-95	295
LJ-120	330	LGJ-120	335
LJ-150	388	LGJ-150	393
LJ-185	440	LGJ-185	450
		LGJ-240	540

说明：表 5-1 中所列的安全载流量是根据导线最高工作温度为 70℃，周围空气温度为 35℃而定的；在实际平均空气温度超过或低于 35℃的地区，导线的安全载流量应乘以表 5-2 所列的校正系数。

表 5-2　校正系数

环境平均温度（℃）	5	10	15	20	25	30	35	40	45	50	55
校正系数	1.36	1.31	1.25	1.20	1.13	1.07	1.00	0.93	0.85	0.76	0.66

2．按机械强度选择导线截面

由于架空线要受到自身重力及大自然的外力作用，所以要求架空线路具有一定的机械强度。架空线路导线的最小允许截面见表 5-3。

表 5-3　导线最小截面（mm²）

导线种类	10kV		1kV 以下
	居民区	非居民区	
铝绞线	35	25	25
钢芯铝线	25	25	25
铜线	25	16	13

同金属不同截面的导线，在同一横担上架设，当档距超过 50m 时，导线截面的级差一般不超过 4 级。

3．按允许电压损失选择导线截面

为了保证用电设备的正常运行，线路的电压损失不能超过允许的范围，如一般居民用电压损失不得超过±5%等（即每条线路首末端电压差在±5%以内）。

此外，还要考虑耐热、耐温、耐腐蚀等方面的要求，常用的架空导线有裸铜绞合线（TJ）、裸铝绞线（LJ）、钢芯铝线（LGJ）及钢绞线（GJ），架空线多采用裸导线。建筑工地用低压架空线路禁止使用裸导线，而应选用绝缘导线。

5.1.3　绝缘子

绝缘子，是用来固定导线，并使带电导线之间，导线与大地之间保持绝缘的绝缘子元件。绝缘子必须有良好的绝缘性能，能承受机械应力，承受气候、温度变化和承受震动而不破碎；应能耐受化学物质的侵蚀。低压架空线路常用的绝缘子有针式（绝缘子）、蝶式（茶台）、悬（吊瓶）式、拉紧绝缘子和瓷横担等。

（1）针式绝缘子：可分高、低压两种。低压针式绝缘子用于额定电压 1kV 及以下的架空线路，高压针式绝缘子用于 3～10kV 导线截面不太大的直线杆塔和转角合力不大的转角杆。

针式绝缘子按针脚的长短分为长脚和短脚两种，长脚用在木横担上，短脚用在铁横担上。

（2）蝶式绝缘子：可分高、低压两种。低压蝶式绝缘子用于额定电压 1kV 及以下的架空线路；高压蝶式绝缘子用于 3～10kV 架空线路，可与悬式绝缘子配合使用，更多的是用于低压线路终端、耐张及转角等承受较大拉力的杆塔上。

（3）悬式绝缘子：使用在各级线路上的耐张、转角和终端杆上起到承受拉力的作用。在 10kV 配电线路上，当导线在 LJ70 及以下时，常用 X4.5 型悬式绝缘子与蝶式绝缘子配合使用，在 LJ95 及以上导线或大跨越时用双悬式绝缘子。

（4）拉紧绝缘子：用于终端杆、承力杆、转角杆或大跨距塔上，作为拉线的绝缘子，以平衡电杆所承受的拉力。

（5）瓷横担绝缘子：起横担和绝缘子的双重作用，有较高的绝缘水平，具有施工方便，运行可靠和维修量少等优点。

各种绝缘子如图 5-3 所示。

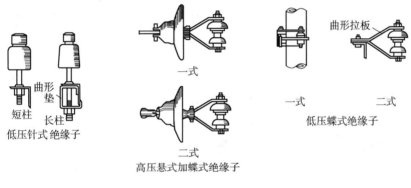

图 5-3　绝缘子安装图

5.1.4　金具

在敷设架空线路中，横担的组装，绝缘子的安装，导线的架设及电杆拉线的制作等都需要金属附件，这些金属统称为线路金具。线路金具主要用于架空电力线路将绝缘子和导线悬挂或拉紧在杆塔上，用于导线、地线的连接、防震及拉线杆中拉线的紧固与调整等。线路常用的金具大致有以下几种：穿钉、抱箍、曲形垫、曲拉板、连板、球形挂环、碗形挂环、悬垂线夹、心形环、并沟线夹、角钢立铁、角钢支撑板、隔离开关背板、横担垫板、U 形环等。在使用时要注意根据使用的部位和作用的不同，正确选用品种和规格。为防止生锈，金具都进行了热镀锌工艺处理。如图 5-4、图 5-5 所示为各种金具的示意图。

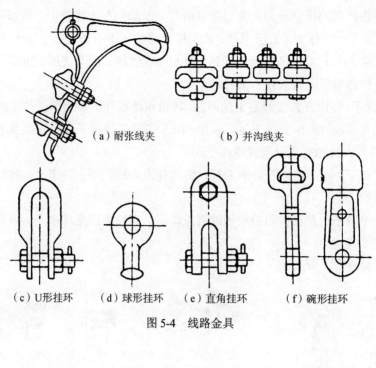

图 5-4　线路金具

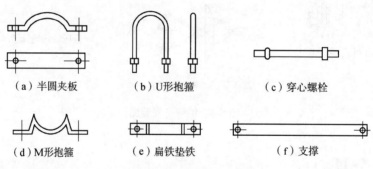

图 5-5　横担固定金具

5.1.5　拉线

架空线路的电杆在架线以后，会发生受力不平衡现象，因此必须用拉线稳固电杆。此外当电杆的埋设基础不牢固时，也常使用拉线来补强；当负荷超过电杆的安全强度时，也常用拉线来减少其弯曲力矩。拉线按用途和结构可分以下几种。

（1）普通拉线（又叫尽头拉线），用于线路的耐张终端杆、转角杆和分支杆，主要起拉力平衡的作用。

（2）转角拉线，用于转角杆，主要起拉力平衡作用。

（3）人字拉线（又叫两侧拉线），用于基础不坚固和交叉跨越加高杆或较长的耐张段（两根耐张杆之间）中间的直线杆上，主要作用是在狂风暴雨时保持电杆平衡，以免倒杆、断杆。

（4）四方拉线（又叫十字拉线），一般装于顺线路方向和直线路方向的四个方位，以增强耐张单杆和土质松软地区电杆的稳定性。

（5）高桩拉线（又叫水平拉线），凡拉线延伸方向遇有障碍（如道路、小河或建筑物等）不能就地安装接线时，采用高桩拉线应保持一定高度，以免妨碍交通。

（6）自身拉线（又叫弓形拉线），为防止电杆受力不平衡或防止电杆弯曲，因地形限制不能安装普通拉线时，可采用自身拉线。

如图 5-6 所示为几种拉线示意图。

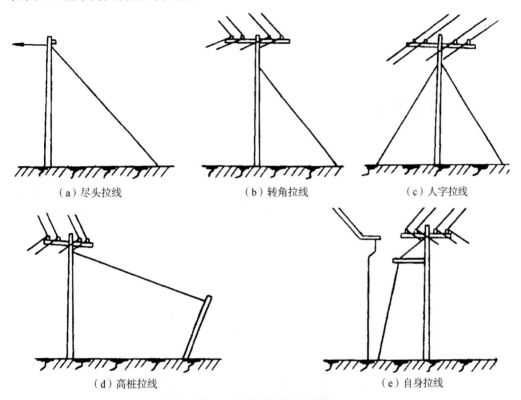

（a）尽头拉线　　　　（b）转角拉线　　　　（c）人字拉线

（d）高桩拉线　　　　　　　（e）自身拉线

图 5-6　拉线种类的示意图

5.2　架空线路登高常用工具

电工在登高作业时，要特别注意人身安全，而登高工具必须牢固可靠，方能保障登高作业的安全，未经现场训练过的，或患有精神病、严重高血压、心脏病和癫痫等疾病者，均不准使用登高工具登高。

5.2.1　梯子登高

电工常用的梯子有竹梯和人字梯两种。

竹梯通常用于室外登高作业，常用的规格有 13 挡、15 挡、17 挡、19 挡、21 挡和 25 挡，人字梯通常用于室内登高作业。

梯子登高的安全知识：

（1）竹梯在使用前应检查是否有虫蛀及折裂现象，两脚应各绑扎胶皮之类防滑材料。

（2）人字梯应在中间绑扎两道防自动滑开的安全绳。

（3）在人字梯上作业时，切不可采取骑马的方式站立，以防人字梯两脚自动断开时，造成严重工伤事故。

（4）竹梯放置的斜角约为 60°～75°之间（梯与地面夹角）。

（5）梯子的安放应与带电部分保持安全距离，扶持人应戴好安全帽；竹梯不许放在箱子或桶类物体上使用。

5.2.2 踏板登杆

踏板又叫蹬板，用来攀登电杆，踏板由板、绳索和挂钩等组成。板采用质地坚韧的木材制成。绳索应采用 16mm 三股白棕绳，绳两端系结在踏板两头的扎结槽内，顶端装上铁制挂钩，系结后绳长应保持操作者一人一手长。踏板和白棕绳均应承受 300kg 重量，每半年进行一次载荷试验。图 5-7 为踏板的挂钩方法。

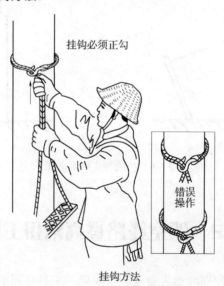

图 5-7 踏板的挂钩方法

1．踏板登杆的注意事项

（1）踏板使用前，一定要检查踏板有无断裂或腐朽，绳索有无断股。

（2）踏板挂钩时必须正勾，切勿反勾，以免造成脱钩事故（如图 5-7）。

（3）登杆前，应先将踏板钩挂好，用人体作冲击载荷试验，检查踏板是否合格可靠；同时对腰带也用人体进行冲击载荷试验。

2. 踏板登杆训练

（1）先把一只踏板钩挂在电杆上，高度以操作者能跨上为准，另一只踏板反挂在肩上。

（2）用右手握住挂钩端双根棕绳，并用大拇指顶住挂钩，左手握住左边贴近木板的单根棕绳，把右脚跨上踏板，然后用力使人体上升，待人体重心转到右脚，右手即向上扶住电杆。

（3）当人体上升到一定高度时，松开右手并向上扶住电杆使人体立直，将左脚绕过左边单根棕绳踏入木板内。

（4）待人体站稳后，在电杆上方挂上另一只踏板，然后右手紧握上一只踏板的双根棕绳，并使大拇指顶住挂钩，左手握住左边贴近木板的单根棕绳，把左脚从下踏板左边的单根棕绳内退出，改成踏在正面下踏板上，接着将右脚跨上踏板，手脚同时用力，使人体上升。

（5）当人体离开下面一只踏板时，需把下面一只踏板解下，此时左脚必须抵住电杆，以免人体摇晃不稳。

3. 踏板下杆方法

（1）人体站稳在现用的一只踏板上（左脚绕过左边棕绳踏入木板内），把另一只踏板钩挂在下方电杆上。

（2）右手紧握现用踏板挂钩处双根棕绳，并用大拇指抵住挂钩，左脚抵住电杆下伸，随即用左手握住下踏板的挂钩处，人体也随左脚的下伸而下降，同时把下踏板下降到适当位置，将左脚插入下踏板两根棕绳间并抵住电杆。

（3）将左手握住上踏板的左端棕绳，同时左脚用力抵住电杆，以防踏板滑下和人体摇晃。

（4）双手紧握上踏板的两端棕绳，左脚抵住电杆不动，人体逐渐下降，双手也随人体下降而下移紧握棕绳的位置，直至贴近两端木板，此时人体向后仰开，同时右脚从上踏板退下，使人体不断下降，直至右脚踏到踏板。

（5）把左脚从下踏板两根棕绳内抽出，人体贴近电杆站稳，左脚下移并绕过左边棕绳踏到下踏板上。以后步骤重复进行，直至人体着地为止。

5.2.3 脚扣登杆

脚扣又叫铁扣，也是攀登电杆的工具。脚扣分为木杆脚扣和水泥杆脚扣两种，木杆脚扣的扣环上制有铁齿，其外形如图 5-8（a）所示。水泥杆脚扣的扣环上裹有橡胶，以防止打滑，其外形如图 5-8（b）所示。

脚扣攀登速度较快，容易掌握登杆方法，但在杆上作业时没有踏板灵活舒适，易疲劳，故适用于杆上短时间作业，为了保证杆上作业时的人体平稳，两只脚扣应如图 5-8（c）所示。

1. 脚扣登杆的注意事项

（1）使用前必须仔细检查脚扣各部分有无断裂，腐蚀现象，脚扣皮带是否牢固可靠，脚扣皮带若损坏，不得用绳子或电线代替。

（a）木杆脚扣　　　　　　　　　　（b）水泥杆脚扣　　　　　　　　　　（c）脚扣定位

图 5-8　脚扣及脚扣定位

（2）一定要按电杆的规格选择大小合适的脚扣，水泥杆脚扣可用于木板，但木杆脚扣不能用于水泥杆。

（3）雨天或冰雪天不宜用脚扣登水泥杆。

（4）在登杆前，应对脚扣进行人体载荷冲击试验。

（5）上、下杆的每一步，必须使脚扣安全套入，并可靠地扣住电杆，才能移动身体，否则会造成事故。

2．安全带使用注意事项

（1）使用前，应检查有无腐朽、脆裂、老化、断股等现象。所有眼孔应无豁裂，钩环必须完整、牢固。

（2）使用时，应拴在可靠处，禁止拴在杆梢或将被拆卸的部件上，上好保险再探身，不许听响探身。在杆上转位时，不应失去安全带的保护，如图5-9所示。

3．登杆方法

（1）登杆前对脚扣进行人体载荷冲击试验，试验时先登一步电杆，然后使整个人的重力以冲击的速度加在一只脚扣上，若没问题再换一只脚扣做冲击试验，当试验证明两只脚扣完好时，才能进行登杆。

（2）左脚向上跨扣，左手应同时挟住电杆。

（3）右脚向上跨扣，右手应同时挟住电杆。以后步骤重复，直至目的地。

（4）下杆方法与登杆方法相同。

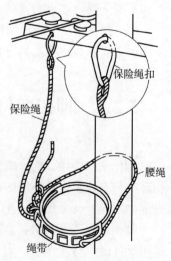

图 5-9　腰带、保险绳和腰绳

5.2.4 其他辅助工具及使用介绍

1. 千斤顶

千斤顶是一种手动的小型起重和顶压工具，常用的有螺旋千斤顶（LQ 型），如图 5-10（a）所示，液压千斤顶（YQ 型），如图 5-10（b）所示。

（a）螺旋千斤顶　　　　　　　　　　（b）液压千斤顶

图 5-10　千斤顶

（1）螺旋千斤顶。

它的优点是自锁性强，顶起重物后安全可靠，缺点是速度慢，效率低，起重量小。起重量一般为 5～50t。最低高度为 250～700mm，起升高度为 130～400mm。

使用注意事项：

使用前应检查丝杠、螺母有无裂纹或磨损现象。使用时必须用枕木或木板垫好，以免顶起重物时滑动。还必须将底座垫平校正，以免丝杠承受附加弯曲载荷，同时不准超负荷使用，顶起高度也不准超过规定值。传动部分要经常润滑。

（2）液压千斤顶。

它的优点是承受载荷大，上升平稳，安全可靠，省力且操作简单，起重量一般为 3～320t；最低高度为 200～450mm，起升高度为 130～200mm，结构示意图如图 5-11 所示。

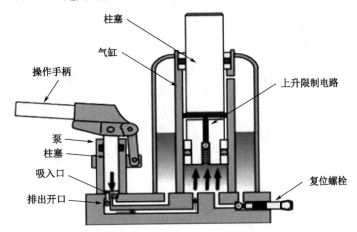

图 5-11　液压式千斤顶结构示意图

使用注意事项：

使用前检查起升活塞等部分是否灵活,油路是否畅通。使用时底座要放置在结实坚固的基础上,下面垫以铁板,枕木,顶部还须衬设木板,以防重物滑动。当起重中途停止作业时要锁紧。大活塞升起高度不准超过规定值,不准任意增加手柄长度,以免千斤顶超负荷工作。

2. 滑轮

滑轮用来起重或迁移各种较重设备或部件,它的起重量约为0.5~20t,起重高度在5m以下,如图5-12所示。

3. 麻绳

麻绳由于强度低,易磨损,只作捆绑、拉索和扛、吊物用,在机械驱动的起重机中禁止使用,工厂中常用的麻绳有亚麻绳和棕绳两种,质量以白棕绳为佳。电工常用的绳扣如下。

(1)直扣和活扣。

直扣和活扣都用于临时将麻绳的两端结在一起,而活扣用于需迅速解开的场所,其结扣方法如图5-13所示。

(2)腰绳扣。

腰绳扣用于登高作业时拴在腰部,其结扣方法如图5-14所示。

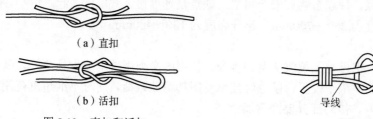

(a)直扣

(b)活扣

图5-13　直扣和活扣

图5-14　腰绳扣

(3)抬扣。

抬扣又称扛物扣,用来抬重物,调整和解开都较方便,其结扣步骤如图5-15所示。

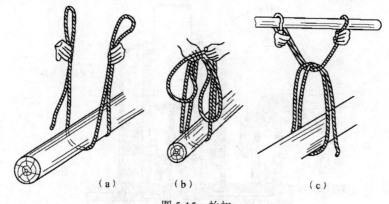

(a)　　　　(b)　　　　　(c)

图5-15　抬扣

(4)吊物扣。

吊物扣用来吊取工具或绝缘子等工件,其结扣方法如图5-16所示。

(5)倒背扣。

倒背扣用来拖拉较重且较大的物体，可以防止物体转动，其结扣方法如图 5-17 所示。

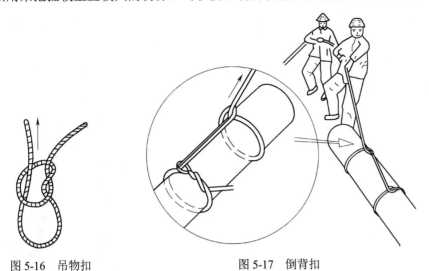

图 5-16 吊物扣   图 5-17 倒背扣

4．钢丝绳

（1）钢丝绳扣。

此扣用来将钢丝绳固定在一个物体上，其结扣方法如图 5-18 所示。

（2）钢丝绳与钢丝绳套的连接扣。

此扣用来连接钢丝绳，其结扣方法如图 5-19 所示。

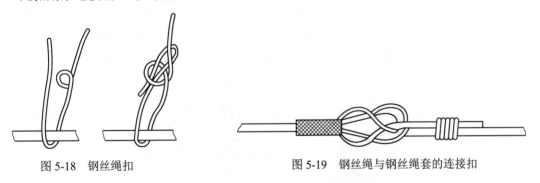

图 5-18 钢丝绳扣   图 5-19 钢丝绳与钢丝绳套的连接扣

5.3 低压架空电力线路的施工

5.3.1 架杆工具

1．叉杆

叉杆由 U 形铁叉和细长的圆杆组成，叉杆在立杆时可作为临时支撑电杆或用于立起 9m 以下单杆，如图 5-20 所示。

2．架杆

架杆是由两根相同细长的圆杆所组成的，圆杆顶（梢）径应不小于 80mm，根径不应小于 120mm，长度为 4～6m。距顶端 300～350mm 处用铁线做成长度为 300～35mm 的链环，将两根圆杆连起来。距圆杆底部 600mm 处安装把手（穿入 300mm 长的螺栓）。架杆作为起立单杆和临时支撑电杆用，如图 5-21 所示。

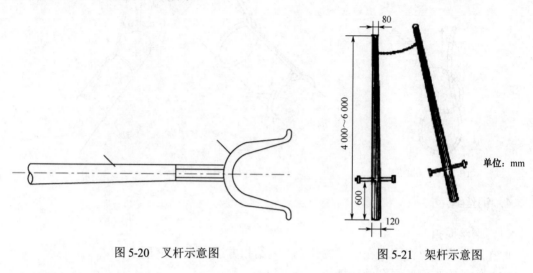

图 5-20　叉杆示意图　　　　　　　　图 5-21　架杆示意图

3．抱杆

抱杆有单抱杆与人字抱杆两种。人字抱杆是两根相同细长的圆杆在顶端用钢绳交叉绑扎成一个人字形。抱杆高度按电杆高度的 1/2 来选取，抱杆直径平均为 16～20mm，根部张开宽度为抱杆长度的 1/3，其间并用 12 根钢绳联锁。在立杆工作中，人字抱杆应用较广，如图 5-22 所示。

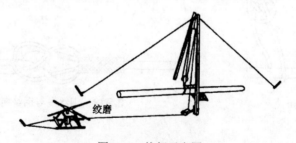

图 5-22　抱杆示意图

4．转杆器

转杆器用于电杆立直后，调整杆位使电杆移到规定位置，如立杆前已组装上横担，也可以调整横担方向。

5.3.2　紧线器

紧线器的作用是收紧户内绝缘子线路和户外架空线路的导线。紧线器的种类很多，常用的有平口式和虎头式两种，其外形如图 5-23 所示。

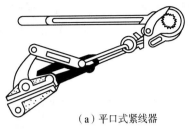
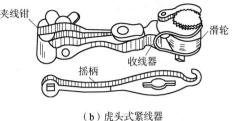

（a）平口式紧线器　　　　　　　　　（b）虎头式紧线器

图 5-23　紧线器

1. 平口式紧线器

平口式原名叫鬼爪式，它由前部（包括上钳口和拉环）和后部（包括棘爪，棘轮扳手）两部分组成，如图 5-23（a）所示。

平口式紧线器使用方法。

（1）上线（前部）：一手握住拉环，另一手握住下钳口往后推移，将需要拉紧的导线放入钳口槽中，放开手中的下钳口，利用弹簧夹住导线。

（2）收紧（后部）：把一段钢绳穿入紧线盘的孔中，将棘爪扣住棘轮，然后利用棘轮扳手前后往返运动，使导线逐渐拉紧。

（3）放松：将导线拉紧到一定要求并绑扎牢固后，将棘轮扳手推前一些，使棘轮产生间隙，此时用手将棘爪向上扳开，被收紧的导线就会自动放松。

（4）卸线：用一手握住拉环，另一手握住下钳往后推，如发现钳口夹线过紧时，可用其他工具轻轻敲击下钳口，被夹的导线就能自动卸落。

2. 虎头式紧线器

虎头式原名叫钳式，它的前部带有利用螺栓夹紧线材的钳口（与手虎钳钳口相似），后部有棘轮装置，用来绞紧架空线并有两用扳手一只，一端制有一个可旋动钳口螺母的孔，另一端制有可以绞紧棘轮的孔，如图 5-23（b）所示。

虎头式紧线钳使用方法，虎头式紧线钳的使用方法与平口式基本上相同。不同之处是虎头式上线时，须旋松翼形螺母，这时钳口就自动弹开，将导线放入钳口后旋紧翼形螺母即可夹住导线。

虎头紧线器使用注意事项。

（1）根据使用导线的粗细，采用相适应规格的紧线器。

（2）在使用时如发现有滑线（逃线）现象，应立即停止使用并采取措施（如在导线上绕一层丝，再行夹住），使导线确实夹牢后，才能继续使用。

（3）在收紧时，应扣住棘爪与棘轮，防止棘爪脱开打滑。

5.3.3　导线垂弧测量尺

导线垂弧测量尺又称弛度标尺。使用时需用两把同样标尺，先把两把标尺的横杆根据

表 5-4 所示，相应地调节到同一位置上；接着把两把标尺分别挂在被测量档距的两根电杆的同一根导线上，并应挂在近绝缘子处，然后两个测量者彼此从横杆上进行观察，并指挥紧线；当两横杆上沿与导线下垂的最低点成一条直线时，则说明导线的弛度已调整到预定的要求。表 5-4 所列为架空导线弛度参考值。

表 5-4　架空导线弛度参考值

档距（m） 弛度 环境温度（℃）	30	35	40	45	50
-40	0.06	0.08	0.11	0.14	0.17
-30	0.07	0.09	0.12	0.15	0.19
-20	0.08	0.11	0.14	0.18	0.22
-10	0.09	0.12	0.16	0.20	0.25
0	0.11	0.15	0.19	0.24	0.30
10	0.14	0.18	0.24	0.30	0.38
20	0.17	0.23	0.30	0.38	0.47
30	0.21	0.28	0.37	0.47	0.58
40	0.25	0.35	0.44	0.56	0.69

5.3.4　电杆的安装

1. 电杆的定位和挖坑

（1）电杆的定位：首先根据安装施工图到现场确定线路的起点、转角点和终端点的电杆位置，然后定出中间点的电杆位置。同时顺线路方向画出长 1～1.5m，宽 0.5m 的长方形杆坑线。

（2）拉线坑的定位：直线杆的拉线与线路中心线平行或垂直；转角杆的拉线位于转角的平分角线上（电杆受力的反方向），拉线与电杆中心线的夹角一般为 45°，受限制地区角度可减少到 30°。

（3）挖杆坑：杆坑的形状一般分为圆形和梯形两种。对于不带卡盘或底盘的电杆，通常可以用螺旋钻洞器或夹铲挖成圆形坑，圆形坑挖土量较少，有利于电杆的稳固。对于杆身较重，有卡盘或底盘的电杆，为立杆方便可挖成梯形，梯形杆坑有二阶杆坑和三阶杆坑两种，坑深在 1.6m 以下者采用二阶杆坑，坑深在 1.8m 以上者采用三阶杆坑，如图 5-24 所示。

圆形杆坑：$b=$ 基础底面 $+$ （0.2～0.4）m；

$B=b+0.4h+0.6$

梯形杆坑：$b=$ 基础底面 $+$ （0.2～0.4）m；

$B=0.2h$；$c=0.35h$；$d=0.2h$；

$e=0.3h$；$f=0.3h$；

二阶杆坑 $g=0.7h$；

三阶杆坑 $g=0.4h$。

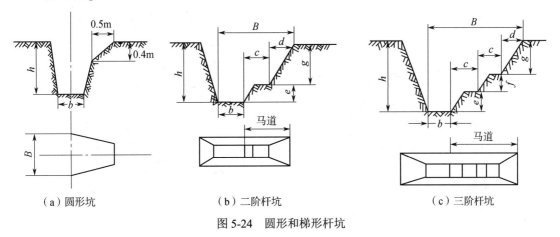

| （a）圆形坑 | （b）二阶杆坑 | （c）三阶杆坑 |

图 5-24 圆形和梯形杆坑

杆坑的深度根据电杆长度和土质好坏而定，一般为杆长的 1/5～1/6，在普通黄土，黑土，沙质黏土等场合可埋深杆长的 1/6，在土质松软处及斜坡处应埋深些，木杆和混凝土杆埋入的深度也可参考表 5-5。

表 5-5 电杆的埋深要求

水泥杆杆长（m）	7	8	9	10	11	12	15
埋设深度（m）	1.11	1.6～1.7	1.7～1.8	1.8～1.9	1.9～2.0	2.0～2.1	2.5

确保挖坑位正确，尺寸符合要求。坑的深度偏差不得超过 5%，横向偏移不得超过 0.1m。

2．杆基的加固

为增加线路和电杆的稳定性，应对电杆的杆基进行加固。

（1）杆基的一般加固方法。

直线杆将受到线路两侧的风力作用而影响平衡，但又不可能在每档电杆左右都安装接线，所以一般采用如图 5-25 所示的方法来加固杆基。先在电杆根部四周填埋一层深约 300～400mm 的乱石，在石缝中填足泥土捣实，然后再覆盖一层 100～200mm 厚的泥土并夯实，直至与地面齐平。

（2）杆基安装底盘的加固方法。

对于装有变压器和开关等设备的承重杆、跨越杆、耐张杆、转角杆、分支杆和终端杆等或土质过于松软的电杆，可采用在杆基安装底盘的方法来减小电杆底部对土壤的压强，以加强电杆对下沉力的承受能力。底盘一般用石板或混凝土制成方形或圆形，也有的采用在杆坑底部用石块底盘并灌浇混凝土的方法，底盘的形状和安装方法如图 5-26 所示。

安装底盘的杆坑，要求坑底挖得平整，底面应水平，坑底平面下不可浅沉有不规则的石块，底盘安放入坑时，应渐渐落实坑底，以防碎裂，崩裂破碎的底盘不得使用。

（3）地横木或卡盘的安装。

为增强线路和电杆的稳定性，在距地面 0.5m 处，木杆可在杆基加装一个地横木（俗称拨浪鼓），地横木的规格一般为 170mm×1 200mm，用镀锌铁丝绑在电杆根部，如图 5-27 所示，水泥杆可在杆基加装一个卡盘，卡盘一般用混凝土制成 400mm×200mm×800mm 的长方形，其外形和安装方法如图 5-28 所示。

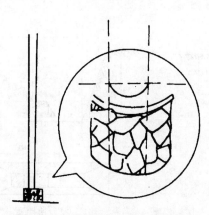

图 5-25　直线杆基的一般加固方法

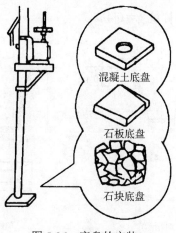

图 5-26　底盘的安装

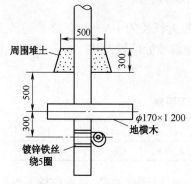

图 5-27　地横木的安装

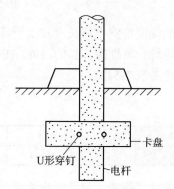

图 5-28　卡盘的安装

　　对于一般直线杆，为加强电杆抗侧风的能力，通常采用安装一道单边卡盘的方法，且需要逐杆依次两侧交叉布设，如图 5-29 所示，如果侧向风力不是太强，也可隔杆两侧交叉布设，如图 5-29（b）所示；在转角杆上，卡盘应靠在与导线张力的同向边，如图 5-29（a）所示。在侧向风力较大的地区，通常采用两道上、下单边卡盘和两道上单边、下和合卡盘的安装方式，如图 5-30（a）、（b）所示。耐张杆、终端杆、转角杆和跨越杆等通常采用单道上和合，两道上、下和合或两道上和合、下单边卡盘的安装形式，如图 5-30（c）、（d）、（e）所示。

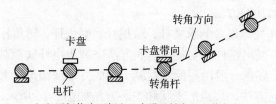

（a）逐杆依次两侧交叉布设及转角处安装方向

（b）隔杆两侧交叉布设

图 5-29　一道单边卡盘的安装方法

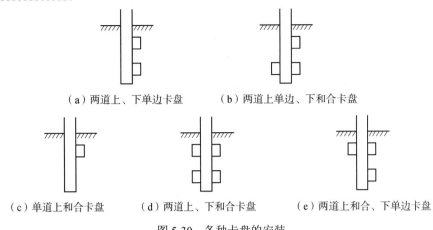

（a）两道上、下单边卡盘　　　（b）两道上单边、下和合卡盘

（c）单道上和合卡盘　　（d）两道上、下和合卡盘　　（e）两道上和合、下单边卡盘

图 5-30　各种卡盘的安装

3. 立杆

立杆的方法有多种，但较常用的有汽车起重机立杆，三脚架立杆，倒落式立杆和架杆立杆四种。

（1）汽车起重机立杆。

汽车起重机立杆比较安全，效率较高，适用于交通方便的地方。立杆前先将汽车起重机钢丝绳结在距电杆底部的 1/2～1/3 处，再在杆顶向下 500mm 处结三根调整绳，起吊时，坑边由两人负责底部入坑，三人调整绳，一人指挥，立杆时，严禁杆坑内有人，除立杆人员外，其他人员必须在 1.2 倍杆长的距离以外，如图 5-31 所示。

电杆竖杆后，要调整电杆的中心，使之与线路中心的偏差不超过 50mm。直线杆的中心应垂直，其倾斜度不大于电杆梢径的 1/4。承力杆应向承力方向倾斜，其斜度不应大于梢径，也不应小于梢径的1/4。电杆调整好后，开始向杆坑回填土，每回填土 300mm 厚夯实一次，回填土夯实后应高于地面 300mm，以备沉降。在回填土前，如杆坑内有积水，需预先排除，如在易被流水冲刷的地方埋设电杆，须在电杆周围埋设立桩并砌以石块，做成水围，以防冲刷。

（2）三脚架立杆。

三脚架立杆的方法较简易，主要用三脚架和装在三脚架上的小型卷扬机上下两只滑轮以及牵引钢丝绳等吊电杆，立杆前，首先将电杆移到坑边，立好三脚架（防止三脚架根部活动和下陷），然后在电杆上部结三根绳以控制杆身；在电杆 1/2 处结一根短的起吊钢丝绳，套在滑轮吊钩上。起吊时，手摇卷扬机手柄，当杆上部离地约 500mm 时，对绳扣等做一次安全检查，确认无问题后继续起吊，将电杆竖起落于杆坑后，最后调正杆身，填土夯实，如图 5-32 所示。

图 5-31　汽车起重机立杆

图 5-32　三脚架立杆示意图

（3）倒落式立杆。

倒落式立杆如图 5-33 所示，主要用人字抱杆、滑轮、卷扬机（或绞磨）、钢丝绳等。立杆前先将起吊钢丝绳的一端结在人字抱杆上，另一端结在电杆的 2/3 处（由电杆根部量）。然后再将电杆梢部结三根调整绳，从三个角度控制电杆，使总牵引绳经滑轮组引向卷扬机（或绞磨），总牵引绳的方向要使制动桩、杆坑中心、人字抱杆交叉端在同一条直线上。

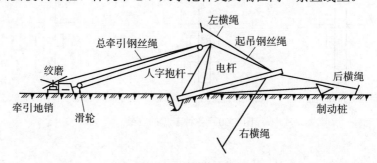

图 5-33　倒落式立杆

起吊时，人字抱杆与电杆同时起立，此时拉调整绳的人要配合好。当电杆梢部距地约 1m 时停止起吊，进行一次安全检查，确认无误后再继续起吊。立杆起立到适当位置时，将杆底部逐渐放入坑内，并调整电杆的位置。立至 70°时，反向临时拉线要适当拉紧，以防电杆倾倒。当杆身立至 80°时，卷扬机（或绞磨）应缓慢移动，可采用反向临时拉线缓放，将杆调正直，再填土夯实，拆卸立杆工具。

（4）架杆立杆。

架杆立杆的方法比较简单，但劳动强度大，架杆是用杆径为 80～100mm，长为 5～7m 的杉木杆做成的，两根杆的上部用铁链或钢丝绳连接在一起，对 10m 以下的水泥杆可采用此法立杆。

用架杆立杆时需注意，拉绳和调整绳的长度不应小于杆长的两倍，用力要稳妥，互相配合要协调。当架杆互相交替移动到电杆立直后，应用一付架杆反方向支撑电杆，以防倾倒。

4. 拉线的制作

（1）拉线的材料及长度估算。

拉线一般由上把、中把、下把和地锚等组成，其示意图如图 5-34 所示。

在地面以上部分的拉线，其最小截面不应小于 25mm^2，可采用 3 股直径为 4mm 的镀锌绞合铁丝。在地下与地锚连接的拉线，其最小截面不应小于 35mm^2，可用不超过 9 股直径为 4mm 镀锌钢绞合线或采用 16～19mm 的镀锌圆钢制成，如用圆钢做地锚时，圆钢的直径不应小于 16mm。

拉线的长度，可用下面近似公式计算：

$$C=K（a+b）$$

式中，K 为系数，取值为 0.71～0.73；

　　当 a 与 b 值相近时，K 取 0.71；

　　当 a 是 b（或 b 是 a）的 1.5 倍左右时，K 取 0.72；

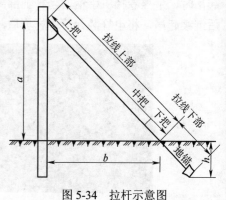

图 5-34　拉杆示意图

当 a 是 b（或 b 是 a）的 1.7 倍时，K 取 0.73。

例：已知 $a=8.25$m，$b=5.5$m，求拉线长度 C 应是多少？

解：$C=K（a+b）=0.72×（8.25+5.5）=9.9$（m）

计算出来的拉线长度，是拉线装成长度（包括下部位拉线棒露出地面部分）。

拉线下料长度＝拉线长度－（花兰螺栓长度＋拉线棒露出地面长度）＋上把和中把的拉线长度（对有拉紧绝缘子的拉线，还应加上拉紧绝缘子两端的拉线长度）。

（2）拉线上把的制作。

拉线上把装在电杆上，须用拉线抱箍及螺栓固定。

① 自缠法：将拉线折弯处嵌进心形环，抽出折回部分的一股，用钳子在合并部分用力缠绕 10 圈，余留 20mm 长并在线束内，多余部分剪掉。再抽出第二股用同样方法缠绕 10 圈，依此类推。由第三股起每次缠线圈数依次递减 1 圈，直至第六圈为止。

② 另缠法：将拉线折弯处嵌入心形环，折回部分散开与拉线合并在一起，另用一根直径为 3.2 镀锌铁线作绑线，缠绕时，将绑线一端和拉线折回部分并在一起，另一端用钳子缠绕，要求缠绕紧密整齐。钢绞线缠绕长度不应小于表 5-6 所列数值。绑线缠绕完后，两端自相扭绞 3 圈成麻花形小辫。

表 5-6　钢绞线拉线缠绕长度最小值

钢绞线截面（mm²）	缠绕长度（mm）				
	上把	拉紧绝缘子的两侧	与拉线棒连接处		
			下端	花缠	上端
25	200	200	150	350	80
35	250	250	200	300	80
50	300	300	250	250	80

注：下端指接拉线棒处，上端指远离接拉线棒处。

（3）拉线的安装。

① 埋设拉线盘，现在普遍采用预制好的水泥拉线盘和镀锌圆钢拉线棒组成的地锚，如图 5-35 所示，规格不应小于 100mm×200mm×800mm。

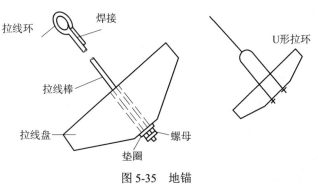

将选择的拉线盘组装后，放入拉线坑内，埋深为 1.5m 左右，使镀锌拉线棒上端的拉线环露出地面 500～700mm，然后即可分层填土夯实。

② 上把制作：拉线上把装在电杆上，须用拉线抱箍及螺栓固定。先用一只螺栓将拉线抱箍抱在电杆上，然后把预制好的上把环放在两片抱箍的螺孔间，穿入螺栓拧上螺母固定。上把制作形式如图 5-36 所示。其中绑上把的绑扎

图 5-35　地锚

长度应在 150～200mm 之间，U 形扎上把必须用三副以上，两副 U 形扎之间相隔 150mm。上把下端安装拉线绝缘子，将拉线中部和上部之间的两端，分别从拉线绝缘子的两孔中穿过，折

回 1.2m 左右，末端采用自缠法绑扎，拉线绝缘子安装的位置在距地面大于 2.5m 处，其作用是人在杆上操作时不会触及接地部分，或拉线断后也不会触及行人，如图 5-37 所示。

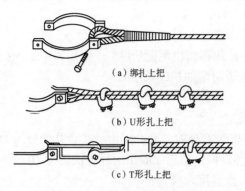

（a）绑扎上把

（b）U形扎上把

（c）T形扎上把

图 5-36　拉线上把制作图

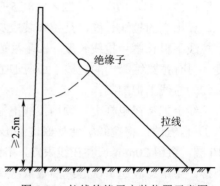

图 5-37　拉线绝缘子安装位置示意图

③ 中把制作：凡拉线的上把装于双层横担之间的，则拉线穿越带电导线时，必须在拉线上安装中把，低压架空线路拉线所用的中把绝缘子，多数为 J-4.5 型隔离绝缘子，它能承受 4.5t 拉力，若需承受更大拉力时，可选用 J-9 型。

中把一般都应用绑扎或 U 形扎结构，安装要求与上把相同，如图 5-38 所示。

④ 下把制作：如图 5-39（a）所示为下把与地锚的连接示意图，下把应选用图 5-39 所示的（b）、（c）、（d）结构形式，其中，花篮轧下把与地锚连接时，要用铁丝绑扎定位，以免被人误弄而松。

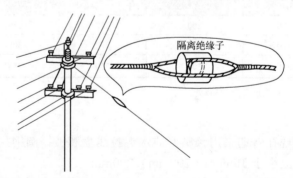

图 5-38　拉线中把

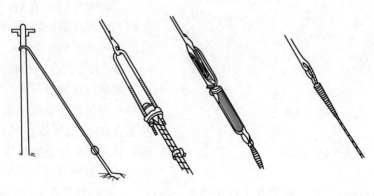

（a）下把与地锚的连接　　（b）T形扎下把　　（c）花篮扎下把　　（d）绑扎下把

图 5-39　拉线下把

5.3.5　横担绝缘子的安装

为了施工方便,一般都在竖杆前在地面上将电杆顶部的横担、金具等安装完毕,然后再整体竖杆。如果电杆竖起后组装,则应从电杆最上端开始,10kV 及以下线路的横担规格,应按受力情况确定,一般用不小于 50mm×50mm×6mm 的角钢,由小区配电室出线的线路横担,角钢规格应不小于 63mm×63mm×6mm。

1．横担的安装位置

(1)直线杆的横担应安装在负荷侧,90°转角及终端杆,应装于拉线侧。
(2)转角杆、分支杆、终端杆,以及受导线张力不平衡的地方,横担应安装在张力方向侧。
(3)多层横担均应装在同一侧。

2．横担的安装

(1)单横担的安装:单横担在架空线路上应用最广,一般的直线杆、分支杆、轻型转角杆和终端杆都用单横担,单横担的安装方法如图 5-40 所示。安装时,用 U 形抱箍从电杆背部抱过杆身,穿过 M 形抱铁和横担的两孔,用螺母拧紧固定。螺栓拧紧后,外露长度不应大于 30mm。
(2)双横担的安装:双横担又称合担,一般用于耐张杆、重型终端杆和转角杆等受力较大的杆型上,双横担的安装方法如图 5-41 所示。

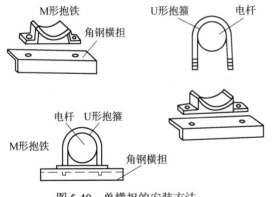

图 5-40　单横担的安装方法

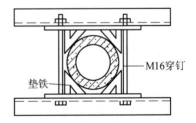

图 5-41　双横担的安装方法

(3)横担安装的注意事项:
① 选择好工作的位置,站稳,系好安全带和安全绳。
② 横担安装应平直,水平上下的倾斜误差不应大于 30mm;横线路方向的扭斜误差不应大于 50mm。
③ 横担的上沿距杆顶距离,一般不小于 0.3m,并应装得水平,其倾斜度不大于横担长度的 1%。
④ 在直线段内,每档电杆上的横担必须互相平行。
⑤ 同杆架设的双回路或多回路线路,横担间的垂直距离应不小于表 5-7 所示数值。

表 5-7　同杆架设线路横担之间的最小垂直距离（mm）

导线排列方式	直　线　杆	分支或转角杆
10kV 与 10kV	800	500
10kV 与 0.4kV	1 200	1 000
0.4kV 与 0.4kV	600	300

⑥ 杆上检查无遗留物后，将所用工具用绳索吊下，取下安全绳。

3．绝缘子与横担的安装

绝缘子与横担安装时应注意以下几项内容。

（1）绝缘子与角钢横担之间尽可能垫入一层薄橡皮，以防紧固螺栓时压碎绝缘子。

（2）绝缘子不应倒装，螺栓应由上而下插入绝缘子中心孔，螺母要拧在横担下方，螺栓两端均需垫垫圈。

（3）螺母要尽可能拧紧，但不要压碎绝缘子，切不可在螺栓尾拧扳手（即在绝缘子顶端），以防扳手打滑时击碎绝缘子。

（4）在起吊装有绝缘子的横担上杆时，要防止绝缘子碰撞电杆而被击碎。

（5）绝缘子的额定电压应符合线路电压等级要求，安装前应进行外观检查和摇测绝缘电阻，一般用 2 500V 摇表测量，绝缘电阻应不低于 300MΩ。

5.3.6　导线的安装

导线的安装，包括放线、接线、架线，测量垂弧和绑扎绝缘子等步骤，低压架空导线一般采用多股裸铝绞线或裸钢芯铝绞线。在工矿企业中为避免因金属器件碰撞造成短路而引起的触电事故，应采用绝缘导线。

1．放线

（1）拖放法：是将线盘架设在放线架上拖放导线，拖放前，先清除线路上的障碍物，以免损伤导线，它以每个耐张段为一个单元，把线路所需导线全部放出，置于电杆根部地面，然后按档将全耐张段导线同时吊上电杆，如图 5-42 所示。

（2）展放法：放线的线路如果不长，导线重量又不太重，可把导线背在肩上，边走边放，如线路较长，线捆较大，可把线捆装在汽车上，在汽车行进中展放导线。

2．导线的连接

导线放完之后，导线的断头都要连接起来，导线损伤有下列情况之一者，应锯断重接。

已磨损或断股的导线，在同一断面内，损坏面积超过导线导电部分截面积的15%。导线出灯笼，其直径超过导线直径的 1.5 倍而无法修复；或有无法修复的永久变形。作为地线的钢绞线，七股线外层断一股应剪断重接。

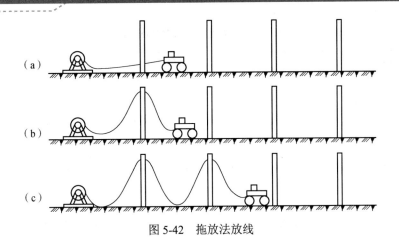

图 5-42　拖放法放线

（1）导线连接时的一般要求。

① 每档距内每条导线只允许有一个连头。

② 导线接头位于针式绝缘子固定处的净距离不应小于 500mm。

③ 导线接头距耐张线夹之间的距离不宜小于 15m。

④ 架空线路跨越铁路、公路、电力线、电车道、通信线路及主要河流时，导线不允许有接头。

⑤ 接头处的机械强度，不应低于原导线强度的 80%。接头处的电阻，不应超过同长度导线电阻值。

（2）导线的连接方法。

方法一　钳压接法

钳压法适用于较大负荷的多根铝芯铜芯导线的直接连接。

① 根据导线规格选择合适的压模和压接管（钢质线用铜质压接管，铝质线用铝质压接管）。

② 用钢丝刷清除线表面和连接管内壁的氧化膜和油污。导线清洗长度等于可连接部分 1.25 倍。清洗后涂上一层中性凡士林。

③ 用压线钳进行压接，压口顺序应按图 5-43 所示进行，压口位置要正确，不要偏斜，不可使压接管变形，压接导线采用搭接法，由管两端分别插入管内，使导线的两端出管外 25～30mm。

④ 压接深度要适度，压缩处椭圆槽距管边的高度为 h，每个压口间尺寸、压口数，使用导线号及规格如图 5-44 和表 5-8 所示。

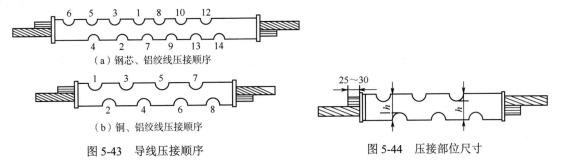

（a）钢芯、铝绞线压接顺序

（b）铜、铝绞线压接顺序

图 5-43　导线压接顺序

图 5-44　压接部位尺寸

表 5-8　各种导线压接压口数及压口间尺寸

导线截面（mm²）		35	50	70	95	120	150	185	240
压口数	铝、铜线	6	8	8	10	10	10	10	12
	钢芯铝线	14	16	16	20	24	24	26	2×24
压口间尺寸（mm）	铝线	14	16.5	19.5	23	26	30	33.5	—
	钢芯铝线	17.5	20.5	25	29	33	36	39	43
	铜线	14.5	17.5	20.5	24	27.5	31.5	—	—

方法二　缠绕法

多股线交叉缠绕法适用于多股截面 35mm² 以下的裸铝或铜导线，缠绕前先按表 5-9 的规定量好接头长度。

表 5-9　多股线交叉缠绕的接头长度和绑线直径

导线直径（ϕ）或截面积（mm²）	接头长度（mm）	绑线直径（mm）	中间绑线长度（mm）
2.6～3.2	80	1.6	—
4.0～5.0	120	2.0	—
16	200	2.0	50
25	200	2.0	50
35	300	2.3	50
50	500	2.3	50

铜芯导线直接连接的步骤：

① 把两个线头分别调直，并标出连接需要的线头长度。

② 把两线头散开，并把线头根部（约连接部分全长的 1/3）重新绞紧，把其余部分扳成伞形状。

③ 把两伞形线头隔股对叉到底，并把对叉后的伞形钳平。

④ 把一端七股芯线按 2、2、3 根分成三组，从前二组线扳起，缠绕二圈后，余线扳回为线芯，最后一组（3 根线）缠绕 3 圈后，余线切去剪平。

方法三　线夹连接法

分支线连接也叫 T 形连接，低压配电线路的分支连接经常采用 U 形线夹连接和并沟线夹连接。

① U 形线夹多用于铜质多股导线的分支连接，连接方法如图 5-45（a）所示。U 形线夹的规格应配合导线规格，如表 5-10 所示，每一连接处配用 2～4 只 U 形线夹，两相邻线夹中心距离应为 150～200mm。

② 并沟线夹适用于多股铝绞线的分支连接，连接方法如图 5-45（b）所示。并沟线夹上的两条嵌线槽应严格配合导线规格。对铝质导线也应清洗触面，涂中性凡士林油。电流容量大的分支线应用两副并沟线夹，二者相距 300～400mm。夹入并沟线夹内的铝线应包缠二层铅包带或铝箔带，以防损伤导线。在拧线夹时几个螺栓应均匀拧紧，当两根导线的截面不同时，可按

截面大的导线选择线夹。

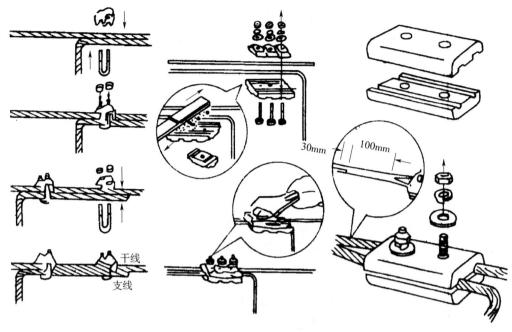

（a）U 形线夹连接　　　　　　　　　　（b）并沟线夹连接

图 5-45　导线的线夹连接

表 5-10　U 形线夹规格选用表

规　格	适用电线规格范围	规　格	适用电线规格范围
GQ-1	$25mm^2$	GQ-3	$50mm^2$
GQ-2	$35mm^2$	GQ-4	$70mm^2$

3．架线

导线上杆，一般采用绳吊，具体操作方法如下。

（1）吊线时，一般每档电杆上都需有人操作，地面上一个人作指挥，3～5 人配合。

（2）截面较小的导线，可将一个耐张杆全长的四根导线一次吊上，导线截面积较大的可分成每两根导线吊一次。

（3）导线吊上电杆后，一端线头绑扎在绝缘子上，另一端线头夹在紧线器上，中间每档把导线布在横担上的绝缘子附近，嵌入临时安装的滑轮内，不能搁在横担上，中性线应安放在电杆内档，三相四线制在电杆上的排列相序一般为 UNVW 或 UVNW 等。

4．紧线

在紧线时，一般需要与垂弧测量、固定导线一起施工。紧线前，在一端耐张杆上，先把线头在绝缘子上做终端固定，然后在另一端用紧线钳紧线如图 5-46 所示。紧线者在操作时，应听从垂弧测量者的指挥。紧线时应掌握以下几项操作方法。

（1）紧线器定位钩要固定牢靠，以防紧线时打滑，紧线器的夹线钳口夹位置应尽可能拉长一些，以增加导线收放幅度，便于调整导线的垂弧，紧线钳口应包裹上铝带，以免夹伤导线。

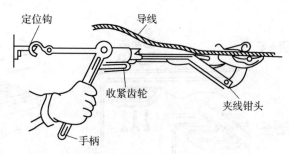

图 5-46　紧线钳紧线方法

（2）一个耐张段内的电杆档距基本相等，而每档距内的导线自重也基本相等，故在一个耐张段内，不需要对每一个档距进行垂弧测量，只要在中间 1～2 档距内进行测量即可，测量应从横担中间（即近电杆）的一根开始，接着测电杆另一边对应的一根，然后再交叉测量第三根和第四根，这样能使横担受力均匀，不致因紧线而出现扭斜。

（3）导线与地面的距离，在最大垂弧情况下，不应小于表 5-11 所示数值。

表 5-11　导线与地面的最小距离（mm）

线路经过地区　　线路电压（kV）	1 以下	6～10	35～110	220
居民区	6	6.5	7	7.5
非居民区	5	6.5	6	6.5
交通困难地区	4	4.5	5	5.5

5．固定导线

在低压和 10kV 高压的架空线上，一般都用绝缘子作为导线的支持物。直线杆上的导线与绝缘子的贴靠方向应为同一方向；转角杆上的导线，必须贴靠在绝缘子外侧，导线在绝缘子上的固定，均采用绑扎方法，裸铝绞线因质地过软，而绑扎线较硬，且绑扎时用力过大，故在绑扎前需在铝绞线上包缠一层保护层，包缠长度以两端各伸出绑扎处 20mm 为准。

（1）顶绑法。

一般用于固定直线杆针式绝缘子的导线，其操作方法如图 5-47 所示。绑扎时首先在导线绑扎处绑扎 150mm 长的铝带。所用铝带的宽为 10mm，厚为 1mm，绑线的材料应与导线材料相同，直径应为 2.6～3mm。绑扎步骤如下。

① 把绑扎线绕成卷，在绑线的一端留出一个长约 250mm 的短头，用短头在绝缘子左侧的导线上绑绕 3 圈，方向是从导线外侧经导线上方，绕向导线内侧，如图 5-47（a）所示。

② 用绑线在绝缘子颈部内侧，绕到绝缘子右侧的导线上再绑绕 3 圈，其方向是从导线下方，经外侧绕向上方，如图 5-47（b）所示。

③ 用绑线在绝缘子颈部外侧，绕到绝缘子左侧导线上再绑绕 3 圈，其方向是由导线下方经内侧绕到导线上方，如图 5-47（c）所示。

④ 用绑线从绝缘子颈部内侧，绕到绝缘子右侧导线上，再绑绕 3 圈，其方向是由导线下方经外侧绕向导线上方，如图 5-47（d）所示。

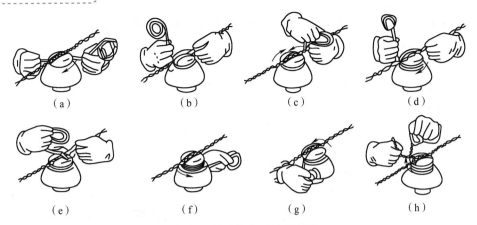

图 5-47　针式绝缘子的顶绑法

⑤ 以后重复图 5-47（c）所示做法，把绑线绕绝缘子颈槽到导线右边下侧，并斜压住顶槽中导线，继续绑扎到绝缘子左边下侧，如图 5-47（e）所示。

⑥ 从导线左边下侧按逆时针方向围绕绝缘子颈槽到右边导线下侧，如图 5-47（f）所示。

⑦ 把绑线从导线右边下侧斜压住顶槽中导线，并绕导线左边下侧，使顶槽中导线被绑线压成 X 形，如图 5-47（g）所示。

⑧ 最后将绑线从导线左边下侧按顺时针方向围绕绝缘子颈槽到绑线的另一端，相交于绝缘子中间，并互绞 6 圈后剪去余端，如图 5-47（h）所示。

（2）颈绑法。

颈绑法是转角杆针式绝缘子上的绑扎方法。把导线放在绝缘子颈部外侧（若直线杆的绝缘子顶槽太浅，无法采用顶绑时，直线杆也可采用这种绑扎方法）。导线在进行颈绑时，首先在导线绑扎处同样要绑扎一定长度的铝带，步骤如图 5-48 所示。

① 把绑线短的一端在贴近绝缘子处的导线右边缠绕 3 圈，然后与另一端绑线互绞 6 圈，如图 5-48（a）所示，并把导线嵌入绝缘子颈部的嵌线槽内。

② 把绑线从绝缘子背后紧紧地绕到导线的左下方，如图 5-48（b）所示。

③ 把绑线从导线的左下方围绕到导线右上方，并如同上步再把绑线绕绝缘子一圈，如图 5-48（c）所示。

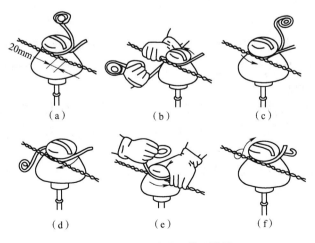

图 5-48　针式绝缘子的颈绑法

④ 把绑线再绕到导线左上方，并继续绕到右下方，使绑线在导线上形成 X 形的交绑状，如图 5-48（d）、（e）所示。

⑤ 把绑线绕到导线左上方，并贴近绝缘子处紧缠导线 3 圈后，向绝缘子背后部绕去，与另一端绑线紧绞 6 圈后，剪去余端，如图 5-48（f）所示。

（3）终端绑扎法。

终端绑扎法是终端杆蝶式绝缘子的绑扎方法，步骤如图 5-49 所示。

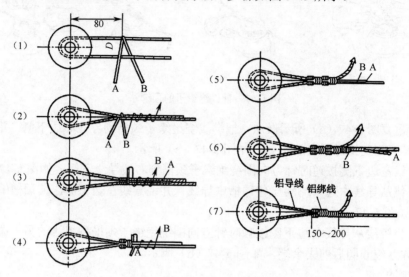

（a）蝶式绝缘子的绑扎步骤

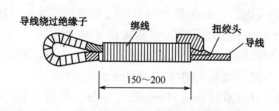

（b）蝶式绝缘子的绑扎完成示意图

图 5-49　终端绑扎法

其操作步骤如下。

① 首先在与绝缘子接触部分的铝导线上绑以铝带，然后把绑线绕成卷，在绑线一端留出一个短头，长度为 200～250mm（绑扎长度为 150mm 时，短头长度为 200mm，绑扎长度为 200mm 时，短头长度为 250mm）。

② 把绑线短头夹在导线与折回导线之间，再用绑线在导线上绑扎，第一圈应距蝶式绝缘子表面 80mm，绑扎到规定长度后与短头扭绞 2～3 圈，余线剪去压平，最后把折回导线反方向弯曲。

③ 绑扎长度不小于表 5-12 所示数值。

导线截面不同，绑扎长度不同。

表 5-12　绑扎长度

导线截面（mm²）	绑扎长度（mm）	导线截面（mm²）	绑扎长度（mm）
LJ-50 及以下	150	TJ-16 及以下	100
LJ-50	200	TJ-25～30	150
LJ-70	250	TJ-50～95	200

（4）用耐张线夹固定导线法。

操作步骤如下。

① 用紧线钳先将导线收紧，使导线弧垂比所要求的数值稍小一些，然后在导线需要安装线夹的部分用同规格的线股缠绕。缠绕时，应从一端开始绕向另一端，其方向应与导线外层线股缠绕方向一致。缠绕长度应露出线夹两端 10mm。

② 卸下线夹的全部 U 形螺栓，使耐张线夹的线槽紧贴导线缠绕部分，然后装上全部 U 形螺栓及压板，并稍拧紧。最后按图 5-50 所示的 1、2、3、4 顺序拧紧。在拧紧过程中，要使线夹受力均匀，不要使线夹的压板偏斜和卡碰。所有螺丝拧紧后，再逐个检查并反复紧一次。

（5）　10kV 及以下线路的导线排列，在无设计要求情况下的导线固定法。

① 10kV 直线杆应采用三角形排列。耐张杆、终端杆可采用水平排列。导线间的最小距离不应小于 0.8m，如图 5-51 所示。

② 1kV 以下，应采用水平排列。导线间的水平距离不应小于 0.4m。靠近电杆的两导线间水平距离不应小于 0.5m。

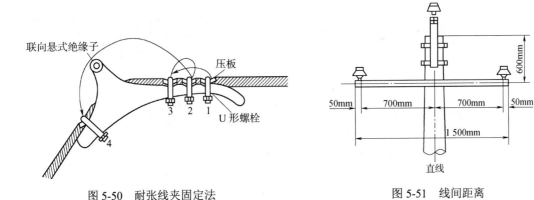

图 5-50　耐张线夹固定法　　　　　　　　图 5-51　线间距离

5.4　电力线路导线截面选择

5.4.1　架空线路导线截面的选择

1. 按发热条件来选择导线截面

按发热条件来选择导线截面，应按各种不同运行方式，以及事故状态下的输送容量进行发热校验，在导线选择时不应使预期的输送容量超过导线发热所允许的数值。校验截流量时，铝及铝芯铝线在正常情况下不应超过70℃，事故情况下不超过90℃。在导线周围空气温度为25℃时，计算出的铝绞线和钢芯铝绞线的持续输送容量分别如表5-13、表5-14所示。

表5-13　LGJ型导线持续输送容量（kV·A）

导线截面（mm²）	持续允许电流（A）	电压（kV·A）		
		0.38	6	10
16	105	69	1090	1820
25	135	89	1404	2340
35	170	112	1765	2940
50	220	145	2285	3810
70	275	181	2860	4760
95	335	220	3480	5800
120	380		3950	6580
150	445		4630	7700
185	515		5350	8900
240	610		6339	10565
LGLQ-300	710		7378	12297
LGIQ-400	845		8781	14635

表5-14　TJ型导线持续输送容量（kV·A）

导线截面（mm²）	持续允许电流（A）	电压（kV·A）		
		0.38	6	10
16	130	85	1350	2250
25	180	119	1870	3120
35	220	145	2285	3810
50	270	178	2805	4675
70	340	224	3530	5890
95	415		4310	7190
120	485		5040	8400

持续输送容量的计算公式为

$$S_e = \sqrt{3} I_e U_e$$

式中　S_e——持续输送容量（kV·A）；

　　　U_e——线路额定电压（kV）；

　　　I_e——持续允许电流（A）。

如果最热月份导线周围平均空气温度不等于25℃时，应将查得持续输送容量乘以表5-15中的温度修正系数K，进行负荷修正。表5-15是不同周围空气温度下的修正系数K。

表5-15　不同周围空气温度下的修正系数

周围空气温度（℃）	5	10	15	20	25	30	35	40
铝导线修正系数	1.2	1.15	1.11	1.05	1.0	0.94	0.88	0.81

　　按发热条件选择的导线截面，在同样条件下，其电压损耗及功率损耗，都大于按经济电流密度选择的导线截面。按发热条件选择导线截面，只在线路较短的情况下应用较为合适，所以必须进行电压损耗核算。

2. 按经济电流密度选择导线截面

　　从经济观点来选择导线截面，应从降低电能损耗，减少投资和节约有色金属等方面来衡量。从降低电能损耗的要求出发，则导线截面越大越有利；从减少投资和节约有色金属要求出发，导线截面越小越有利。所有线路中的电能损耗和初建投资都会直接影响每年所支出的费用（称年运行费），片面增加或减少导线截面都是不经济的。故应综合考虑各方面的因素，确定符合总经济利益的导线截面积，此截面称经济截面，对应于经济截面的电流密度，称为经济电流密度。我国现行的经济电流密度，如表 5-16 所示。

表 5-16　经济电流密度

导线材料	最大负荷年利用小时数		
	3 000 以下	3 000～5 000	5 000 以上
铝	1.65	1.15	0.9
铜	3.0	2.25	1.75

　　导线经济截面的计算公式为

$$S=\frac{I_{max}}{J_{max}}=\frac{P}{\sqrt{3}J_{ee}U_{e}\cos\phi}$$

式中　　P——输送容量（kW）；

　　　　U_{e}——线路额定电压　（kV）；

　　　　I_{max}——最大负荷电流　（A）；

　　　　J_{max}——最大负荷年利用小时数（H）；

　　　　J_{ee}——经济电流密度（A/mm）。

　　例题 1　有一条额定电压为 10kV，长度 L 为 3km，距离为 1m 的钢芯铝绞线，供一集中负荷为 896kW，功率因数为 0.9 的车间，最大利用小时数为 4 500，允许电压损耗为 5%，求经济电流截面。

　　解：按照 J_{max}=4500，查表 5-16 得出 J_{ee}=1.15A/mm，

　　导线经济截面为

$$S=\frac{P}{\sqrt{3}J_{ee}\times U_{e}\times\cos\phi}=\frac{896}{\sqrt{3}\times1.15\times10\times0.9}=50$$

　　所以取 LGJ-50 通过导线的电流

$$I=50\times11.5=57.5（A）$$

　　查表 5-13 LGJ-50 导线允许载流量为：220A＞57.5A，故选定的导线截面满足发热要求，查电工手册得：r_{0}=0.65Ω/km，X_{0}=0.353Ω/km。线路的参数为

$$R=r_{0}L=0.65\times3=1.95（Ω）$$

$$X=X_{0}L=0.353\times3=1.06（Ω）$$

　　线路的功率损耗

$$\Delta P=3I^{2}R\times10^{3}=3\times57.5^{2}\times1.95\times10^{-3}=19.3（kW）$$

负荷视在功率

$$S = P/\cos \phi = 896/0.9 = 995.5 （kV \cdot A）$$

线路电压损耗

$$Q = \sqrt{S^2 - P^2} = \sqrt{995.5^2 - 896^2} = 433.8 （kvar）$$

$$\Delta U = （PR + QX）/U_e = （896 \times 1.95 + 433.8 \times 1.06）/10 = 220 （V）$$

电压损耗的百分比

$$\Delta U\% = \Delta U/U_e \times 100 = 220/10000 \times 100 = 2.2\% < 5\%$$

所以选择的 LGJ-50 导线符合电压损耗的要求。

低压网络中的零线，在三相回路中负荷对称时，零线电流为零，如图 5-52 所示。在多数情况下三相回路中的负荷不易做到完全对称，零线电流不为零，所以规程中规定，三相四线制的零线截面积不得小于相线截面积的一半。

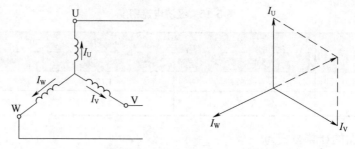

图 5-52　负荷对称的三相回路

通常，工厂的低压网络和厂区路灯回路共同设置，单相电焊机也混在三相回路中，这些都将增大零线的电流，所以其截面不宜过小。其次，安装工艺上要求导线的弧垂应平衡一致，但是，相线与零线的截面积相差较大时，不易做到弧垂平衡。因此，单相回路的零线与相线的截面积应相同。

3. 按电压损耗选择导线截面

我们知道，电流通过导线会产生电压损耗，如果电压损耗过大，线路末端电压降低，会使电动机转矩降低，照明灯昏暗，因此用电设备都规定允许电压损耗范围，一般规定端电压与额定电压不得相差 ±5%，可得导线截面为

$$S = \frac{PL}{r\Delta U_r\% U_e^2} \times 100 mm^2$$

式中　P——通过线路的有功功率，kV；

L——线路的长度，km；

r——导线材料的导电系数，m/$\Omega \cdot mm^2$；

$\Delta U_r\%$——允许电压损耗中电阻分量%。

对于 220V 单相线路计算其导线截面时

$$S = \frac{2PL}{r\Delta U_r\% U_e^2} \times 100 mm^2$$

$$U_e = 0.22 kV$$

对于 380/220V 三相四线制计算其导线截面时

$$S=\frac{KPL}{r\Delta U_{\mathrm{r}}\%U_{\mathrm{e}}^{2}}\times100\mathrm{mm}^{2}$$

$$U_{\mathrm{e}}=0.38\mathrm{kV}$$

式中　K——校正系数，随功率因数和导线截面大小变化，对于感应电动机，K 可取 1.3。

例题 2　有一条额定电压为 10kV 的线路，用钢芯铝绞线架设。线间几何均距为 1m，线路长度为 3km，有功功率为 1500kW，功率因数为 0.8，试按电压损耗选择导线截面积（允许电压损耗为 5%）。

解：视在功率

$$S=P/\cos\phi=1\ 500/0.8=1875\ \text{（kV·A）}$$

无功功率

$$Q=\sqrt{S^{2}-P^{2}}=\sqrt{1\ 875^{2}-1\ 500^{2}}=1125\ \text{（kvar）}$$

电抗中的电压损耗

$$\Delta U_{\mathrm{x}}\%=QX/U_{\mathrm{e}}\times100\%$$

$$\Delta U_{\mathrm{x}}=QX/U_{\mathrm{e}}^{2}\times100=1125\times0.38\times3/10^{2}\times100=1.28$$

电阻中的电压损耗

$$\Delta U_{\mathrm{r}}\%=\Delta U\%-\Delta U_{\mathrm{x}}\%=5-1.28=3.72$$

导线截面为

$$S=\frac{PL}{r\Delta U_{\mathrm{r}}\%U_{\mathrm{e}}^{2}}\times100\mathrm{mm}^{2}$$

$$=\frac{1\ 500\times3\times100}{32\times3.72\times10^{2}}\times100\mathrm{mm}^{2}=37.8\ \text{（mm}^{2}\text{）}$$

所以选用 LGJ-50 导线，其 $r_{0}=0.65\Omega/\mathrm{km}$，$X_{0}=0.353\Omega/\mathrm{km}$。

线路实际电压损耗校验

$$\Delta U\%=（PR+QX）/U_{\mathrm{e}}^{2}\times100$$

$$=（150\times0.65+1125\times0.353）/10^{2}\times100$$

$$=4.1<5$$

按发热条件进行校验，线路通过的电流：

$$I=\frac{P}{\sqrt{3\times U_{\mathrm{e}}\times\cos\phi}}=\frac{1\ 500}{\sqrt{3\times10\times0.8}}=108\ \text{（A）}$$

查表 5-13，LGJ-50 导线允许的载流量 220A＞108A，故选定的导线满足发热条件。

所选取的导线要按机械强度校验。因为在一些特殊情况下，如负荷电流在 10～20A 的范围内，无论按哪种方法选择导线截面都很小，机械强度不够，易断线，所以规程规定，架空线路的最小截面不得小于表 5-3 规定的数值。

5.4.2　电缆导线线芯截面的选择

1. 按发热条件选择截面

当电流通过导线时，导线中就会产生电能损耗，使导线发热，温度升高。若温度过高会使电缆绝缘老化，甚至损坏。为此，在表 5-17 中规定了各种类型电缆线芯允许的最高发热温度。

表 5-17　导体电缆线芯最高允许温度（℃）

额定电压（kV）	电缆的种类				
	天然橡皮绝缘	黏性纸绝缘	聚氯乙烯绝缘	聚乙烯绝缘	交链聚乙烯绝缘
3 及以下	65	80	65	70	90
6	65	65	65	70	90
10		80			90

2．按经济电流密度选择截面

按经济电流密度选择电缆线芯截面积的方法和架空线路一致，我国现行电力电缆经济电流密度如表 5-18 所示。

表 5-18　电力电缆经济电流密度

年最大负荷利用小时 τ_{max}	经济电流密度（A/mm²）	
	铜芯电缆	铝芯电缆
3000 以下	2.5	1.92
3000～5000	2.25	1.73
5000 以上	2.0	1.54

对于供电距离较远的电缆，应按允许电压损耗进行校验。

户内绝缘导线截面的选择，一般可根据允许电压损耗来选择，并按发热条件（允许电流）来校验。

5.5　接户线与进户线的安装

5.5.1　架空接户线的安装

1．低压架空接户线

接户线是架空线路从电杆上引到建筑物第一支持点间的一段架空线，如图 5-53 所示。

凡建筑物外墙上的角钢支架或用自己装设的电杆统称为第一支持物。低压架空接户线自电杆引出点至第一支持点间距不宜大于 25m，如接户线间距超过 25m 时，应加装接户杆，如图 5-54 所示，接户杆可用钢筋混凝土杆或木杆（直径不小于 80mm）。

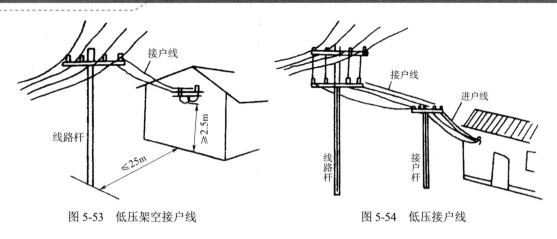

图 5-53　低压架空接户线　　　　　　　图 5-54　低压接户线

2. 接户线的一般要求

（1）接户线的最小线间距应不小于表 5-19 中的数值。

表 5-19　接户线的线间最小距离

架 设 方 式	档距（m）	线间距离（mm）
从电杆上引下	25 及以下	150
沿墙敷设	6 及以下 100	6 以上 150

（2）接户线不宜使用裸导线，应采用绝缘线，其截面应根据导线的允许安全电流选择，最小截面应不小于表 5-20 中的数值。

表 5-20　接户线的最小截面

低压接户线架设方式	档距（m）	最小截面（mm²）	
		铜芯绝缘线	铝芯绝缘线
自电杆引下	10 以下	2.5	4
	10～25	4	6
沿墙敷设	6 以下	2.5	4

（3）接户线与建筑物的距离应不小于表 5-21 中的数值。

表 5-21　接户线与建筑物的最小距离

接户线接近建筑物的部位	最小距离（m）
至通车道路中心的垂直距离	6
至通车道路、人行道中心的垂直距离	3
至屋顶的垂直距离	2
在窗户以上	0.3
至窗户或阳台的水平距离	0.75
至窗户或阳台以下	0.8
至墙壁、构架之间距离	0.05
至树木之间距离	0.6

（4）接户线不允许跨越建筑，如必须跨越时，接户线最大弧垂距建筑物的垂直距离应不小于2.5m。

（5）接户线与其他架空线路及金属管道交叉或接近时的最小允许距离应不小于表 5-22 中的数值，如不能满足时，可用瓷管等隔离。

表 5-22　接户线与其他架空线路及金属管道等交叉时的最小距离

接户线与其他架空线路及金属管道交叉部位	最小距离（mm）
与架空管道、金属体交叉时	500
接户线在最大风偏时与烟筒、接线、电杆距离	200
接户线与弱电用户线水平距离	600
与其他架空线路和弱电线路交叉时，应架设在下方	600

3. 接户线的安装

接户线一定要从低电压电杆上引线，不允许在线路的架空中间连接。接户线的引接端和接用户端，应根据导线的拉力情况选用蝶式或针式绝缘子（一般规定导线截面为 16mm^2 以下采用针式绝缘子；导线截面在 16mm^2 以上宜采用蝶式绝缘子），线间距离不应小于150mm。

接户线根据架空线路电杆的位置，接户线路方向，进户的建筑物位置等有以下几种做法。

（1）接户线从电杆顶端装置的做法有直接连接、丁字铁架连接、交叉安装的横担连接、特种铁架连接和平行横担连接等做法，如图 5-55 所示。

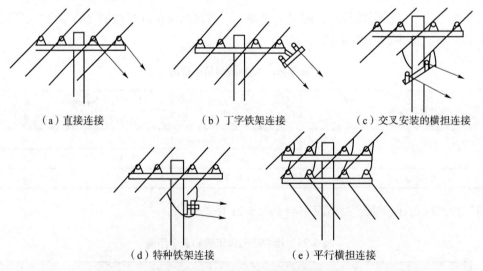

（a）直接连接　　　（b）丁字铁架连接　　　（c）交叉安装的横担连接

（d）特种铁架连接　　　（e）平行横担连接

图 5-55　低压接户线杆顶的做法

（2）接户线用户端的做法有两线接户线、垂直墙面的四线接户线、平行墙面的四线接户线等，如图 5-56、图 5-57、图 5-58 所示。

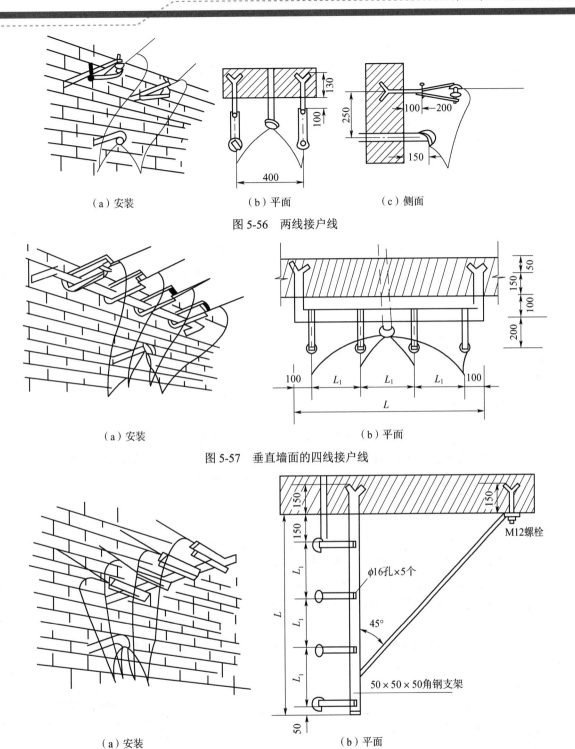

（a）安装　　　　　（b）平面　　　　　（c）侧面

图 5-56　两线接户线

（a）安装　　　　　　　　　　（b）平面

图 5-57　垂直墙面的四线接户线

（a）安装　　　　　　　　　　（b）平面

图 5-58　平行墙面的四线接户线

接户线的横担规格尺寸见表 5-23。

表 5-23　横担规格（mm）

导线根数	两　根	三　根	四　根	五　根	六　根
横担支架长度 L	600	800	1100	1400	1700
绝缘子固定间距 L_1	400			300	
角钢规格	50×50×5			63×63×6	

（3）不同质量不同截面的导线，在接户线档距内不应连接；接户线档内应尽量避免接头。

（4）接户线和进户线相接处，必须用绝缘胶布包缠好；引入室的导线应穿管，并做好防雨水流入的处理（如装防水弯头等）；如用金属管则其外皮应做好接地，管口要处理光滑。

（5）根据设计做好重复接地及防雷接地。

高压架空线接户线的最小截面，铜导线为 $16mm^2$，铝导线为 $25mm^2$，线间距离不应小于 450mm；不同材质，不同截面的导线，在接户线档距内不应连接；在其他地方有铜铝导线相接时，应有可靠的过渡措施等。

5.5.2　进户线的安装

1．进户线装置

进户线装置是户内、外线路的衔接装置，是低压用户内部线路的电源引接点。

进户线装置是由进户杆（或角钢支架上装的瓷绝缘子）、进户线（从用户户外第一支持点至户内第一支持点之间的连接绝缘导线）和进户管等部分组成的。

2．进户线装置的一般要求

（1）凡进户点低于 2.7m，或接户线因安全需要而架高，都需加进户杆支持接户线和进户线。进户杆一般采用混凝土电杆，如图 5-59 所示。

（2）混凝土进户杆安装前应检查有无弯曲、裂缝和松酥等情况；混凝土进户杆埋入地下的深度按表 5-5 所规定。

（3）进户杆顶应加装横担，横担常用镀锌角钢制成，其规格见表 5-23，两绝缘子在角钢上的距离不应小于 150mm。

（4）进户线应采用绝缘良好的铜芯或铝芯绝缘导线，其截面：铜线不小于 $2.5mm^2$，铝线不小于 $10mm^2$。进户线中间不准有接头。

（5）进户线穿墙时，应加装保护进户线的进户套管。进户套管有瓷管、钢管和硬塑料管等多种。为避免瓷管破碎、损伤导线绝缘，规定一根瓷管穿一根导线。使用钢管或硬塑料管时，应把所有进户线穿入同一根管内，管内导线（包括绝缘层）的总截面不应大

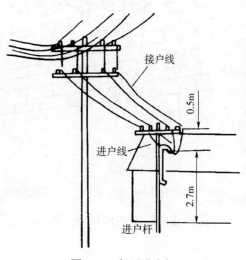

图 5-59　低压进户杆

于管子有效截面的 40%，最小管径不应小于内径 15mm，钢管的管壁厚度不小于 2.5mm，硬塑料管的管壁厚度不小于 2mm。

（6）进户套管内应光滑无堵，管子伸出墙外部分应做防水弯头。

3. 进户线的安装

（1）进户线如经进户杆时，可穿进户套管直接引入户内，如图 5-60 所示。当进户线低于 2.7m 时，可采用此法。

（2）进户线在安装时应有足够的长度，户内一端一般接于总熔丝盒，如图 5-61（a）所示。户外一端与接户线连接后应保持 200mm 的弧度，如图 5-61（b）所示，户外一般进户线不应小于 800mm。

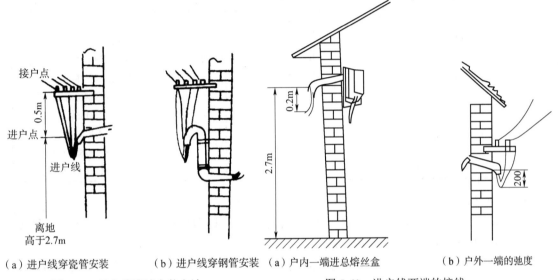

| （a）进户线穿瓷管安装 | （b）进户线穿钢管安装 | （a）户内一端进总熔丝盒 | （b）户外一端的弧度 |

图 5-60　进户线穿墙安装方法　　　　图 5-61　进户线两端的接线

（3）进户线的最大弧垂距地面至少 3.5m，在交通要道的弧垂应为 6m。

（4）进户线保护管穿墙时，户外的一端弯头向下，当进户线截面在 50mm^2 以上时，宜用反口瓷管，户外一端应稍低。

5.6　电力电缆

5.6.1　概述

电力电缆与架空电力线路的敷设方法不同，一般敷设在地面以下或建筑物的专用夹层中。由于它不易受雷雨、风、鸟等外界伤害，所以它的供电可靠性高，如果埋入地下，对市容影响小且不易危及人身安全。但它有成本高、排除故障困难和电缆接头工艺复杂等缺点。因此，在选用时，要权衡利弊。

电力电缆是将一根或数根导线绞合而成的线芯，裹以相应的绝缘层以后，外面包上密闭包皮（铝、铅或塑料等），这种导线称为电缆。

1. 电力电缆的型号和种类

（1）型号。

例如，$ZLQP_{20}$ 即为纸绝缘铝芯铅包裸钢带铠装干绝缘电缆。

电缆型号中字母和数字的意义见表5-24。

表5-24　电缆型号中字母和数字的意义

型号组成	绝缘代号	导体代号	内护层代号	派生代号	外护层代号
代号含义	Z—纸绝缘 X—橡胶绝缘 V—聚氯乙烯绝缘 YJ—交联聚乙烯绝缘	T—铜（可略） L—铝芯	H—橡胶 Q—铅包 L—铝包 R—聚氯乙烯护套	P—贫油式即干绝缘 D—不滴流 F—分相铅包	1—麻被护层 2—钢带铠装麻被护层 20—裸钢带铠装 3—细钢丝铠装麻被护层 30—裸钢钢丝铠装 5—粗钢丝铠装 11—防腐护层 12—钢带铠装有防腐层 120—裸钢带铠装有防腐层

（2）种类。

电力电缆目前多以铝芯代替铜芯，以铝包代替铅包；以塑料绝缘代替油浸纸绝缘和橡胶绝缘；以塑料护套代替铠装外护套的产品。

地下敷设用电力电缆主要有：油浸纸绝缘铅包电力电缆；油浸纸绝缘铝包电力电缆；聚氯乙烯绝缘，聚氯乙烯护套电力电缆；交联聚乙烯绝缘，聚氯乙烯护套电力电缆和橡胶绝缘，聚乙烯护套电力电缆等。

2. 电力电缆的结构

电力电缆的主要结构包括线芯、绝缘层（内保护层和外保护层），如图5-62所示。

（1）导电线芯。

导电线芯通常是采用高导电率的铜或铝制成的，为了制造和应用上的方便，导线线芯的截面有统一的标称等级。

常用有 $2.5mm^2$、$4mm^2$、$6mm^2$、$10mm^2$、$16mm^2$、$25mm^2$、$35mm^2$、$50mm^2$、$70mm^2$、$95mm^2$、$120mm^2$、$150mm^2$、$185mm^2$、$240mm^2$、$300mm^2$、$400mm^2$、$500mm^2$、$625mm^2$、$800mm^2$ 等 19 种。

按电缆线芯的芯数分为单芯、双芯、三芯和四芯等几种。单芯电缆一般用来输送直流电、单相交流电或用作高压静电除尘器的引出线。三芯电缆用于三相交流电网中。电压为 1kV 时，电缆用双芯或四芯的。

电缆线芯的形状很多，有圆形、弓形、扇形和椭圆形等，当线芯截面大于 $25mm^2$ 时，通常用多股导线绞合并经过压紧制成，这样可以增加电缆的柔性和结构稳定性，安装时可在一定程度内弯曲而不变形。

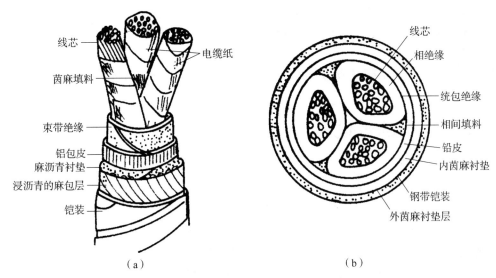

图 5-62　扇形芯线的 ZQ 型电缆

（2）绝缘层。

绝缘层用来隔离导电线芯，使线芯与线芯、线芯与铝（铅）包之间有可靠的绝缘。电缆的绝缘层通常用纸、橡胶、聚氯乙烯等制成，其中纸绝缘应用最广，它是经过真空干燥再放在松香和矿物油混合的液体中浸渍后，缠绕在电缆导电线芯上，这叫分相绝缘。除每相线芯分别包有绝缘层外，在它们绞合后外面再用纸绝缘包上，这部分的绝缘称统包绝缘。

（3）保护层。

保护层用来使绝缘层密封而不使潮气侵入，并不受外界损伤，纸绝缘电力电缆的保护层较复杂，分内保护层和外保护层两部分，内保护层是保护电力电缆的绝缘不受潮和防止电缆浸渍剂的外流，以及轻度机械损伤的，在统包绝缘层外面包上一定厚度的铝包或铅包；外保护层是保护内保护层的，防止铅包或铝包受到机械损伤和强烈的化学腐蚀，在电缆的铅或铝包外面包上浸渍过沥青混合物的黄麻、钢带或钢丝。无外保护层的电缆，适用于无机械损伤的场所。

3．控制电缆

控制电缆是在配电装置中传导操作电流，连接电气仪表及继电保护和自动控制回路用的。其构造与电力电缆相似，这种属低压电缆，运行电压一般在交流 500V，直流 100V 以下。因电流不大，且是间断负荷所以截面较小，一般为 $1.5 \sim 10mm^2$。按绝缘材料可分为油浸纸绝缘控制电缆、橡胶绝缘控制电缆和聚氯乙烯绝缘控制电缆三类。

4．电力电缆的特点

电力电缆是用来输送和分配大功率电能的供电线路。按其所采用的绝缘材料不同，可分为油浸纸绝缘电力电缆、橡胶绝缘电力电缆和聚氯乙烯绝缘电力电缆三类。目前在工程上应用最广的是油浸纸绝缘电力电缆。

这种电缆的特点是：

（1）耐压强度较高，其最高工作电压可达 66kV。

（2）耐热能力好，是几种电力电缆中热稳定性较高，允许负荷电流最大的一种。

（3）使用年限长，一般可达 30～40 年以上。

（4）电缆的弯曲半径不能很小，而且敷设时，最低环境温度不能低于 0℃，否则，电缆须经过预先加热。

（5）工作时，电缆中的浸渍剂会流动，因此，敷设后电缆两端的高度差有一定限制。

5.6.2　电缆的敷设

电缆敷设的方法很多，有直埋设在地下，敷设在室内地沟里，穿在排管中，装在地下隧道内，以及沿建筑物安装在明露处等。这些敷设方法各有它的优缺点。选择哪种方法，要根据电缆线的长短，电缆的数量，周围环境条件等具体情况来决定。

电缆敷设前，应先查核电缆的型号、电压、规格应符合设计；并检查有无机械损伤及受潮，对 6～10kV 电缆应用 2500V 摇表测量，每公里电缆的绝缘电阻（20℃时）不低于 100MΩ；3kV 及以下的电缆，可用 1000V 摇表测量，每公里电缆的绝缘电阻不低于 50MΩ（20℃时）。

下面介绍几种常用的敷设方法。

1. 直埋电缆的敷设

直埋电缆的敷设方法无需复杂的结构设施，既简单又经济，电缆散热也好，适用于电缆根数少，敷设距离较长的场所。

（1）直埋敷设的安全要求。

① 电缆本身应是允许直埋敷设的电缆，即有铠装和防腐层保护的电缆。

② 埋设深度应在当地冻土层以下，深度一般不小于 0.7m，地面为农田时不小于 1m。35kV 及以上不小于 1m，若不能满足上述要求时，应采取保护措施。

③ 挖掘电缆沟前应掌握线路地下管线、土质和地形等情况，防止损伤地下管线或引起塔、建筑物倒塌等事故。挖沟的宽度，根据电缆根数而定。

④ 直埋电缆应在电缆上下均匀敷设 100mm 细砂或软土。垫层上侧应用水泥盖板或砖衔接覆盖。回填土时，应去掉大块砖、石等杂物。

⑤ 如电缆需要弯曲，弯曲半径不得太小。弯曲半径与电缆外径的比值，对于纸绝缘多芯电力电缆，铅包为 15 倍，铝包为 25 倍；对于纸绝缘单芯电力电缆，铝包、铅包均为 25 倍；对于橡胶或塑料绝缘电力电缆，铠装为 10 倍，无铠装为 6 倍。

⑥ 直埋电缆与管道、建筑物等接近及交叉距离应符合表 5-25 所列数值。

表 5-25　直埋电缆与管道、建筑物等接近、交叉距离（mm）

类　别	接近距离	交叉时垂直距离	类　别	接近距离	交叉时垂直距离
电缆与易燃管道	1 000	500	电缆与树木	1000	—
电缆与热力沟	2 000	500	电缆与其他管道	500	250
电缆与建筑物	600	—	电缆与铁路路基	3000	1000
电缆与电杆	500	—			

⑦　在埋设电缆的两端、中间及拐弯、接头、交叉、进出建筑物等地段，应埋设电缆标志桩，标志桩应露出地面（一般不小于 200mm），并注明电缆的型号、规格、电压、走向等。

⑧　电缆沿坡敷设时，中间接头应保持水平。多条电缆同沟敷设时，中间接头的位置应前后错开，距离不小于 0.5m，接头应用钢筋混凝土保护盒或用混凝土管、硬塑料管等加以保护，保护管长度在 30m 以下者，内径不应小于电缆外径的 1.5 倍，超过 30m 以上者不应小于 2.5 倍。

（2）直埋电缆敷设。

①　按施工图要求在地面用白粉画出电缆敷设的路径和沟的宽度，可挖电缆沟样（长为 0.4～0.5m，宽与深均为 1m），了解土壤和地下管线情况。

②　挖深度为 0.8m 左右的沟，沟宽应根据电缆的数量而定。一般取 600mm 左右。10kV 以下的电缆，相互的间隔要保证在 100mm 以上，每增加一根电缆，沟宽加大 170～180mm。电缆沟的横断面呈梯形（上下宽差 200mm），如图 5-63 所示。

③　铺设下垫层。开挖工作结束后，在沟底铺一层 100mm 厚的细砂或松土，作为电缆的下垫层。电缆如穿越建筑物、道路或与其他设施交叉时，应事先埋设电缆保护钢管（有时用水泥管等），以便敷设电缆时穿入管内。

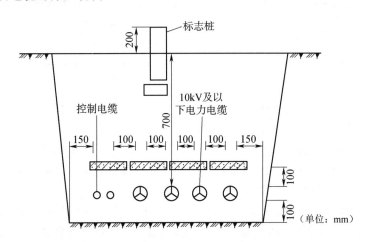

图 5-63　直埋电缆的间距

④　敷设电缆。应将电缆铺设在沟底砂土垫层的上面，电缆长度应略长于电缆沟长（一般为 1.0%～1.5%），并按波形铺设（不要过直），以便使电缆能适应土壤温度的冷热伸缩变化。

⑤　铺设上垫层。电缆敷好后，在电缆上面再铺一层 100mm 的细砂或松土，然后在砂土层上铺盖水泥预制板或砖，以防电缆受机械损伤。

⑥　回填土。将电缆沟回填土分层填实，覆土应高于地面 150～200mm，以防松土沉陷，如遇有含酸、碱等腐蚀物质的土壤，应更换无腐性的松软土。

⑦　设置电缆标志牌。电缆敷设完毕后在电缆的引出、入端、终端、中间接头、转弯等处，应设置防腐材料（如塑料或铅等）制成的标志牌，或竖一根露出地面的混凝土标志桩，注明线路编号、电压等级、电缆型号规格、起止地点、线路长度和敷设时间等内容，以备检查和维护之用。

2. 电缆沟内敷设

电缆沟内敷设电缆包括在墙上或天花板悬挂敷设，都属于室内敷设。通常都使用电缆支架或钩卡敷设。

电缆在电缆沟中敷设具有占地面积小，走线容易而灵活，造价较低，检修更换电缆比直埋电缆方便等优点。

（1）敷设要求。

① 电缆沟底应平整，且有1%的坡度。沟内要保持干燥，应设置适当数量的积水坑和排水设施，以及时将沟内积水排出。积水坑的间距一般为50m左右（其尺寸以400mm×400mm×400mm为宜）。电缆沟尺寸由设计确定，沟壁沟底均采用防水砂浆抹面。

② 支架上的电缆排列，应按照电缆敷设的一般要求。其排列的水平允许间距：高低压电缆为150mm；电力电缆为35mm（但不得小于电缆外径）；不同级电缆与控制电缆为100mm。

③ 电缆支架或支架点的间距，应按设计规定施工。当无规定时，可参照表5-26所示值。

表5-26　电缆支架点的最大间距（m）

敷设线路 电缆种类		支架上敷设		钢索上悬吊敷设	
		水平	竖直	水平	竖直
电力电缆	充油式	1.5	2.0	—	—
	橡胶及其他油纸式	1.0	2.0	0.75	1.5
控制电缆		0.8	1.0	0.6	0.75

④ 电缆支架应平直无明显扭曲，安装牢固并保持横平竖直。电缆敷设前，支架必须经过防腐处理，并应在电缆下面衬垫橡皮垫、黄麻带或塑料带等软性绝缘材料，以保护电缆包皮。电缆在沟内穿越墙壁和楼板时应穿钢管保护。

⑤ 电缆沟敷设的方式常用于多根电缆的敷设。所以在施工前，应熟悉图纸，了解每根电缆的型号、规格、走向和用途。按实际情况计算长度并合理安排，以免浪费。

（2）电缆敷设作业中的安全要求。

① 敷设前应对电缆进行潮气检查，检查方法有火烧法（即燃烧电缆绝缘纸，如纸表面有泡沫，即为有潮气，应去潮），油浸法（即将电缆绝缘浸入150℃电缆油中，如冒白泡沫，即说明有潮气），还应检查有无机械损伤。

② 防止电缆扭伤和过分弯曲，垂直或沿陡坡敷设的电缆，应防止超过允许高低差，电缆最大允许高度差如表5-27所示。

表5-27　电缆允许最大高低差（m）

电压等级（kV）		铅 包	铝 包
1～3	铠装	25	25
	无铠装	20	25
6～10		15	20
20～35		5	—
干绝缘统铅包		100	—

注：橡胶及塑料绝缘电缆高度差不限。

③ 当环境温度低于以下数值时，应先对电缆预热，然后敷设，在5～10℃时，放三昼夜，在25℃时放一昼夜即可，电缆表面温度3kV以下者不得超过40℃，6～10kV者不得超过35℃，

35kV 者不得超过 25℃，预热后的电缆应在 2h 内敷设完毕。

④ 电缆敷设在下列地段时需留有适当余量，过河两端留 3～5m；过桥两端留 0.3～0.5m；建筑物进出口电缆终端处留 1～1.5m。另外，在穿管时管子两端，入孔、伸缩缝处、对接头附近等，均应有一定余量。

⑤ 电缆搬运中，应注意电缆的保护和人身的安全。人工滚动搬运时，应注意滚动方向，以防散盘，任何情况下，不得将电缆盘平放。

⑥ 电缆敷设完后，用电缆沟盖板盖住电缆沟及竖井井盖。

5.6.3　电缆连接

电缆首、末端的接头叫终端头，电缆线路中间的接头叫中间接头。电缆接头的基本要求就是把接头处的线芯连接紧密，绝缘密封好，以保证电缆的绝缘水平。

1. 电缆的连接要求

（1）保证密封良好。

对于油浸电缆，如密封不好，将引起漏油，造成电缆绝缘性能降低；如果再有水汽浸入，绝缘性能将急剧变坏，因此电缆头的密封是十分重要的。

（2）保证绝缘强度。

因电缆接头破坏了原来电缆的一体性，所以必须在接头制作时保证其绝缘不低于原有绝缘强度。

（3）保证电气距离。

保证电气距离的目的是防止和避免引起短路和击穿。

（4）保证导线连接良好。

接触电阻一般应低于或等于同长度导体电阻的 1.2 倍，并保持稳定，机械强度不应低于电缆线芯强度的 70%。

2. 电缆的中间接头

电缆中间接头时，必须采用专用的电缆接头盒，常用的电缆接头盒有生铁接头盒，如图 5-64（a）所示，以及环氧树脂接头盒，如图 5-64（b）所示两种，由于环氧树脂电缆接头盒的工艺简单、机械强度高，电气和密封性能好，以及价格低廉，所以被推广采用。

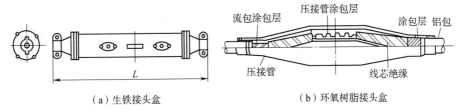

（a）生铁接头盒　　　　　　　（b）环氧树脂接头盒

图 5-64　电缆接头盒

油浸纸绝缘电缆做环氧树脂中间接头的方法如下。

（1）准备工作。清理场地，用木板垫起两电缆连接头，使其水平并调直。

（2）将绝缘纸或电缆线芯松开，浸到150℃的电缆油中，检查电缆是否受潮。

（3）用摇表测量绝缘电阻并核对相序，做好记号和记录，并根据模具尺寸确定剖切钢带铠装的尺寸，并做标记。

（4）在标记以下约100mm处的钢带上，用浸有汽油的抹布把沥青混合物擦净，再用砂布或锉刀打磨，使其表面显出金属光泽，涂上一层焊锡，以备放置接地线用。

（5）锯切钢带铠装层用专用的刀锯在钢带上锯出一个环形深痕，深度为钢带厚的三分之二，切勿伤及其他包层。

（6）剥钢带。锯完后，用螺丝刀在锯痕尖角处将钢带挑起，用钳子夹住，逆原缠绕方向把钢带撕下。再用同样方法剥去第二层钢带。钢带撕下后用锉刀修饰钢带切口，使其光滑无刺。

（7）剥削铅包（或铝包）。剥削铅包前，应将喇叭口以上600mm范围内的一段铅包表面用汽油洗净后打毛，并用塑料带做临时包缠，以防弄脏，然后按剥削尺寸，先在铅包切断的地方切一环形深痕，再顺着电缆轴向在铅包上用剖铅刀划两道深痕。其间距为10mm，深度为铅包厚度的二分之一。随后，在电缆接头处顶端，把两道深痕间的铅皮条用螺丝刀撬起，用钳子夹住铅皮条往下撕，并将其折断。

（8）扩胀喇叭口。剥完铅包层后，用胀口器把铅包口胀成喇叭口，先在距喇叭口25mm的纸绝缘上用塑料带包缠保护，然后剥去剩下的统包纸绝缘层，并分开每根芯线，用汽油洗去芯线上的电缆油。

（9）连接芯线。用塑料带临时把每根芯线包缠一层，以防受损弄脏，随后在芯线三叉口处塞入三角木模撑住，并把各根芯线匀称地分开。按连接套管长度的二分之一加5mm长度，剥削每根芯线端部的油浸纸绝缘层，对于堵油连接管，其剥削长度等于单边孔深加5mm。然后把芯线插入连接套管内，进行压接。

（10）恢复绝缘包层。芯线压好后，先将连接管表面用锯条或钢丝刷拉毛，用汽油或油精洗净，然后拆去各芯线上统包纸绝缘及铅包上临时塑料包缠带，并用无碱性玻璃丝带，顺原纸绝缘层的包缠绕向，以半重叠方式，在每根芯线上进行包缠，芯线上包两层，压接管上包四层，再在缠包层上包两层，在芯线三叉口处交叉压紧4~6次。包缠时，应一边包缠，一边涂上环氧树脂，涂包结束后，用红外线灯或电吹风对准涂包处加热，促使涂料干固。

（11）装环氧树脂中间接头铁皮模具。装模具前应先在模具内壁涂上一层硅油脱膜剂，然后在接头两端的铅包上用塑料带包缠，以防浇注的环氧树脂从端口渗出，最后将模具装在上面。装模具时，应把三根芯线放在模具中间，芯线之间保持对称的距离。

（12）浇注环氧树脂。将环氧树脂从模具浇注口一次浇入，不可间断，浇满为止，约半小时，环氧树脂干固后，拆除模具，并用汽油将接头表面的硅油脱膜剂抹去。

（13）焊上过渡接地线。用裸铜绞线把中间接头盒两端的电缆金属外皮焊成一体。如果电缆中间接头直埋地下，则在接头表面涂一层沥青，并在环氧树脂和电缆铅包衔接处，用塑料带包缠4层。一边包缠，一边涂上沥青。为防止中间接头受损，可把接头下部的土夯实，并在四周用砖砌筑。

3. 电缆的终端头

户内环氧树脂预制外壳式终端头制作方法如下。准备工作：检查电缆是否受潮，测量绝缘电阻和锯切钢带的方法与制作电缆中间接头相同。

（1）剥铅包（或铝包），并套装预制的环氧树脂电缆头外壳。

按设计要求确定喇叭口的位置，划出环形深痕，再由此到顶端沿电缆轴向，划两条间距 10mm 的平行线，然后用铅刀沿划线切入铅包厚的二分之一。用木锉或锯条将喇叭口下 30mm 处一段铅包拉开，并用塑料带临时包扎 1～2 层，以防弄脏，再将预制的环氧树脂电缆头外壳套入电缆钢带上，并用干净的棉纱塞满，预制环氧树脂电缆外壳，如图 5-65 所示。最后把两条纵痕间的条形铅包挑起，并用钳子夹住铅包慢慢卷起剥削。

（2）扩胀喇叭口。用胀口器或竹片将铅包口胀成喇叭口。

（3）剥统包绝缘。分开芯线，在喇叭口向上 30mm 一段统包绝缘上，用白纱布临时包扎 3～4 层，然后将缠包绝缘纸自上而下撕掉并分开线芯，用汽油将芯线表面的电缆油擦去。

（4）剥除芯线端部绝缘。按设备接线位置所需的长度割去多余的电缆，然后用电工刀剥除芯线端部的绝缘，其长度等于接线鼻子的孔深加 5mm。

（5）套耐油橡胶管。将选择好的耐油橡胶管从每根芯线末端套入，套到离芯线根部 20mm 即可，然后将上部橡胶管往下翻，使芯线端部的导线露出，最后在芯线三叉口处用干净的布盖住。

（6）装接线鼻子。在芯线上套入接线鼻子并压接，然后将接线鼻子的管形部分，用锯条或锉刀拉开并在压坑内用无碱玻璃丝带填满，再将耐油橡胶管的翻口往上翻，盖住接线鼻子压坑。

（7）涂包芯线。先将铅包及统包上的临时包缠带拆去，然后在喇叭口以上 5mm 处用蜡线紧扎一圈，将统包外层的半导体屏蔽纸自上而下沿蜡线撕平，再在统包及芯线及出线口堵油处刷一层环氧树脂涂料，然后用无碱玻璃丝带，在其表面涂一层涂料，边涂边包，共涂两层，再在统包部分涂包两层，然后在三相分叉口部位交叉缠绕并压紧 4～6 层，并在分叉处填满环氧树脂涂料，如图 5-66 所示。

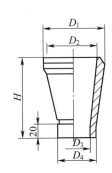

图 5-65　预制环氧树脂电缆头外壳　　　图 5-66　三叉口内填满涂料

最后将三叉口以下沿统包纸绝缘到喇叭口下的电缆包皮长约 30mm 的一段涂包 2～3 层，并在无碱玻璃丝带表面均匀地刷一层环氧树脂涂料，并用玻璃丝带按上述方法涂包 3～4 层。

（8）装配环氧树脂外壳。先将外壳内临时放的棉纱取出，然后将外壳向上移至喇叭口附近，在喇叭口向下 30mm 处，用塑料带重叠包绕成卷，接着将外壳下口和塑料带卷扎紧，使外壳平整地固定在电缆上，然后调整芯线位置，使其离外壳内壁有 3～5mm 间隙并对称排列，再用支撑架或带子使三相芯线固定不动，用红外线灯或电吹风加速涂包层硬化和预热外壳。

（9）浇注环氧树脂复合物。将浇入壳内的环氧树脂冷却干固后，可包绕线芯的外护加强层，从外壳出线口至接线鼻子的一段耐油橡胶管上，用黄蜡带包绕两层，包绕时要拉紧。然后按确定的相位分别在各芯线上包一层相色带和一层透明塑料带，最后按设备的接线位置弯好芯线，进行直流耐压试验，合格后再接到设备上。电缆终端头的制作方法很多，户内的还有漏斗式和干包终端头，户外的还有环氧树脂式和铸铁鼎足式终端头等。

4．电缆中间头和终端头制作时的注意事项

（1）施工时，应防止灰尘和砂土等杂物进入电缆的连接处，在户外操作时，应架设临时作业棚。

（2）凡受潮的电缆端头不准接入中间头或终端内。

（3）为了防止电缆受潮，在雨雪天或湿度较高的环境中，不准加工中间头或终端头。

（4）终端头出线应保持固定位置，其中带电裸露部分的相间和对地距离规定为：10kV 以下的，户外的不得小于 200mm，户内的不得小于 125mm。同时规定：芯线应做出明显的相位色标。

5.6.4　电缆线路的验收

电缆线路施工完毕后，有关部门必须进行逐项验收。验收不合格的项目必须重新进行施工。

（1）电缆每根芯线必须具有良好的连续性，不应存在断线等情况。

（2）测量芯线对地和线间的绝缘电阻，其阻值不得低于规定值。当电缆长度为 500m 时，3kV 及以下的，其绝缘电阻值为 200MΩ；6～10kV 的，为 400MΩ。当电缆长度超过 500m 时，绝缘电阻应按实际长度进行换算，短于 500m 时一般不需要换算。

（3）测量电容、交流电阻及阻抗，其数值应符合设计标准。

（4）检查电缆两端终端头的各线头的相序应与电力系统的相序保持一致。

（5）测量电缆金属外皮及终端头的接地电阻，规定不应大于 10Ω。

 本章小结

低压架空电力线路由电杆、导线、横担、金具、绝缘子和拉线等组成。

低压架空线路登高工具有：梯子、踏板、脚扣等。低压架空线路架杆工具有叉杆、抱杆、架杆转角器。紧线工具有平口式紧线器和虎头式紧线器。

低压架空线路施工步骤，电杆定位和挖坑立杆制作拉线并安装、横担的组装、架设导线等。

电力线路截面选择时应按导线发热条件，按经济电流密度，按电压损耗及机械强度来选择。

进户线、接户线是电力网与用户的连接点，进户线、接户线线间、线对地都有一定的距离要求，低压配电线路，接户线导线最小截面铜芯不小于 2.5mm²，铝芯不小于 4mm²，而进户线，铜芯不小于 2.5mm²，铝芯不小于 10mm²。进户线应留有一定余地。

电力电缆由线芯、绝缘层、保护层组成，电力电缆敷设前，应检查型号、电压、规格是否符合要求，并摇测绝缘性能是否达标。

电力电缆敷设方法：有直埋式、排管式、室内外电缆沟式及隧道式几种，其中直埋式、电缆沟式应用最广泛。敷设后还应验收检测。

复习题

1．低压架空电力线路由哪几部分组成？各部分起什么作用？

2．电杆按其在线路位置分为几种杆型？各种杆型受力情况如何？

3．低压架空配电线路的电杆长度是由哪些因素确定的？电杆埋深是怎么规定的？

4．低压架空配电线路的拉线有几种？用于什么杆？

5．梯子登高的安全注意事项是什么？

6．脚扣登杆的安全注意事项是什么？

7．常用登高工具有哪些？

8．如何选择登杆工具？

9．简述立杆的几种方法。

10．简述低压架空线路的施工步骤。

11．架空线路的拉线角度、方位是怎么规定的？什么情况下要求安装拉紧瓷绝缘子？

12．低压架空配电线路横担之间的距离和导线对地面允许的最小垂直距离是怎么规定的？

13．低压架空配电线路导线、截面的选择有哪些条件？导线间距是怎么规定的？

14．有一额定电压为 10kV，线路功率因数为 0.8，输电线路长为 6km，额定电压为 10kV，线间几何间距为 1m，供一负荷为 896kW 的车间，其最大利用小时为 4500，允许电压损耗为 5%，求经济电流截面。

15．什么叫接户线？低压接户线安装的安全技术要求是什么？

16．对接户线第一支持物使用的横担有什么要求？

17．什么叫进户线？进户线安装一般要求是什么？

18．电力电缆的主要用途和架空线路相比其优点是什么？

19．直埋电力电缆敷设有哪些基本技术要求？

20．低压电力电缆敷设前应进行哪些试验和检查？

 本章实习

一、登杆实习

1．实习材料

踏板一副；脚扣一副；安全帽一个；安全带、保险绳和腰绳套。

2．实习内容

（1）踏板登杆训练。

（2）脚扣登杆训练。

（3）安全带、保险带和腰绳及紧线器的正确使用。

3. 要求

熟练掌握各种登杆工具的使用方法，并学会使用各种工具登杆。

4. 注意事项

（1）实操前检查登杆工具有无异常。
（2）踏板使用时必须正勾，脚扣大小应按电杆规格选用。
（3）登杆前应做冲击载荷试验。
（4）登杆训练，要有必要的保护措施。

二、拉线的制作

1. 实习材料

拉线抱箍一副；螺栓、螺母2副；拉紧绝缘子1个；心形环一个；花篮螺栓1个；拉线棒、地锚一个；镀锌铁丝（双股直径为4mm）8m；镀锌铁丝（花篮螺栓封缠用）41根。

2. 实习内容

（1）上把的制作与安装。
（2）中把的制作。
（3）下把的制作。

3. 实习要求

学会拉线的制作及安装。

4. 注意事项

（1）上杆作业时一定要戴好安全帽，系好安全带，挂好保险绳。
（2）操作时听从指挥，注意安全。

三、绝缘子与横担的安装

1. 实习材料

铁横担，50mm×50mm×1 500mm一根；M形垫铁、V形抱箍各一块；蝶式绝缘子（ED1型）4个；螺栓1个带螺母M16 6个。

2. 实习内容

（1）铁横担固定在电杆上。
（2）蝶式绝缘子分别固定在铁横担上。

（3）正确使用活扳子。

3．实习要求

学会横担及绝缘子的安装（不同学员，可适当调整方式）。
安装和拆卸可分开进行。

4．注意事项

（1）安装时要细心，防止紧固螺栓时压碎绝缘子。
（2）拆卸时一定要注意安全。

四、导线在蝶式绝缘子上的固定

1．实习材料

蝶式绝缘子（ED1 型）3 个；针式绝缘子（PD1 型）1 个；铅带 10mm×1mm，1 卷；铜芯绑扎线，2.6～3.2m；裸铅导线（LJ16 型）2m；木配电板 850mm×550mm，一块。

2．实习内容

（1）在木配电板上固定蝶式绝缘子 3 个。
（2）两端蝶式绝缘子上做终端绑扎练习。
（3）中间蝶式绝缘子上做直线段顶绑练习。
（4）做针式绝缘子颈绑练习。

3．实习要求

熟练掌握各种方法，限定时间，提高效率。

第6章

接地与防雷

在电气设备运行过程中除了应严格遵守安全操作规程外，还要采取防雷和接地的安全措施。防雷接地分为两个概念，一是防雷，防止因雷击而造成损害；二是接地，是将各种电气设备的金属外壳和电气装置上的某一点与大地做良好的电气连接，更有效地保证电力系统中各种电气设备的可靠运行和人身安全。

6.1 接地的基本概念

6.1.1 "地"的概念

运行中的电气设备发生接地故障时，漏电电流或单相接地短路电流将通过接地体以半球面形状向大地流散，如图 6-1（a）所示，使其附近的地表面和土壤中各点之间出现不同的电压。由于球面积与半径的平方成正比，所以半球的面积，随着远离接地体而迅速增大，对应于半球形球面积的土壤电阻，随着远离接地体而大幅度下降。所以在距接地体越近的地方，由于半球面较小，电流通过的截面也较小，故电阻大，接地电流通过此处的电压降也较大；距接地体越远的地方，由于半球面较大，电流通过的截面也较大，故电阻小，接地电流通过此处的电压降也较小。在距接地点 20m 以外的地方，球面就相当大了，几乎没有电阻，即该处的电位已近似降至为零，如图 6-1（b）所示。这电位等于零的地方，就是我们所说的电气上的"地"。

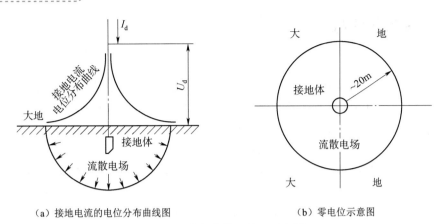

（a）接地电流的电位分布曲线图 　　　　　　　（b）零电位示意图

图 6-1　电气上的"地"示意图

　　当电气设备发生碰壳短路或电网相线断线触及地面时，故障电流就从电气设备外壳经接地体或电网相线触地点向大地做半球形流散，使附近的地表面上土壤中各点出现不同的电压。如人体接近触地点的区域或触及与触地点相连的可导电物体时，接地电流和流散电阻产生的流散电场会对人体造成危害。

6.1.2　接地

　　接地是经过接地装置来实现的。接地装置是接地体和接地线的总称。

　　（1）接地体：埋入地中并直接与大地接触的金属导体称为接地体。接地体分人工接地体和自然接地体两种。因接地需要而人为装设的金属体称为人工接地体。为了其他需要而装设的并与大地可靠接触的金属桩、钢筋混凝土基础等，用来兼作接地体的装置，称为自然接地体

　　（2）接地线：电气设备金属外壳与接地体相连接的金属导体。

　　（3）接地装置：接地体和接地线的总称，如图 6-2 所示。

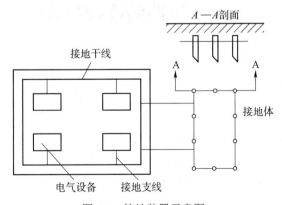

图 6-2　接地装置示意图

6.1.3　接地参数

（1）接地电阻：人工或自然接地体的对地电阻与地线电阻的总和称为接地装置的接地电阻。

（2）接地电流：当发生接地短路或碰壳短路时，经接地点流入大地中的电流。

（3）接地电压：电气设备发生接地短路时，电流通过接地装置流入大地。此时，电气设备的接地部分与大地点的电位差，称为接地电压。

（4）接触电压：在接地短路电流回路上，人站在接地故障的设备旁边（距设备水平距离0.8m），触摸该设备外壳（距地面垂直距离为 1.8m），手与脚两点之间的电位差，就称为接触电压。为了防止接触电压触电，规定在接触电气设备的外壳或构架时应戴绝缘手套。如图 6-3 所示为接触电压示意图。

（5）跨步电压：距接地体 20m 范围内，有人在接地短路故障点周围行走，其两脚之间的电位差（人的跨步一般按 0.8m 考虑），就称为跨步电压，如图 6-4 所示为跨步电压示意图。

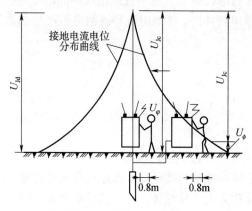

图 6-3　接触电压示意图

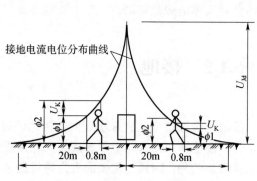

图 6-4　跨步电压示意图

6.2　接地的连接方式

6.2.1　工作接地

为保证电气设备在正常情况下可靠运行，将电力系统中的变压器低压侧中性点接地，称为工作接地，如图 6-5 所示为工作接地示意图。

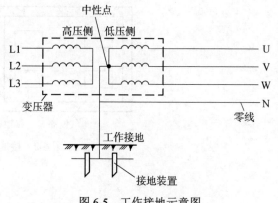

图 6-5　工作接地示意图

6.2.2 保护接地

为了防止电气设备漏电或产生感应电压时威胁人身安全，将电气设备在正常情况下不带电的金属外壳和构架，通过接地装置与大地做可靠的连接，称为保护接地，如图 6-6 所示为保护接地示意图。

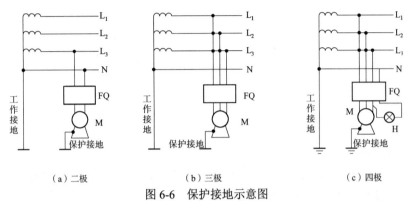

图 6-6　保护接地示意图

（1）保护接地的作用。

减少和避免工作人员触电危险，起到保护作用。

（2）保护接地的适用范围。

适用于三相三线制及三相四线制中性点直接接地的公用低压配电系统（由小区配电室供电的除外）。

（3）保护接地的接地电阻合格值应不大于 4Ω。

6.2.3 保护接零

为了防止电气设备漏电或感应电压威胁人身安全，将电气设备在正常运行情况下，不带电的金属外壳和构架与变压器中性线相连接，称为保护接零。

（1）保护接零的作用。

保证工作人员的安全和设备的安全，如图 6-7 所示为保护接零示意图。

（2）保护接零的适用范围。

① 适用于三相三线制中性点不接地供、用电系统，包括三相三线制 380V 低压电网或高压电网。

② 适用于由小区配电室供电的三相四线制中性点直接接地的低压配电系统和高压用户独立配电系统。

6.2.4 重复接地

重复接地是指在中性点直接接地的低压三相四线制供电系统中，当电气设备采用保护接零时，将工作零线或保护零线一处或多处通过接地体与大地做再一次的可靠连接，如图 6-8 所示为重复接地示意图。

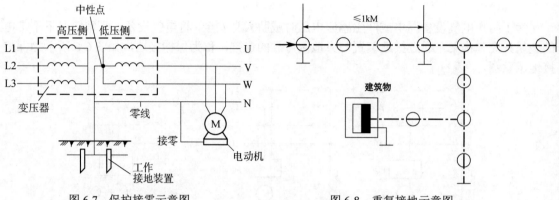

图 6-7　保护接零示意图　　　　　　　图 6-8　重复接地示意图

（1）重复接地的作用。

降低漏电设备外壳的对地电压；减轻零线断线时的触电危险和防止单相设备烧毁；在三相负荷严重不平衡零线断线时，能维持三相电压的基本平衡与稳定。

（2）重复接地的接地电阻合格值应不大于 10Ω。

6.2.5　防雷接地

为泄掉雷电流而专门设置的接地装置，称为防雷接地，如图 6-9 所示为防雷接地示意图。

（1）防雷接地的作用。

保证防雷装置向大地泄放雷电流，限制防雷装置对地电压不致过高。

（2）避雷针单独接地时的电阻合格值应不大于 10Ω。

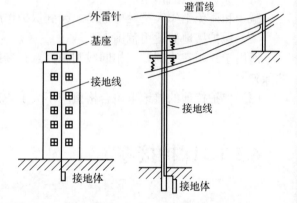

图 6-9　防雷接地示意图

6.3　接地和接零的基本要求

6.3.1　对接地电阻的要求

接地装置的主要技术指标是接地电阻，它包括接地线电阻和接地体的流散电阻。

由于接地线电阻很小，一般可忽略不计，所以接地电阻主要是指接地体的流散电阻。一般情况下，容量较大，数量较多和价格昂贵的电气设备，其接地电阻较小。

（1）工作接地：1kV 以下电力系统变压器低压侧电源中性点，工作接地的接地电阻不宜超过 4Ω；总容量不超过 100kVA 的变压器或发电机供电的低压电力网中，接地电阻不宜大于 10Ω；在高土壤电阻率地区，当达到 4Ω 和 10Ω，在技术经济上很不合理时，可提高到 15Ω。

（2）保护接地：一般设备的保护电阻应在 4Ω、10Ω、30Ω 之间。

（3）重复接地：一般的重复接地，其接地电阻应小于 10Ω。但在接地电阻值允许达到 10Ω 的电力网中，每处重复接地的接地电阻值不应超过 30Ω，此时重复接地不应少于 3 处。

（4）低压线路铁脚：低压线路混凝土杆和低压进户线绝缘子铁脚的接地电阻不宜超过 30Ω。

（5）避雷针（线）：避雷针或避雷线单独接地时，其接地电阻一般不得小于 10Ω，特殊情况下要求小于 4Ω。

当几个电气设备及其他电子设备共用一个接地装置时，其接地电阻值应以要求高的设备为准。

6.3.2　对零线的要求

（1）零线的截面要求。

① 单相回路的零线应与相线等截面。

② 三相四线或二相单线的配电线路，其 N 线和 PEN 线不宜小于相线截面。

③ 以气体放电为主要负荷的回路中，N 线截面不应小于相线截面。

④ 采用可控硅调光的三相四线或二相三线配电线路，其 N 线或 PEN 的截面不应小于相线截面的 1/2 倍。

⑤ N 线或 PEN 线的最小截面应符合表 6-1 的规定。

表 6-1　零线和保护线的最小截面

导线名称或作用		PE 线和 PEN 线的最小截面 mm^2
单芯导线作 PEN 干线	铜材	10
	铝材	16
多芯电缆的芯线作 PEN 干线		4
单芯绝缘导线作 PE 线	有机械性的保护	2.5
	无机械性的保护	4
保护线（PE）其材质与相线相同	$S \leqslant 16$	S
	$S \leqslant 25$	16
	$25 < S \leqslant 35$	$S/2$

（2）零线的连接要求。

① 零线的连接应牢固可靠、接触良好。

② 零线与设备的连接线应采用螺栓压接，并应加弹簧垫圈。

③ 钢质零线本身的连接必须采用焊接连接。

④ 采用自然导体作零线时，对连接不可靠的地方要另加跨接线。

（3）并联连接：所有电气设备的保护接零线，均应以并联的方式接在零线上，不允许采用串联方式。

（4）保护设备：三相四线制或三相五线制电力线路的零线禁止安装熔断器、单独的自动开关等过载或短路的保护设备，否则一旦零线因故断开、负载不平衡时，就会产生电压位移使零线电压上升，威胁设备和人身安全。

（5）零线的防腐。

（6）对于临时设备、移动设备、携带式设备和电动工具的零线，要特别注意检查，以防漏接、断线和万一发生碰壳故障时造成的触电事故。

6.3.3　保护接地和接零的应用范围

1. 应接地或接零的电气设备

电气设备的下述部位应接地或接零。

（1）电机、变压器、电器、携带式或移动式用电器具等金属底座和外壳。

（2）配电装置的金属架构。

（3）配电盘与控制操作台的金属框架。

（4）电气设备的传动装置的金属部件。

（5）室内、外配电装置的金属框架及靠近带电部分的金属围栏和金属门。

（6）仪用互感器的二次线圈。

（7）电缆的金属接头盒及电缆金属外皮。

（8）架空线路的金属杆塔及室内、外配线的金属管等。

（9）手持电动工具及民用电器的金属外壳。

（10）电热设备的金属外壳。

2. 对保护接零系统的技术要求

（1）电源变压器中性点必须进行工作接地，接地电阻值不应大于4Ω。

（2）引出的零线在规定地点必须做重复接地，接地电阻值不应大于10Ω。

（3）零线上不得装设熔断器及开关。

（4）零线的截面一般不应小于相线截面的1/2。

（5）在同一低压配电系统中，保护接地和保护接零不能混用。

（6）不应将插座上接电源工作零线的孔与保护接零线的孔连接在一起使用。

3. 保护接地与保护接零不得混用

同一低压配电系统中，如果采用两种保护接线，如图6-10所示，当设备M漏电时由于事故电流一般不太大，所以熔丝未及时熔断，接地故障电流通过大地流向变压器工作接地点，使零线电位上升，致使所有采用保护接零的电气设备的外壳也带有危险电压，威胁人身安全。

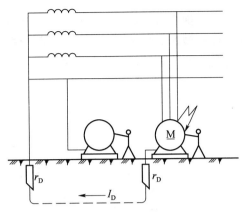

图 6-10 接地和接零的混用

6.4 接地装置的安装

为保证接地装置的安全、可靠，应对接地装置材料选择、敷设方式、形状、深度、连接等方面提出具体要求。

6.4.1 接地体的安装

接地体分为自然接地体和人工接地体两种。人工接地体又分为垂直接地体和水平接地体。当电气设备接地装置安装时，应充分利用自然接地体；也可部分利用自然接地体，部分采用人工接地体；如无自然接地体可利用时应全部采用人工接地体。

1．可利用的自然接地体

（1）金属井管，直接敷设在地中的所有管道（有易燃、易爆气体及液体者除外）。

（2）与大地可靠连接的建筑物、构筑物的金属结构。

（3）电力电缆的金属外皮等。

（4）水工构筑物及其类似构筑物的金属管、桩。

2．人工接地体的制作与安装

（1）垂直接地体。

① 制作方法：垂直安装的接地体一般用镀锌的角钢、圆钢和钢管制成。角钢厚度不小于 4mm，圆钢直径不小于 19mm，钢管壁厚不小于 3.5mm。

长度一般在 2～3m 之间（不能短于 2m），接地体的下端要加工成尖角形。角钢的尖点应在角脊线上，且两斜边与尖点要对称；圆钢要加工成圆锥形；钢管制作时要单面斜削形成一个尖点，如图 6-11 所示。

② 安装方法：一般采用打桩法，将接地体打入地中。

接地体在打入地中时，应与地面保持垂直，有效深度不应小于 2m。应用锤子敲打角钢的角脊线处；如采用钢管则应用锤子敲击在尖端的顶点处。否则较难打入且不易打直，使接地体与土壤间产生缝隙，增加了接地体与土壤的接触电阻，如图 6-12 所示。

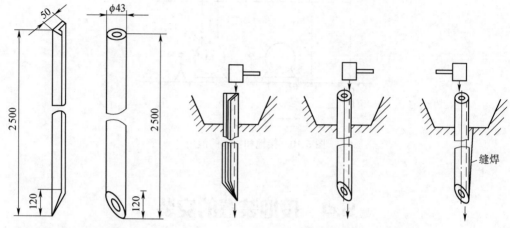

图 6-11　垂直接地体　　　　　　　　　　图 6-12　接地体打入土壤的情况

多极接地的接地体与接地体之间应保持 2.5～5m 的直线距离。

在接地体全部打入地下后，应将土埋入四周并夯实，以减小接触电阻。

（2）水平接地体。

水平接地体多采用直径 16mm 的圆钢和 40mm×4mm 的扁钢。接地体形状一般有条形、环形、放射形多种，如图 6-13 所示。

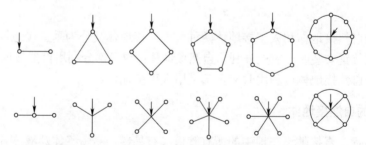

图 6-13　常用垂直接地体的布置

水平接地体的埋设深度不应小于 0.6m，相互间距及距建筑物距离不应小于 3m。

6.4.2　接地线的安装

接地线分为自然接地线和人工接地线两种。

接地线是接地干线和接地支线的总称，接地干线是接地体之间的连接导线；或是指一端连接接地体，另一端连接各接地支线的连接线，接地支线是接地干线与设备接地点之间的连接线。接地线示意图如图 6-2 所示。

（1）接地线不应做其他用途。

（2）可利用的自然接地线。

① 建筑物的金属结构（如金属梁、柱等）及设计规定的混凝土结构内部的钢筋。

② 生产用的起重机的轨道，配电装置的外壳、走廊、平台、电梯竖井、起重机及升降机的构架、运输皮带的钢梁、电除尘器的金属结构。

③ 配线的钢管。

④ 电力电缆的铅、铝外皮。

⑤ 不会引起爆炸、燃烧的所有金属管道。

（3）人工接地线的安装。

1）接地线的选用。

① 用于输配电系统工作接地的接地线的选用。

配电变压器低压侧中性点的接地线要采用截面不小于 35mm² 的裸铜导线，变压器容量在 100kV·A 以下时，可采用截面为 25mm² 的裸铜导线。

② 电气设备金属外壳的保护接地线的选用。

接地线所用材料最小和最大截面按表 6-2 选用。在中性点不直接接地的电力网中，电气设备的接地干线须按相应电源相线截面积的 1/2 选用；接地支线须按相应电源相线截面积的 1/3 选用。

装于地下的接地线不准采用铝导线，移动电具的接地支线必须用铜芯绝缘软导线。

表 6-2　保护接地线的截面规定

材　料	接地线类别		最小截面（mm²）	最大截面（mm²）
钢	移动电具引线的接地支线	生活用	0.2	25
		生产用	0.1	
	绝缘铜线		1.5	
	裸铜线		4.0	
铝	裸铝线		6.0	35
	绝缘铝线		2.5	
扁钢	户内：厚度不小于 3mm		24	100
	户外：厚度不小于 4mm		48	
圆钢	户内：直径不小于 5mm		19	100
	户外：直径不小于 6mm		28	

③ 接地干线的选用。

接地干线通常用截面积不小于 4mm×12mm 的扁钢或直径不小于 6mm 的圆钢。

2）接地干线的安装。

① 接地干线与接地体的连接处应尽可能采用焊接并加镶块。焊接必须牢固，无虚焊、无夹渣、不能损坏接地体。无焊接条件时也允许用螺钉压接。连接处的接触面必须经过镀锌或镀锡的防锈处理，压接螺钉也要采用镀锌螺钉。安装时，接触面应保持平整、严密，不可有缝隙，螺钉要拧紧。在有振动的场所，螺钉上应加弹簧垫圈。如图 6-14 所示。

② 多极接地和接地网各接地体之间连接干线，如果需要提供接地线就要将接地干线安装在地沟内，沟上应覆盖沟盖，沟盖与地面平齐，如图 6-15 所示。连接扁钢应预先钻好连接线用的孔，并在连接处镀锡。如不需要提供接地线，则应埋入地下 300mm 左右，并在地面上标

明干线的走向和连接点的位置，便于检查修理。埋入地下的连接点应尽量采用电焊焊接。

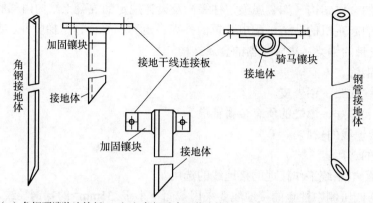

（a）角钢顶端装连接板　（b）角钢垂直面装连接板　（c）钢管垂直面装连接板

图 6-14　垂直接地体焊接与接地干线连接板

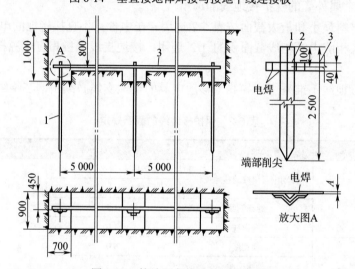

图 6-15　接地网各接地体间的连接

③ 公用配电变压器的接地干线与接地体的连接点应如图 6-16 所示埋入地中 100～200mm。在接地线引出地面 2～2.5m 处断开，再用螺钉重新压接接牢。

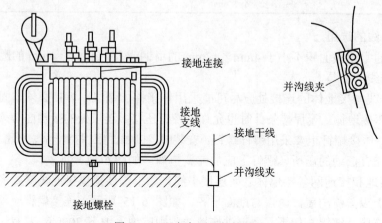

图 6-16　配电变压器的接地线

④ 在穿越墙壁或楼板时应穿管加以保护。在可能受到机械力而使之损坏的地方,应加防护罩保护。室内敷设的接地线采用扁钢时可按图 6-17 所示用支持卡子沿墙敷设,水平安装时距地面一般为 200～600mm。与建筑物或墙壁间应有 15～20mm 的间隙。

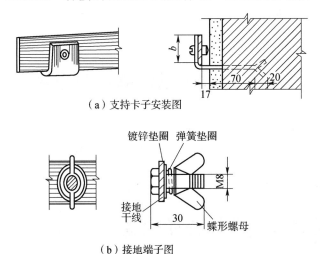

（a）支持卡子安装图

（b）接地端子图

图 6-17　室内接地干线支持卡子安装图

⑤ 用扁钢或圆钢作接地线干线需要接长时,必须采用电焊焊接。焊接处扁钢搭头为其宽度的两倍,并需三面施焊;圆钢搭头为其直径的 6 倍,并需两个侧面施焊,扁钢与圆钢连接时其长度为圆钢直径的 6 倍。焊缝应平直无间断、无夹渣、气泡。如采用多股绞线连接时,应用接线端子,如图 6-18 所示。

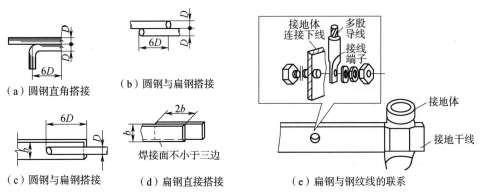

（a）圆钢直角搭接　　　（b）圆钢与扁钢搭接

（c）圆钢与扁钢搭接　　（d）扁钢直接搭接　　（e）扁钢与钢绞线的联系

图 6-18　接地干线的连接

3）接地支线的安装。

接地支线安装时应遵守下列规定。

① 每一个设备的接地点必须各用一根接地支线与接地干线单独连接。不允许用一根接地支线将几个设备的接地点串联起来;也不允许将几根接地支线并接在接地干线的一个连接点上。

② 在室内容易被人体触及的地方,接地支线要采用多股绝缘绞线。连接处必须恢复绝缘层。

③ 用于移动电具的接地支线应采用铜芯绝缘软线,中间不允许有接头。

④ 接地支线与电气设备金属外壳、金属构架连接时接地支线的两头应焊接线端子，并用镀锌螺钉压接。

⑤ 接地支线与变压器中性点和外壳连接时接地支线与接地干线用并沟线夹连接。

⑥ 接地支线的每个连接处，都应置于明显部位，便于检修。

6.5　接地装置的检查与维修

接地装置受自然环境和外力的影响，破坏较大，在运行中一旦发生损坏或接地电阻不符合要求，就会给电气设备和人身安全带来危害，所以对运行中的接地装置要进行定期检查、测量，发现问题及时处理。

6.5.1　接地装置定期检查和测量

1. 接地装置定期检查时的要求

（1）变（配）电所的接地电网，每年应检查一次。

（2）车间电气设备的接地线及接地中线，每年至少应检查一次。

（3）各种防雷装置的接地引下线，每年在雷雨季节前检查一次。

（4）独立的避雷针的接地装置，一般情况下每年检查一次。

2. 接地装置定期测量接地电阻时的要求

（1）变（配）电所的接地装置，每年一次。

（2）10kV 及以下线路变压器的工作接地装置，每两年一次。

（3）低压线路中性线重复接地的接地装置，每两年一次。

（4）车间设备保护接地的接地装置，每年一次。

（5）防雷保护装置的接地装置，每年一次。

测量接地电阻，应在土壤最干燥的季节，土壤电阻率最高时进行。北京地区一般在每年 3～4 月份进行测量。

各种防雷装置的接地电阻，应在雷雨季节前进行测量。

如表 6-3 所示为接地装置检查和测量接地电阻周期表。

表 6-3　接地装置检查和测量接地电阻周期表

接地装置类别	检 查 周 期	测 量 周 期
变（配）电所接地电网	每年一次	每年一次
车间电气设备的接地（接零）线	每年至少二次	每年一次
各种防雷保护接地装置	每年雷雨季节前检查一次	每二年一次
独立避雷针接地装置	每年雷雨季节前检查一次	每五年一次

接地装置类别	检 查 周 期	测 量 周 期
10kV 及以下线路变压器工作接地装置	随线路检查	每二年一次
手持工具的接地（接零）线	每次使用前检查一次	每二年一次
对有腐蚀性或化学成份的土壤中的接地装置	每五年局部挖开检查腐蚀情况	每二年一次

6.5.2　接地装置巡视检查的项目

（1）检查接地线与电气设备的金属外壳、接地电网等连接情况是否良好，有无松动脱落等现象。

（2）检查接地线有无机械损伤、断股及腐蚀现象。

（3）检查接地体是否完整。

（4）有腐蚀性的场所，应挖开接地引下线的土层，检查地面下 50cm 以上接地引下线的腐蚀程度。

（5）人工接地体周围地面上，不应堆放或倾倒有腐蚀性的物质。

（6）明装接地线表面涂漆有无脱落现象。

（7）移动式电气设备的接地或接零线，在每次使用前应检查其接触情况是否良好，接地线有无断股现象。

6.5.3　接地装置的维修

运行中的接地装置，若发现有下列情况之一时应及时进行维修。

（1）接地线连接处焊缝开焊及接触不良。

（2）电力设备与接地线连接处的螺栓松动。

（3）接地线有机械损伤、断股或有化学腐蚀情况。

（4）接地体由于外力影响露出地面。

（5）测量的接地电阻阻值超过规范规定值。

6.5.4　降低接地电阻的方法

在低阻值土壤地区，当采用自然接地体的接地电阻值大于规定值时，应增加人工接地体来降低接地电阻。当采用人工接地体的接地电阻值大于规定值时，则应补打人工接地体来降低接地电阻。在高阻值土壤地区，降低接地电阻的方法如下。

（1）换土法：在原接地极坑内填入电阻率低的土壤如黄黏土、黑土等。

（2）深埋法：若在接地体位置深处的土壤电阻率较低时，可采用深井式或深管式接地体。

（3）外引法：将接地体引至附近的水井、泉眼、河沟、水库边、河床内等土壤电阻率较低的地方。

（4）延长法：延长垂直接地体的长度或水平接地体的长度或改变接地体的安装形状。

（5）长效降阻剂：在接地体周围埋设长效固化型降阻剂。改变接地体周围土壤的导电性能降低接地电阻。

（6）特殊的接地体材料：JHY离子接地体能够通过顶部的呼吸孔吸收空气和土中的水分，使接地极中的化合物潮解产生电解离子释放到周围的土中，活性调节周围的土，将土的电阻率降至最低，从而使接地系统的导电性保持较高的水平。

6.5.5　接地电阻的测量

常用的接地电阻测量仪主要有ZC－8型和ZC－29等几种。

ZC－8型测量仪主要由手摇发电机、电流互感器、滑线电阻及检流计等组成，全部机构都装在铝合金铸造的携带式外壳内，由于外形与普通摇表相似，所以一般将之称为接地摇表。

测量仪有三个接线端子和四个接线端子两种，它的附件包括两支接地探测针、三条导线（其中5m长的用于接地板；20m长的用于电位探测针；40m长的用于电流探测针）。如图6-19所示。

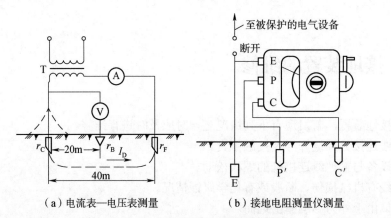

（a）电流表—电压表测量　　　　（b）接地电阻测量仪测量

图6-19　测量接地电阻的接线图

1．使用方法和测量步骤

（1）停电，拆开接地干线与接地体的连接点或拆开接地干线上所有接地支线的连接点。

（2）将连接处打磨光滑，去除锈蚀。

（3）将电流探针插入离接地体40m远的地下，将电压探针插入离接地体20m远的地下，且两支接地测量探针应布置在与线路或地下金属管道垂直的方向上。

（4）将导线相应地连接在仪表的端钮E、P、C上。

（5）将仪表置于接地体近旁平整的地面上，根据被测接地体的接地电阻要求，调节好粗调旋钮，检查检流计的指针是否指于刻度中心线上。

（6）以每分钟 120 转的速度均匀地摇动仪表的手柄，当指针偏斜时随即调整细调拨盘直至表针对准中心刻度线为止。以细调拨盘调定后的读数去乘以粗调定位的倍率即是被测接地体的接地电阻值。

2．测量注意事项

（1）仪表一般不做开路试验。

（2）被测极及辅助接地极连接的导线不应与高压架空线、地下金属管道平行，以防干扰和测量的准确。

（3）雷雨季节阴雨天气，不得测量避雷装置的接地电阻值，一般应在干燥季节摇测。所测接地电阻值要小于规定值才算符合要求。

（4）不准带电测量接地装置的接地电阻。

6.5.6　计算机机房的接地要求

（1）四种接地方式接地电阻值要求：交流工作接地、安全保护接地的接地电阻均应不大于 4Ω，采用联合接地体时，接地电阻均应小于 1Ω。

（2）计算机系统的接地应采取单点接地并采取等电位措施。多个计算机系统分别采用接地线与接地体连接；接地引下线应选用截面积不小于 $35mm^2$ 的多芯铜电缆用以减少高频阻抗；机房内的非计算机系统管、线、风道等金属实体，应做接地处理。接地电阻应小于 4Ω；计算机终端及网络的节点机均不应做接地保护，应有系统统一设计，否则地线的电位差足以损坏设备或器件。

综合布线系统应有良好的接地系统，所有屏蔽层应保持连续性。

6.6　防雷装置

雷击是电力系统的主要自然灾害之一，雷电放电过程中可能呈现出静电效应、电磁效应、热效应及机械效应，对建筑物或电气设备造成危害；雷电流入大地时在地面产生很高的冲击电流，对人形成危险的冲击接触电压和跨步电压。因此正确合理地采取防雷措施是尤为重要的。

6.6.1　防雷的基本措施

（1）安装避雷针、避雷线、避雷网等避雷装置。把雷电经避雷装置引导而流入大地，以削弱其危害。

（2）提高电气设备和其他设备的绝缘能力，确保电力系统和其他设备的安全运行。

6.6.2　防雷装置

防雷装置由接闪器、引下线及接地装置三部分组成。

（1）接闪器：是防雷装置顶部直接接受雷击的部件，作用是利用其高出被保护物的突出地位把雷电引向自身，承接雷击放电。

（2）引下线：是将接闪器与下面的接地装置连接的金属导体，作用是把接闪器截获的雷电流引至接地装置，是雷电流流入大地的通道。

（3）接地装置：包括接地体和接地线，接地装置位于地下一定深度，作用是使雷电流顺利流散到大地中去。

6.6.3　防雷装置的安全要求

1．对接闪器的要求

（1）接闪器应按照被保护设备的外形做成不同的形状。避雷针为针状、避雷线为悬索状、避雷带为带状、避雷网为网状。

（2）接闪器应采用镀锌件或涂漆等防腐措施。

（3）接闪器应满足机械强度、热稳定性、耐腐蚀性的要求。

（4）接闪器的材料规格与安装要求。

① 避雷针一般采用镀锌圆钢或镀锌焊接钢管，其直径：当针长 1m 以下时，圆钢不小于12mm，钢管不小于20mm；当针长为1～2m 时，圆钢不小于16mm，钢管不小于25mm。

② 避雷带、避雷网一般采用镀锌圆钢或镀锌扁钢，其规格：圆钢直径不小于8mm，扁钢截面不小于48mm^2，厚度不小于4mm，避雷网的网格一般为6m×6m 或10m×10m。

③ 避雷带、避雷网的架设高度：距屋面或女儿墙为 100～150mm；固定点间间距为 1～1.5m；过伸缩缝处留 100～200mm 余量。

④ 避雷线一般采用截面不小于35mm^{2}镀锌钢绞线。

⑤ 突出建筑物和构筑物屋顶的金属管路和共用天线设施均应与避雷带、避雷网作可靠的电气连接。

2．对引下线的要求

（1）引下线应满足机械强度、热稳定性和耐腐蚀性的要求。

（2）引下线材料应采用镀锌件或涂漆等防腐措施。

（3）引下线一般采用镀锌圆钢或镀锌扁钢，其规格：圆钢直径不小于 8mm、扁钢截面不小于48mm^2、厚度不小于4mm。

（4）引下线应沿建筑、构筑物明敷设，并应采取最短路径接地。

（5）防雷装置的引下线应不少于两根，其间距不应大于表 6-4 中数值。

（6）引下线地面以上 2m 至地面下 0.2m 处一段应加竹管、硬塑料管或钢管保护，当采用钢材时应与引下线作电气连接。

表6-4　引下线之间的距离

建、构筑物的类别	工业第一类	工业第二类	工业第三类	民用第一类	民用第二类
最大距离（m）	18	24	30	24	

3．对防雷装置的要求

采用角钢时厚度不小于 4mm；采用圆钢时直径不小于 10mm；采用钢管时壁厚不小于3.5mm，采用扁钢时截面不小于 $100mm^2$。

6.6.4　防雷装置的安装

（1）避雷针（带）与引下线之间的连接应采用焊接。

（2）避雷针（带）与引下线及接地装置使用的紧固件均应使用镀锌制品，当采用没有镀锌的地脚螺栓时应采取防腐措施。

（3）建筑物上的防雷设施采用多根引下线时，应在各引下线距地面的1.5～1.8m处设置断接线卡，断接线卡应加保护措施。

（4）装有避雷针的金属管体，当其厚度不小于4mm时，可作避雷针的引下线，管体底部应有两处于接地体对称连接。

（5）独立的避雷针与接地装置与建筑物、构筑物出入口、人行道的距离不应小于 3m，当小于3m时，应将接地局部埋深不小于1m，或将接地极与地面间铺以卵石或沥青地面。

（6）独立的避雷针的接地装置与接地网的地中距离不应小于3m。

（7）避雷针（网、带）及接地装置，应采取自下而上的施工程序，应首先安装集中接地装置，而后安装引下线，最后安装接闪器。

6.6.5　高压架空线路的防雷措施

过电压：指对电气设备绝缘有危险的突然升高的电压。可分为大气过电压和内部过电压两大类。

1．35kV 及以上线路架设避雷线

避雷线又称架空地线，一根或两根架设于杆塔的顶部，主要是防止雷直击到架空输电线路的导线上。

当雷直击到避雷线上时，雷电流就沿着避雷线分向两侧流动，绝大部分雷电流就在最近的杆塔接地引下线流入大地中，极小部分雷电流则流到较远处的杆塔再经其接地引下线流入地中。

为使雷电流尽快流入地中，减小对设备绝缘的威胁，必须把每根杆塔上的避雷线都可靠接

地，且接地电阻应符合要求。

雷害不严重的地区，110kV、20～60kV 线路应在发电厂升压站出线和变电站进出线 1～2km 内装设。110kV 以上的线路大都沿线路全线装设。

避雷线的保护范围与它保护的导线所成的角度大小有关。保护角越小，其遮蔽效果也越好。保护角的要求是，双避雷线 20°～30°，单避雷线 25°。

选择避雷线主要应考虑机械强度，以及与导线的配合。一般，避雷线采用镀锌钢绞线。

当导线使用 LGJ—35、LGJ—50、LGJ—70 时，避雷线使用 GJ—25。

当导线使用 LGJ—95 到 LGJ—185 时，避雷线使用 GJ—35。

当导线使用 LGJ—240 到 LGJ—400 时，避雷线使用 GJ—50。

2．6～10kV 架空线路的防雷保护措施

（1）提高线路本身的绝缘水平。

① 在线路上采用瓷横担，减少雷击跳闸次数，提高耐雷击的水平。

② 在铁横担混凝土电杆线路上，用高一绝缘等级的绝缘子。

（2）利用三角形作保护线。

由于 6～10kV 线路中性点是不接地的，如果在三角形排列的顶线绝缘子上装上保护间隙，则在雷击时顶线承受雷击。间隙击穿，对地泄放雷电流，从而保护下面两根导线。形成暂时的单相接地，不会引起线路跳闸。

（3）加强对绝缘薄弱点的保护。

线路上个别特高的电杆，线路的交叉跨越处，线路上的电缆头，开关等处，是线路上的绝缘薄弱点。雷击时，这些地方最容易发生短路，需装设管型避雷器或保护间隙进行保护。

采用自动重合闸措施。

6.6.6　变配电站的防雷措施

（1）装设避雷针保护整个变配电站的建筑物免遭直接雷击。

（2）装设架空避雷线及其他避雷装置作为变配电站进出线段的防雷保护。

① 35kV 电力线路一般不采用全线架设避雷线的方法来防直击雷。但为防止变配电站附近线路上受到雷击时雷电压沿线路侵入变配电站损坏设备，需在变配电站进出线 1～2km 段内架设架空避雷线作为保护，使该段线路免遭直接雷击。其防雷措施示意图如图 6-20 所示。

② 为了使 1～2km 保护段以外的线路受雷击时侵入变配电站内的过电压有所限制，可在架空避雷线下面导线的两端装设管型避雷器，其接地电阻不大于 10Ω。当架空避雷线保护以外的线路上受到雷击时，雷电波到管型避雷器 F3 处，立即对地放电，降低了雷电压值，只有当变配电站内高压断路器经常断开，而线路又可能带有电压时，才安装 F2。F2 的作用是防止入侵电波在断开的断路器处产生过电压击坏断路器。

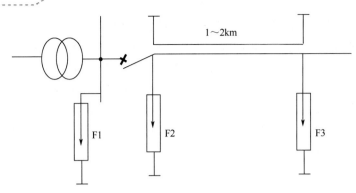

图 6-20　35kV 变配电站进出线段防雷措施示意图

③ 对于容量 3200kVA 及以下的一般负荷变配电站，可采用简化的进出线段保护方式。如图 6-21 所示为其避雷装置示意图。

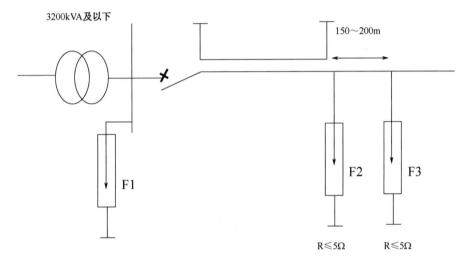

图 6-21　容量 3200kVA 及以下的变配电站进出线段避雷装置示意图

④ 对容量 1000kVA 及以下的变配电站进出线段，其防雷保护可只设 FZ 型或 FS 型避雷器，以保护线路断路器及隔离开关。其防雷措施示意图如图 6-22 所示。

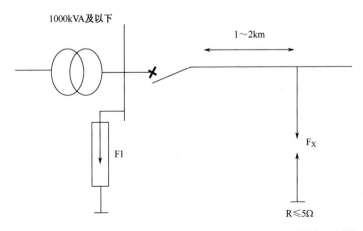

图 6-22　容量 1000kVA 及以下的变配电站进出线段防雷措施示意图

237

（3）装设阀型避雷器对沿线路侵入变配电站的雷电波进行防护。

① 变配电站的进出线段虽已采取防雷措施，且雷电波在传播过程中也会逐渐衰减，但沿线路传入变配电站内的部分，其过电压对站内设备仍有一定危害，特别是对价值最高、绝缘相对薄弱的主变压器更是这样。故变配电站母线上，还应装设一组阀型避雷器进行保护。

② 6～10kV 配电站所中，阀型避雷器与被保护的变压器间的电气距离，一般不应大于 5m。为使任何运行条件下站内变压器都能得到保护，应采用分段式为每台变压器装设阀型避雷器，其防雷措施示意图如图 6-23 所示。

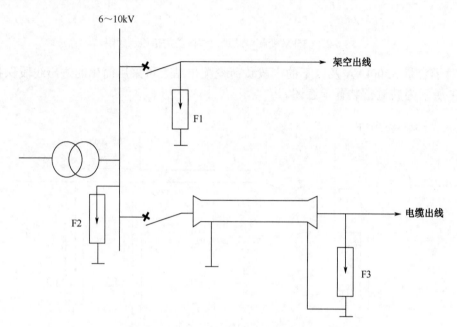

图 6-23　6～10kV 变配电站防雷措施示意图

6.6.7　防雷装置的检查和维护

防雷装置在运行中，要加强巡检，及时发现异常和缺陷并进行处理，严防防雷装置　形同虚设或防雷性能下降。具体检查项目如下。

（1）防雷装置引雷部分、接地引下线和接地体三者之间连接良好。

（2）运行中应定期测量接地电阻，接地电阻应符合规定要求。

（3）避雷器应定期做好预防性试验。

（4）避雷针、避雷线及其接地线应无机械损伤和锈蚀现象。

（5）避雷器绝缘套管应完整，表面应无裂纹、无严重污染和绝缘剥落等现象。

（6）定期抄录放电记录器所指示的避雷器的动作次数。

（7）避雷针接地引下线连接是否完好，接地引下线保护管是否符合要求。

（8）在避雷针、避雷线的架构上严禁装设未采取保护措施的通信线、广播线和低压电力线。

（9）在每年的雷雨季节来临之前，应进行一次全面的检查、维护，并进行必要的电气预防性试验。具体的试验项目（其中有关避雷器部分是以阀型避雷器为例）如下。

① 测量接地部分的接地电阻。

② 避雷器标称电流下的残压试验。

③ 避雷器工频放电电压试验。

④ 避雷器密封试验等。

本章小结

本章内容在生产实际中十分重要，是保证电气工作人员安全生产和电气设备安全运行的重要条件。

接地装置是接地体接地线的总称，地的概念是大地电位为零的地方。

对地电压，接触电压，跨步电压是重要的概念。

保护接地和保护接零在生产中应用很多，特别要注意其适用期范围，接地体的安装直接影响接地电阻值，接地电阻测量要使用专用测量仪器，现在大多采用接地电阻测量仪，接地电阻测量要注意季节、场合和方法。

防雷措施，避雷器和避雷线的安装及应用场合和保护范围。

复习题

1．电气上的"地"是什么含义？

2．接地装置由哪几部分组成？

3．什么叫跨步电压？什么叫接触电压？

4．保护接地与保护接零有什么区别？

5．为什么在同一电力系统中接地与接零不能混用？

6．接地装置定期检查和测量的周期？

7．降低接地电阻的措施有几种？

8．运行中的接地装置发现哪些情况要进行维修？

9．防雷措施有哪些？

10．设计35kV变电站的防雷措施。

第7章

电工考核综合复习

根据实际考核需求，我们精心选编了本章考核培训资料，其中包含了各章基础理论考核要点和实际操作能力综合练习及部分参考答案。目前的理论基础考核多为计算机网络操作，题型一般为选择和判断。实际操作能力考试也有涉及部分理论（仅与实际考试操作题相关联）。本资料在实际使用中受到了广大电业工作人员的普遍欢迎，这里仅供大家选用。注意：答案中的（教材）系指各类电工教科书和培训教材。

7.1 低压电工应知的重点基础理论

7.1.1 电工作业人员的基本素养

1. 遵守职业道德规范。
2. 牢记岗位安全职责。

7.1.2 应知基础理论知识

1. 什么是电压、电位、电动势？它们的关系如何？
1）电压和电位的关系。
（1）电位是电场中某点与参考点之间的电压。电压则是电场中某两点间的电位之差。
（2）电位值是相对的，它的大小与参考点有关；电压值是绝对的、固定的，它的大小和参考点的选择无关。

（3）电压和电位的单位都是伏特。

2）电压和电动势的关系。

（1）电压是衡量电场力做功本领的物理量，其方向为由高电位指向低电位，电压存在于电源内、外电路。

（2）电动势是衡量电源力做功本领的物理量，其方向为在电源内部由负极指向正极，且仅存在于电源内部。

（3）电压和电动势的单位都是伏特。

2．什么是电流、电流强度？电流的单位是什么？

电流，是指电荷的定向移动。

电流的大小称为电流强度（简称电流，符号为I），是指单位时间内通过导线某一截面的电荷量，单位安培，每秒通过1库仑的电量称为1「安培」（A）。

3．什么是部分电路欧姆定律？什么是全电路欧姆定律？如何表达？

答：在同一电路中，通过某段导体的电流跟这段导体两端的电压成正比，跟这段导体的电阻成反比，公式为$I=U/R$，或$I=U/R$=P/U。

全电路欧姆定律：闭合电路的电流跟电源的电动势成正比，跟内、外电路的电阻之和成反比。公式为$I=E/（R+r）$。

4．什么是串联电路？串联电路如何计算？串联电路有什么特点？

将用电器逐个顺次连接起来的电路，称为串联电路。串联电路中的电流相同；串联电路中用电器相互影响工作。

5．什么是并联电路？并联电路如何计算？并联电路有什么特点？

将用电器并列地连接起来的电路，称为并联电路并联电路。中的电压相同；并联电路中用电器相互不影响工作。

6．什么是电磁感应定律？什么是楞次定律？什么是左手定则？

什么是右手定则？如何应用？

答：法拉第电磁感应定律：闭合线圈内磁通量的变化率等于电动势的大小（电动势方向可用楞次定律判定）。法拉第电磁感应定律公式：$e=\Delta\phi/\Delta t$；还有一个电动势的求法：$e=blv$，它是上述定义式的特殊推导，应用这个公式时，闭合线圈内磁通量变化的是导体棒的切割运动，是法拉第电磁感应定律的推论。余见《教材》。

7．什么是正弦交流电？什么是交流电的三要素？

答：正弦交流电是随时间按照正弦函数规律变化的电压和电流。

交流电的三要素：振幅、频率、相位。

8．什么是感抗？什么是容抗？什么是阻抗？它们的计算方式及阻抗三角形的含义是什么？

答：交流电流通过电感线圈时，线圈中会产生感应电动势来阻止电流的变化，因而有一种阻止交流电流通过的作用，我们称之为"感抗"。实验证明，感抗在数值上就是电感线圈上电压和电流的有效值之比，$X_L=U_L/I_L$。感抗的单位是"Ω（欧姆）"，符号是"L"。

与感抗类似，交流电流通过电容时，电容器也有一种阻止交流电流通过的作用，我们称之为"容抗"。实验证明，容抗在数值上就是电容上电压和电流的有效值之比，$X_c=U_c/I_c$。容抗的单位是"Ω（欧姆）"，符号是"C"。余见《教材》。

9．什么是RL电路？什么是RC电阻？它们各有什么特点？如何计算？

答：见《教材》。

10．什么是三相交流电？如何表示？

答：由三个频率相同、振幅相等、相位依次互差120°的交流电势组成的电源。

11．三相交流电路中的负载有哪两种接法？相值和线值有什么联系？如何计算？

答：见《教材》。

12．如何计算三相电路中的功率？什么是功率因数？如何计算？

答：三相电路中一相负载吸收的功率等于 $P_p=U_pI_p\cos\phi$，其中 U_p、I_p 为负载上的相电压和相电流，则三相总功率为 $P=3P_p=3U_pI_p\cos\phi$。

注意：（1）上式中的 ϕ 为相电压与相电流的相位差角（阻抗角）；

（2）$\cos\phi$ 为每相的功率因数，在对称三相制中三相功率因数：$\cos\phi_A=\cos\phi_B=\cos\phi_C=\cos\phi$。

13．电工仪表有哪些常见类型？其文字、符号的含义及误差的种类是什么？

答：电工仪表按照工作原理分类，主要分为磁电系仪表：根据通电导体在磁场中产生电磁力的原理制成；电磁系仪表：根据铁磁物质在磁场中被磁化后，产生电磁吸力的原理制成；电动系仪表：根据两个通电线圈之间产生电动力的原理制成；感应系仪表：根据交变磁场中的导体感应产生涡流与磁场产生电磁力的原理制成。余见《教材》。

14．简述万用表的构造及工作原理。如何正确使用？有哪些安全注意事项？

答：见《教材》。

15．简述兆欧表的构造及工作原理。如何正确使用？有哪些安全注意事项？

答：兆欧表的结构主要有两部分组成：一部分是手摇直流发电机，另一部分是磁电式流比计测量机构。工作原理为由机内电池作为电源经 DC/DC 变换产生的直流高压由 E 极出经被测试品到达 L 极，从而产生一个从 E 到 L 极的电流，经过 I/V 变换经除法器完成运算直接将被测的绝缘电阻值由 LCD 显示出来。

兆欧表使用注意事项：

（1）切断设备电源；（2）兆欧表应水平放置；（3）兆欧表的引线应用多股软线，两根引线切忌绞在一起；（4）摇动发电机手柄要由慢到快；（5）摇测完后应立即对被测物体放电。

16．简述钳形电流表的构造及工作原理。如何正确使用？有哪些安全注意事项？

答：见《教材》。

17．简述接地电阻测试仪的构造及工作原理。如何正确使用？有哪些安全注意事项？

答：用接地电阻测试仪测量接地装置的接地电阻值的步骤如下。

1）选表及测量前的检查。

（1）选表。应选用精度及测量范围足够的接地电阻测量仪，如 ZC80～100 表。

（2）测量前检查。

① 外观检查：表壳应完好无损；接线端子应齐全完好；检流计指针应能自由摆动；附件应齐全完好（有 5m、20m、40m 线各一条和两个接地钎子）。

② 调整：将表位放平，检流计指针应与基线对准，否则调整。

③ 试验：将表的四个接线端（C1、P1、P2、C2）短接；表位放平稳，倍率挡置于将要使用的一挡；调整刻度盘，使 0 对准下面的基线；摇动摇把到每分钟 120 转，检流计指针应不动。

2）测量。

（1）接好各条线。

（2）慢摇摇把，同时调整刻度盘（检流计指针右偏，使刻度盘反时针方向转动；指针左偏；

使刻度盘顺时针方向转动）使指针复位。当指针接近基线时，应加快摇速到每分钟 120 转，并仔细调整刻度盘，使指针对准基线，然后停摇。

（3）读数：读取对应基线处刻度盘上的数。

（4）计算：被测接地电阻值；读数×倍率（n）。

（5）收回测量用线、接地钎子和仪表。存放在干燥、无尘、无腐蚀性气体且不受震动的处所。

3）测量中应注意的安全问题。

（1）应正确地选表并作充分的检查。

（2）将被测接地装置退出运行（切断与之有关的电源，拆开与接地线的连接螺栓）。

（3）在测量的 40m 一线的上方不应有与之相平行的强力电线路：下方不应有与之相平行的地下金属管线。

（4）雷雨天气不得测量防雷接地装置的接地电阻。

18. 简述电度表的构造原理、安装场所和安装位置有哪些要求，画出单相电度表和三相电度表的接线原理图。

答：见《教材》。

19. 电流互感器二次绕组为什么不允许开路？二次绕组开路有哪些现象？怎样处理？

答：二次侧相当于一个恒流源，而开路电阻相当于无穷大，因为 $U=IR$，所以会在断口产生高压，造成危险。可作短路处理。

20. 简述电压表和电流表的工作原理及其使用方法。

答：见《教材》。

21. 简述人身触电事故的类别及电流对人体的作用。造成电伤害有哪些因素？

答：见本书第 1 章相关内容。

22. 简述人身触电的几种救助方法和各种防触电的技术原理及应用。

答：见本书第 1 章相关内容。

23. 简述安全用具的种类及性能。

答：见《教材》。

24. 在低压带电设备上作业时，有哪些安全注意事项？

答：（1）在带电的低压设备上工作，应使用有绝缘柄的工具，工作时应站在干燥的绝缘垫、绝缘站台或其他绝缘物上进行，严禁使用锉刀、金属尺和带有金属物的毛刷、毛掸等工具。（2）在带电的低压设备上工作时，作业人员应穿长袖工作服，戴手套和安全帽。（3）在带电的低压盘上工作时，应采取防止相间短路和单相接地短路的绝缘隔离措施。在作业前，将相与相间或相与地（盘构架）间用绝缘板隔离，以免作业过程中引起短路事故。（4）严禁雷、雨、雪天气及六级以上大风天气在户外带电作业，也不应在雷电天气进行室内带电作业。（5）在潮湿和潮气过大的室内禁止带电作业；工作位置过于狭窄时，禁止带电作业。（6）低压带电作业时，必须有专人监护。监护人应始终在工作现场，并对作业人员进行认真监护，随时纠正不正确的动作。

25. 扑灭电气火灾应用哪些消防器材？如何正确使用和保管？

答：见本书第 1 章相关内容。

26. 什么是保护接地？适用哪些范围？接地电阻合格值为多少？

答：见本书第 6 章相关内容。

27．什么是保护接零？适用哪些范围？采用保护接零有哪些基本的安全技术要求？

答：见本书第 6 章相关内容。

28．为什么在 1 000V 以下的同一配电系统中，不允许同时采用接地和接零两种保护方式？

答：如果在同一供电系统中，有的电气设备采用接地保护，有的电气设备采用接零保护，当采用保护接地的某一电气设备发生漏电，保护装置又未及时动作时，接地电流将通过大地流回变压器中性点，从而使零线电位升高，导致所有采用保护接零设备的外壳都带有危险电压，严重威胁人身安全。

29．简述采用接地或接零保护时，哪些电气设备的哪些部位应进行接地或接零，其作用是什么？

答：见本书第 6 章相关内容。

30．什么是重复接地？重复接地的作用是什么？其接地电阻最低合格值是多少？

答：重复接地就是在中性点直接接地的系统中，在零干线的一处或多处用金属导线连接接地装置。其接地电阻值不应大于 10Ω。

31．当电气设备采用保护接零时，零线在哪些处所进行重复接地？

答：见本书第 6 章相关内容。

32．接地装置定期检查的周期是怎样规定的？检查内容有哪些？

答：见本书第 6 章相关内容。

33．运行中的接地装置发现哪些异常情况时应进行维修？

答：见本书第 6 章相关内容。

34．什么是电气设备发生漏电或接地故障时的"对地电压"？

答：一般所说的对地电压，就是指带电体与大地之间的电位差。在这里，"大地"是指离带电体接地点 20m 以外的大地而言，就是说，对地电压是带电体与具有零电位的大地之间的电位差。它在数值上等于接地电流与接地电阻的乘积。

35．人工垂直接地体的安装一般有哪些规定？

答：见本书第 6 章相关内容。

36．什么是跨步电压？什么是接触电压？

答：见本书第 6 章相关内容。

37．在三相四线制供电系统中，零线的干线及保护分支线最小截面是怎样规定的？

答：（1）三相四线制供电系统主干零线的截面，不得小于相线截面的 1/2；接单相（220V）设备时，零线的截面应和相线的截面相等；

（2）接至用电设备的保护零线应有足够的机械强度，应尽量按 IEC 标准选择零线的截面和材质，架空敷设的保护零线应选用截面不小于 $10mm^2$ 的铜芯线，穿管敷设的保护零线应选用截面不小于 $4mm^2$ 的铜芯线。若采用铝芯线时，不得使用独股线，且截面应比铜线高一个等级；

（3）与电气设备连接的保护接零线，采用裸导线时，其直径不得小于 4mm；采用绝缘线时，其截面不得小于 $2.5mm^2$（护套线除外）。

38．什么是安全电压、双重绝缘和电气隔离？

答：安全电压指人体较长时间接触而不致发生触电危险的电压。加强绝缘是机械强度、绝缘性能都有所增强的绝缘结构。电气绝缘是指阻断工作回路与其他回路（包括电源一次回路）之间电击电流的通路。

39．简述漏电保护器的工作原理及安装使用的注意事项。

答：工作原理：正常工作时电路中除了工作电流外没有漏电流通过漏电保护器，此时流过零序互感器（检测互感器）的电流大小相等，方向相反，总和为零，互感器铁芯中感应磁通也等于零，二次绕组无输出，自动开关保持在接通状态，漏电保护器处于正常运行。当被保护电器与线路发生漏电或有人触电时，就有一个接地故障电流，使流过检测互感器内的电流量不为零，互感器铁芯中感应出现磁通，其二次绕组有感应电流产生，经放大后输出，使漏电脱扣器动作，推动自动开关跳闸，达到漏电保护的目的。

安装漏电保护器应注意的事项：漏电保护器负载侧的中性线，不得与其他回路共用。漏电保护器标有负载侧和电源侧时，应按规定安装接线，不得反接。安装带有短路保护的漏电保护器，必须保证在电弧喷出方向有足够的飞弧距离。飞弧距离大小按漏电保护器生产厂家的规定。安装时必须严格区分中性线和保护线，三极四线式或四极式漏电保护器的中性线应接入漏电保护器。经过漏电保护器的中性线不得作为保护线，不得重复接地或接设备外漏可导电部分。保护线不得接入漏电保护装置。

40. 保证安全用电的技术措施和组织措施有哪些？

答：保证安全用电的组织措施：

（1）工作票制度：在电气设备上工作应先填写工作票。

（2）工作许可制度：电气设备上工作应得到许可后才能进行。

（3）工作监护制度：工作现场必须有一人对所有工作人员的工作进行监护。

（4）工作间断、转移和终结制度。

保证安全用电的技术措施

（1）停电：断开开关。

（2）验电：必须用电压等级相同而且合格的验电器。

（3）装设接地线：装设接地线必须先接接地端，后接导体端；拆接地线的顺序与此相反。接地线应用多股软裸铜线，其截面应符合短路电流的要求，但不得小于 $25mm^2$。

（4）悬挂标示牌和装设遮栏：在工作地点、施工设备和一经合闸即可送电到工作地点或施工设备的开关和刀闸的操作把手上，均应悬挂"禁止合闸，有人工作"的标示牌。

41. 简述设备停电检修时，对验电工作有哪些安全技术要求？停电检修时，对挂拆临时接地线有哪些安全技术要求？

答：（1）被检修的电气设备停电后，在悬挂接地线之前，必须用验电器检验其确无电压；

（2）验电时必须使用电压等级合适、经试验、试验期限有效的验电器；

（3）验电前，应先在已知带电体上检验验电器是否良好；

（4）应在施工或检修设备的进出线的各部分分别进行验电；

（5）高压验电必须戴绝缘手套；

（6）联络用的断路器或隔离开关检修时，应在其两侧验电；

（7）线路的验电应逐相进行。检修同杆塔架设的多层电力线路时，先验低压，后验高压；先验下层，后验上层。

（8）表示设备断开的常设信号或标志、表示允许进入间隔的信号，以及接入的电压表指示无电压信号灯熄灭等，只能作为参考,不能作为设备无电的依据。

在停电设备上装设和拆除接地线应注意以下几点：

（1）验明停电设备确无电压后，才能将其接地并三相短路；

（2）对可能送电到停电设备的各个方面都要装设接地线；

（3）使用的接地线应为多股软裸铜线，其截面应符合短路电流的要求；

（4）装设接地线必须先装接地端，后接导体端，且必须接触良好。拆除接地线的顺序与此相反。装拆接地线均应使用绝缘棒和戴绝缘手套；

（5）接地线必须使用专用线夹固定在导体上，严禁用缠绕方法进行接地或短路；

（6）装拆接地线应做好记录，交接班时交代清楚。

42．什么是防雷接地？防雷接地的作用是什么？

答：为了使接闪器截获直接雷击的雷电流或通过防雷器的雷电流安全泄放入地，以保护建筑物，建筑物内人员和设备安全的接地称为防雷接地。

43．防静电的常用技术措施有哪些？

答：静电的泄漏和耗散、静电中和、静电屏蔽与接地、增湿等。

44．简述架空线路的主要组成部分及各部分的作用。

答：架空输电线主要由避雷线、导线、线路金具、绝缘子、杆塔（包括电杆和铁塔），以及拉线和塔杆基础等部分组成，各部分用途如下。（1）避雷线：用来保护架空线路免遭雷电大气过电压的损害，一般10kV及以下架空线路不装设避雷线。（2）导线：导线是线路的主要组成部分，用来传输电流。一般线路每相多采用单根导线。对于超高压大容量输电线路，由于输电容量大，同时为了减小电晕损失和电晕干扰，多采用同相分裂导线，即每相采用两根、三根、四根或多根导线。（3）线路金具：是连接绝缘子与横担、绝缘子与导线及导线本身的连接所需用的金属附件的通称。常用的线路金具有抱箍、线夹、拉板、垫铁、穿心螺栓、花篮螺丝及直角挂板等。（4）绝缘子：是用来支撑或悬挂导线并使导线与杆塔绝缘，它应保证有足够的电气绝缘强度和机械强度。（5）杆塔。杆塔的作用是支撑导线，避雷线及其附件，10kV及以下架空线路多采用钢筋混凝土电杆，按其用途分为直线杆、耐张杆、转角杆、终端杆、分支杆及特种杆等。（6）拉线和塔杆基础。拉线的作用是加强电杆的强度和稳定性，平衡电杆各方向的受力。塔杆基础是将杆塔固定在地下，以保证杆塔不发生倾斜和倒塌的设施。

45．低压架空线路如何正确选择导线截面？

答：见本书第5章相关内容。

46．怎样确定低压架空线路电杆的长度及埋设深度？

答：电杆的高度可由下式决定：

$$h = l_1 + l_2 + l_3 + l_4 + l_5$$

式中　h——电杆长度（m）；

　　　l_1——横担距杆顶距离（m）；

　　　l_2——上、下层横担之间距离（m）；

　　　l_3——导线弧垂（m）；

　　　l_4——导线弧垂对地面最小垂直距离（m）；

　　　l_5——电杆埋设深度（m）。

电杆埋设深度，应根据电杆的长度、承受力的大小和土质情况来确定。一般15m及以下电杆，埋设深度为杆长的1/6，但最浅不应小于1.5m；变台杆不应小于2m。部分长度的电杆埋深，见《教材》。

47．低压架空线路的档距是根据哪些因素确定的？在城市居民区档距一般是多少？

答：主要根据导线最低点对地面最小垂直距离、导线弧垂、导线允许应力、杆塔高度及地形特点来确定。城市居民区架空线路的档距为40～50m。

48. 什么是导线的弧垂？同一档距内的导线弧垂为什么必须相同？导线弧垂过大或过小有何害处？

答：对于水平架设的线路来说，导线相邻两个悬挂点之间内水平连线与导线最低点的垂直距离，称为弧垂。

同一档距内的导线弧垂不相同，说明导线的长度和承受力也不同。

弧垂过大或过小均会影响线路的安全运行。弧垂过大，可能在大风时或在故障时电动力的作用下，容易造成导线摆动太大而混线引起短路；弧垂过小时，使导线承受应力过大，一旦超过导线的允许应力，就会造成断线事故。

49. 低压架空线路在运行中巡视检查的项目有哪些？

答：（1）电杆。杆体表面应该没有破损、倾斜的状况发生；横担没有倾斜或者腐蚀的情况发生；构件没有变形或者发生短缺；杆体上不应该有鸟巢或者其他的杂物出现。

（2）导线。导线不应该出现断股、损伤或者烧伤的痕迹；弧垂度应该一致；导线对地或者交叉及与其他物体的距离应该符合其规定要求。

（3）绝缘子。绝缘子不应该出现裂纹、破损、污染、放电的痕迹或者严重的电晕现象。

（4）拉线及戗杆。在进行架空线缆巡视检查的时候应该注意拉线是否有松弛、断股、锈蚀的现象出现；拉线金具应该齐全；地锚应该没有松动；戗杆应该没有位移这种情况发生。

（5）杆上的开关设备。开关设备的安装应该牢固，没有变形、破损、放电的痕迹；操动机构应该完好无缺；各部的引线之间，以及对地的间距应该严格符合规定。

（6）防雷及接地装置。放电间隙应该没有烧伤、变形的情况出现；阀型避雷器瓷件表面应该没有裂纹、破损及放电痕迹；接地引下线应该没有断股或者断线的情况出现；在进行架空线路巡视检查的时候引下线的连接部位应该是牢固的；接地装置应该没有因水冲刷而出现外露的情况等。

（7）沿线路附近的其他工程。应该不能影响线路的安全运行，由于在线路下方作业会危及线路运行安全的时候应该制止；周围的建筑物设施及数目应该不影响线路的安全运行。

50. 低压架空线路运行中有哪些常见故障？处理方法？

答：单相接地是配电系统最常见的故障，多发生在潮湿、多雨天气。短路故障、断路故障。余见《教材》。

51. 什么是接户线？其装设的原则是什么？有哪些具体要求？

答：见本书第 5 章相关内容。

52. 什么是进户线？如何选择进户点？进户线在安装时有哪些具体要求？

答：见本书第 5 章相关内容。

53. 直埋电力电缆敷设时有哪些要求？电力电缆敷设前应进行哪些试验和检查？

答：见本书第 5 章相关内容。

54. 电力电缆在什么情况下应穿管保护？保护管直径如何选择？

答：下列情况应穿管保护。

（1）电缆引入和引出建筑物、隧道、沟道、楼板等；

（2）电缆通过道路、铁路；

（3）电缆引入或引出地面时距地面上 2m、距地面下 0.1～0.25m 处；

（4）电缆与各种管道、沟道交叉处，以及电缆可能受到机械损伤的地段。电缆穿管时，保护管内径不应小于下列数值：保护管长度在 30m 以下时，管内径不小于电缆外径的 1.5 倍；保护管长度超过 30m 时，管内径不小于电缆外径的 2.5 倍。

55．对运行中的电力电缆巡视检查的周期是怎样规定的？巡视检查项目有哪些？

答：根据使用环境和敷设条件不同，因而巡视周期有所不同，一般每周巡视一次较为合适。巡视检查项目如下。

（1）检查电缆及终端盒有无漏油，绝缘胶是否软化溢出。

（2）绝缘子是否清洁完整，是否有裂纹及闪烙痕迹，引线接头是否完好不发热。

（3）外露电缆的外皮是否完整，支撑是否牢固。

（4）外皮接地是否良好。

56．电力电缆与热力沟及易燃管道平行交叉安全距离有何要求？

答：最小安全距离：

（1）电缆与热力沟平行为 2m，交叉为 0.5m。

（2）电缆与易燃管道平行为 1m，交叉为 0.5m。

57．铜、铝导线的连接有哪些要求？为什么铜、铝导线不容许直接连接？

答：铜、铝导线不应直接连接，应采用过渡连接，常用过渡套管、过渡线夹等。在干燥的室内，较小截面的铜、铝连接时，可采将铜导线涮锡后，在两线连接处抹中性凡士林或导电膏，再与铝线紧密连接。连接后用橡皮胶布勒紧包严、防止空气进入，最后用普通胶布包严。铜、铝导线直接连接会产生电化腐蚀；使连接处接触不良或发热，严重时发生断线而引起事故。

58．临时用电线路的敷设有哪些基本安全要求？

答：临时用电线路期限不超过半年。安全要求如下：

（1）外线的架设应按电气设备安装标准和施工图册要求施工。

（2）电杆不应有裂纹或弯曲，不得倾斜、下沉、杆根积水等。

（3）导线绝缘良好，采用铜线不小于 $6mm^2$，采用铝线不小于 $10mm^2$。

（4）线路与施工中的建筑物水平距离一般不小于 10m，与地面垂直距离不小于 6m，跨越建筑物房顶的垂直距离不小于 2.5m。

（5）每一支路须装设带有可靠的短路和过载保护的断路开关。

（6）线路禁止敷设在树上，各种绝缘导线不能成束架空敷设。

（7）遇恶劣天气（大风、大雪、雷雨天气）应立即巡视检查线路，发现缺陷应及时处理。

59．在低压架空线路上带电作业时，监护人的主要职责是什么？

答：监护人的安全技术等级应高于操作人，在低压架空线路上带电作业时，监护人员的主要职责是保证工作人员和线路的安全，所以要监护工作人员杆上带电作业的全过程。并监护无关人员和车辆，不得进入作业场地。要始终不断地监护工作人员的工作位置是否安全、工作人员身体各部位的最大活动范围与接地部位的距离不应小于安全距离、工具使用是否正确、操作方法是否正确。发现工作人员有不正确的动作时，应及时纠正，必要时令其停止工作。

60．使用安全带有哪些规定？

答：重点安全带要系在稳固部位，不得挂在杆稍；不得挂在将要拆卸的部件上；不得在电杆上盘绕；也不得斜跨横提和电杆。系安全带时，必须目视扣好钩环并用保险环锁住。

61．使用梯子、高凳有哪些要求？

答：要求如下：

（1）工作前应检查梯子、高凳是否坚固，完整，能否承受人员和工具等的总重量。

（2）架立梯子时，梯子与地面的夹角以 60° 为宜。

（3）梯子靠在电杆上时，上端应绑牢；靠在金属管、金属架构上时，梯子上端应有挂钩。

（4）在光滑的地面上靠梯子，应有防滑措施。

（5）使用高凳时应有限制开度的拉链，4m 以上的高凳使用时，上端应绑晃绳。

（6）在梯子与高凳上作业，工作人员需将其一条腿套入横梁内，不允许站在最上端工作。

（7）禁止将单梯当高凳用，也不能放在移动的车辆上使用。

62．使用脚扣有哪些规定？

答：见本书第 5 章相关内容。

63．登杆作业时在杆上传递工具、器材，应注意哪些安全事项？

答：（1）传递器材和工具应使用小绳和工具袋。不允许上、下抛掷。

（2）小绳不要拴在安全带上，以免妨碍工作和影响安全。

（3）在杆上作业时，应防止杆下有人停留，传递器材时杆下人员应戴安全帽。

64．杆上作业时，操作者对高低压带电设备及线路的安全距离是如何规定的？

答：（1）高压 10kV 及以下无遮拦时，人体与带电体距离不小于 0.7m。

（2）低压无遮拦时，人体或其所携带工具与带电体安全距离不小于 0.3m。

65．什么是控制电器、保护电器？它的选择、维护和使用有哪些基本要求？

答：根据外界要求或所施加的信号，自动或手动地接通或断开电路的电器。控制电器是为了执行操作指令的比如按钮、开关、刀闸。保护电器是为了保护电器或电路安全的，比如保险丝、熔断器，过流继电器、断相保护器等。余见《教材》。

66．试述不同类型照明灯的电流计算及其熔丝的选择方法。

答：见本书第 4 章相关内容。

67．插座安装的一般要求有哪些？

答：（1）当不采用安全型插座时，托儿所、幼儿园及小学等儿童活动场所安装高度不小于 1.8m。

（2）暗装的插座面板紧贴墙面，四周无缝隙，安装牢固，表面光滑整洁、无碎裂、划伤。

（3）车间及试（实）验室的插座安装高度距地面不小于 0.3m，特殊场所暗装的插座不小于 0.15m，同一室内插座安装高度一致。

（4）地插座面板与地面齐平或紧贴地面，盖板固定牢固，密封良好。

68．一般敞开式灯具的灯头对地面距离是怎样规定的？

答：见本书第 4 章相关内容。

69．试述一般照明灯开关和螺丝灯口的安装要求？

答：火线接在开关上，通过开关进灯头。螺旋灯口的接线一定要把灯口的螺旋套接零线。

70．照明装置的定期检查、维修的周期和内容是什么？

答：（1）每年 4 月 15 日前做雨季前检查，每年 7～8 月期间做雷雨季节检查，每年 11 月底以前做防冻防风检修工作。

（2）风雨及大风后应做特殊巡检。

（3）检查灯泡功率是否超出灯具规定，检查灯具各部件有无松动、脱落或损坏。

（4）检查开关、导线等是否符合规程；室外照明灯是否有单独的熔丝保护。

（5）露天照明灯是否采用防水灯口，开关控制箱是否漏雨，泄水孔是否畅通，灯具内有无杂物，导线绝缘是否良好。

71．室内照明线路的敷设有哪些要求？

答（1）明管配线，钢管壁厚不应小于 1.0mm，装于潮湿、易腐蚀场所的明管，以及埋在混凝土内的暗管，钢管壁厚不应小于 2.5mm，管壁应经过除锈和防腐处理。

（2）采用硬塑料管配线时，明敷设管壁厚不应小于 2mm；暗敷设管壁厚不应小于 3mm。在易燃、易爆场所，明敷设时，禁止使用硬塑料管配线。

（3）钢管或硬塑料管的管径选择，管内导线截面总和（包括绝缘层）不应超过管子有效面积的 40%，最小管径不应小于 13mm。

（4）管子转角处的弯曲半径，一般不小于管子外径的 6 倍。敷设于混凝土内时，其弯曲半径不应小于管子外径的 10 倍。管子的弯曲角度不应小于 90°。

（5）明管采用管卡固定。钢管管卡间的距离一般不大于 2.5m，当管子外径大于 50mm 时，管卡间的距离可不大于 3.5m。硬塑料管管卡间的距离，管径在 20mm 以下时为 1m，管径在 20～40mm 时为 1.5m，管径在 40mm 以上时为 2m。

（6）钢管与钢管之间或钢管与接线盒之间，一般采用丝扣连接。硬塑料管之间可采用套接或焊接。

（7）采用钢管布线时，同一管路的导线必须穿在一根管内。不同电压的回路，禁止同管敷设，管内导线不得有接头。

72．使用碘钨灯时有哪些注意事项？

答：（1）水平安装倾斜不得超过 4°。

（2）应使用专用灯具。

（3）与易燃物的净距不小于 0.5m。

（4）不能用手直接拿灯管安装或更换，否则应用酒精擦净管。

73．使用镇流器式高压汞灯时，有哪些注意事项？

答：见本书第 4 章相关内容。

74．照明灯具的固定应符合哪些要求？其对地距离是如何规定的？

答：见本书第 4 章相关内容。

75．热继电器的选择和使用有哪些安全技术要求？

答：热继电器是通过热元件利用电流的热效应进行工作的一种保护电器，主要用于电动机及其他电气设备的过负荷保护。热继电器的合理选用及安全正确使用直接影响到电气设备能否安全运行。在选用及使用中应注意以下几个问题。

①热元件的额定电流一般应符合电流的 1.1～1.25 倍选择；②热元件的电流调节范围应与负荷变化相适应；③与热继电器相接的导线截面应满足最大负荷的要求，链接点的接触必须紧密，防止发热；④热继电器的工作环境温度不得过高；⑤热继电器使用中不得自行更动零件；⑥对于通、断频繁及反接制动的电动机不宜采用热继电器保护；⑦热继电器动作后，必须认真检查热元件及辅助接点，查看是否损坏，其他部件无烧毁现象，确认完好无损时才能再次投入使用。

76．对交流接触器的巡视检查内容有哪些？

答：（1）通过接触器的负荷电流是否在其额定电流值以内（可观察电流表示值或用钳型电流表测量）。

（2）接触器的分、合信号指示与电路所处状态是否相符。

（3）接触器的灭弧室内有无因解除不良而产生的放电声。

（4）接触器的合闸吸引线圈有无过热现象，电磁铁上的短路环是否脱出或损伤。

（5）接触器与母线或出现的连接点有无过热现象。

（6）接触器的辅助触头有无烧蚀现象。

（7）接触器的灭弧罩是否松动或裂损。

（8）接触器的吸引线圈铁心吸合是否良好，有无过大噪声，断开后是否返回正常位置。

（9）接触器的绝缘杆是否损伤或断裂。

（10）接触器周围的环境有无变化，有无不利于它正常运行的情况（如有无导电粉尘、过大的振动和通风是否良好）。

77．简述常用低压熔断器的型号、种类及特点。

答：常用的低压熔断器有瓷插式（RC1A）、密闭管式（RM10）、螺旋式（RL7）、填充料式（RT20）等多种类型。瓷插式灭弧能力差，只适用于故障电流较小的线路末端使用。其他几种类型的熔断器均有灭弧措施，分断电流能力比较强，密闭管式结构简单，螺旋式更换熔管时比较安全，填充料式的断流能力更强。

78．简述三相异步电动机的结构和工作原理。

答：三相异步电动机的两个基本组成部分为定子（固定部分）和转子（旋转部分）。此外还有端盖、风扇等附属部分。

当电机的定子绕组接通三相电源后，在定子内的空间便产生旋转磁场。假定旋转磁场按顺时针方向旋转，则转子与旋转磁场间就有相对运动（切割磁力线），转子导线产生感应电动势。由于所有转子导线的两端分别被两个铜环连在一起，因而构成了闭合回路。在此感应电动势的作用下，转子导线内就有电流通过，称为转子电流。转子电流在旋转磁场中受力，其方向由左手定则决定。这些电磁力对转轴形成一个转矩，称为电磁转矩，其作用方向与旋转磁场方向一致，因此转子就顺着旋转磁场的方向转动起来。

79．用于三相异步电动机直接启动的开关设备有哪些？其额定电流如何选择？直接启动时，电动机的容量是怎样规定的？

答：直接启动是中小型鼠笼式异步电动机的首选的常用启动方法，这种启动方法就是直接给电动机定子绕组加上额定电压。启动电流很大，可达到额定电流的6到7倍。 优点：启动快、方法简单；缺点：启动电流大，因而只有在电源容量允许的情况下才可以采用直接启动法。

80．什么是降压启动？三相交流异步电动机常用的降压启动方法有哪几种？并简述接线工作原理？

答：降压启动的定义：

利用启动设备将电源电压适当降低后加到电机定子绕组上启动，以减小启动电流，待电机转速升高后再将电压恢复至额定值的启动方法称为降压启动。

（1）电阻降压启动。电阻损耗大，不能频繁启动，较少采用。

（2）自耦变降压启动。启动电流与电压平方成比例减小，较多采用，不宜频繁启动。

（3）Y-△启动。用于定子绕组△接法的电机，设备简单，可频繁启动，常采用。

接线略。

81．三相异步电动机在运行中常见故障有哪些？

答：定子绕组方面：①绕组断线；②绕组匝简短路；③绕组组相简短路；④绕组一相接地；⑤绕组引线及接线盒短路或断线；⑥绕组绝缘电阻值降低。

转子方面：①鼠笼式转子断条或绕线式转子断线；②绕线式转子电刷与滑环接触不良。

机械方面：①转子铁芯与定子铁芯相摩擦（扫膛）；②轴承损坏或缺油；③风扇故障。

82．运行中的三相异步电动机在什么情况下应立即断开电源？

答：如发生缺相、过载、强烈震动、异常声音、冒烟，以及有焦味等，必须立即断开电源，进行检查维修。

83．如何检查三相异步电动机的绝缘电阻？其最低合格值是多少？

答：（1）三相绕组的直流电阻可以用万用表测量。

（2）测量电动机定子绕组对地绝缘阻值要用兆欧表（摇表）测量，因为万用表的电压太低。常用兆欧表的电压为 500V 及 1 000V。

（3）国标规定：一般电机用 500V 的兆欧表测量，相与相及相对地的绝缘电阻应不低于 0.5Ω 中修电机不得低于 0.5MΩ。

84．运行中的电动机应监视哪些项目？

答：对运行中的电动机应经常检查它的外壳有无裂纹、螺钉是否有脱落或松动、电动机有无异响或振动等。监视时，要特别注意电动机有无冒烟和异味出现，若闻到焦煳味或看到冒烟，必须立即停机检查处理。

85．运行中的三相异步电动机温度过高的原因有哪些？

答：（1）过载运行，电流超额。需要减轻负载，检修负载机械故障。（2）环境恶劣。需要改善通风，避免暴晒，减低温度，减少频繁启动。（3）电压不稳定，过高或过低，导致电流过大。需要解决供电问题。（4）三相不对称，或缺相。需要解决供电问题。（5）电动机故障，绕组断路、短路、漏电、接触不良，轴承磨损。需要修理。

86．电动机缺相运行时会出现哪些异常现象？未及时发现会有哪些后果？

答：三相异步电动缺相运行时，若负荷无变化，则运行中的绕组电流增大，且增大的电流不一定使熔丝熔断，电动会出现异常声音、振动加大，同时使电动机温度升高。若电动机长时间缺相运行，星形接法的电动机的两相电流将增大；三角形接法的电动机，也将造成一相电流的增加，使绕组过热，甚至起火冒烟，烧毁电动机。

87．新安装的电动机在启动前应做哪些检查？

答：（1）测量电动机定子回路绝缘电阻是否合格。

（2）检查电动机接地线是否良好。

（3）检查电动机各部螺丝是否紧固。

（4）根据电动机铭牌，检查电动机电源电压是否相符，绕组接线方式是否正确。

（5）用手扳动电动机转子，转动应灵活，无卡涩、摩擦现象。

（6）检查传动装置、冷却系统、联轴器及外罩、启动装置是否完好。

（7）检查控制元件的容量、保护及熔断器定值，灯光指示信号、仪表等是否符合要求。

（8）电动机本体及周围是否清洁，无影响启动和检查的杂物。

88．运行中的并联电容器，对其巡视检查的内容有哪些要求？巡视检查的周期如何规定？

答：并联电容器检查周期：有人值班的，每班不少于一次；没人值班的，至少每周一次。

日常巡视检查内容主要有以下几项内容。

（1）电压表、电流表、功率因数表指示是否正常。

（2）各连接点有无过热。

（3）瓷套管有无放电现象。

（4）电容器外壳有无膨胀变形。

（5）有无渗漏油现象。

（6）电容器内部有无异常声响。

（7）电容器本身及室内温度是否正常。

（8）放电装置及外壳接地是否良好。

89．简述并联电容器组的投入和退出运行的规定及操作安全注意事项。

答：（1）正常情况下，高压电容器组的投入和退出运行应根据系统的无功潮流、负荷的功率因数和电压等情况确定。一般功率因数低于 0.85 时，要投入高压电容器组，功率因数高于 0.95 且仍有上升的趋势时，高压电容器组应退出运行，系统电压偏低时，也可以投入高压电容器组。

（2）高压电容器组所接的母线的电压超过电容器的额定电压的 1.1 倍或电容器的电流超过其额定电流的 1.3 倍时，高压电容器组应退出运行。电容器室的温度超过±40℃范围时，高压电容器组亦应退出运行。

（3）当高压电容器组发生下列情况之一时，应立即退出运行，电容器爆炸；电容器喷油或起火；瓷套管发生严重放电、闪络、接点严重过热或熔化；电容器内部或放电设备由严重异常响声；电容器外壳有异形胀。

（4）禁止高压电容器组带电荷合闸。

90．简述并联电容器的安装、维修的安全技术要求。

答：（1）安装地点的周围空气温度应在−40℃～＋40℃范围内。电容器室不采暖，必要时可利用风机通风。（2）高压电容器室的长充超过 7 m 时，应有两个出口。（3）并联电容器之间的净距应不小于 50 mm。最下层电容器低部距地面不小于 0.5m。电容器室靠人行道一侧应设网状遮栏，遮栏距电容器外壳不小于 0.25 m。（4）当电容器组的总油量超过 25 kg 时，应设油坑。（5）并联电容器装置的载流部分（母线、开关、熔断器和电流互感器等）不应小于电容器组额定电流的 150%。（6）如采用三相五柱式电压互感器作为电容器组的放电装置时，其高压侧的中性点不应接地。（7）三相电容器的容量应尽可能平衡，最大不平衡应不超过一相容量的5%。（8）每个电容器最好装设单独的熔断器保护，如果采用一个熔断器保护多个电容器，被保护电容器数应不多于 5 个。（9）电力电容器组运行中的电流指示，应是每相用一个电流表，电流表的指示刻度应不小于电容器组的额定电流的 150%。

91．手持电动工具按照使用电压和结构特征可分为几类？

答：三大类。余见《教材》。

92．使用移动式电气设备应遵守哪些安全要求？

答：Ⅰ类工具：在这类工具中，它的防止触电保护不仅依靠基本绝缘，而且它还包含一个附加的安全保护措施，即把可触及的导电部分与设备中固定布线的保护（接地）导线联结起来，可触及的导电部分在基本绝缘损坏时不能变成带电。

Ⅱ类工具：它的防止触电保护不仅依靠基本绝缘，而且它还包含附加的安全保护措施，如双重绝缘或加强绝缘，不提供保护接地或不依赖设备条件。

Ⅲ类工具：它的防止触电保护依靠由安全特低电压（42V/24V）供电和在工具内部不会产生比安全特低电压高的电压。

93．简述行灯变压器安装使用有哪些基本安全技术要求。

答：（1）行灯变压器应是双绕组的，不准用自耦变压器或调压器，二次侧额定电压不得超过 36V；一、二次侧均应装设熔断器保护。

（2）在特别潮湿场所或在金属容器内使用的行灯，其额定电压不得超过 12V。

（3）行灯应有完好的保护网及挂钩，并有耐热、防潮湿的绝缘手柄。

（4）行灯不得带有灯头开关，灯泡拧紧后不应外露金属导体。

（5）携带式行灯变压器的初级电源线应采用三芯绝缘护套线或橡套电缆，其长度不应超过3m。

（6）普通行灯变压器铁芯（外壳）及二次侧绕组应可靠接零或接地；具有加强绝缘结构的变压器，二次侧应保持相对独立，既不接零，也不接地，且不应与其他用电设备连接。

（7）不准将行灯变压器带入金属容器内使用。

（8）停用3个月或在雨季，使用前应用500V兆欧表测绝缘电阻，普通变压器阻值不应小于0.5MΩ，加强绝缘的变压器阻值不应小于7 MΩ。

7.2 低压电工应会技能操作

7.2.1 万用表的正确使用

1．用途、用前检查和准备

（1）用途：一只万用表至少可以测量U～、I～、I、R。有些表还可以测量I、L、C、Hfe、db等。

（2）用前检查。

① 外观检查：表壳应完好无损，指针应能自由摆动，接端（或插孔）应完好，表笔及表笔线应完好，如需测量电阻，表应有电池。

② 零位调整：将表位按规定位置放好，指针机械零点准确，否则调至准确。

（3）测前准备：将表位按规定位置放好，黑表。笔插入"－"孔（或"*"插孔）红表笔插入"＋"插孔（或相应插孔）。

2．测量

（1）交流电压的测量：表笔不分正负，分别接触被测的端。选挡原则有以下几条。

① 已知被测电压范围时：选用大于被测值但又与之最近的一挡。

② 不知被测电压范围时：可先置于交流电压最高挡试测，然后确定是否降挡测量（总之应使指针偏转角度尽可能地大）。

注意！有些表交流电压最低挡有一条专用刻度线。使用此挡时，要在专用刻度线上读数。

（2）直流电压的测量：红表笔接正极，黑表笔接负极（当不知被测电压极性时，可先置于直流电压最高挡试测。表针右偏，红表笔接触的是正极；否则相反）。其选挡原则有以下几条。

① 已知被测电压范围时：选用大于被测值但又与之最接近的一挡。

② 不知被测电压范围时：可先置于直流电压最高挡试测，然后确定是否降挡测量（总之应使指针偏转角度尽可能地大）。

（3）直流电流的测量：应在切断电源的条件下，将被测电路断开一点，按电流方向红表笔接电流流出的一端，黑表笔接另一端（如不知电源极性时，可在电源未切断前，先置于直流电压最高挡试测。表针右偏，红表笔接触的是正极；否则相反）。其选挡原则有以下几条。

① 已知被测电流范围时，选用大于被测值但又与之最接近的一挡。

② 不知被测电流范围时，可先置于直流电流最高挡试测，然后确定是否降挡测量（总之应使指针偏转角度尽可能地大）。

注意！测量后，应先切断电源，再撤离表笔。

（4）电阻的测量：应在选好挡后，先调好欧姆零点再测量（如调不到零，应更换表内电池）。其选挡的原则有以下几条。

① 已知被测电阻范围时：选用可使表针指在欧姆刻线中段的一挡。

② 不知被测电阻范围时：可先置于中等倍率挡试测，后确定是否换挡再测。总之，应使指针尽可能指在刻度线。

注意！①被测电阻应从电路中脱开；②每换一次挡应调一次欧姆零。

3．万用表使用中应注意的安全问题

（1）使用前要作充分的检查；测量前要正确地选挡；测直流量要先判明极性。

（2）测量时人体不得接触被测端，也不得接触万用表上裸露的带电部分（包括未使用的插孔或接线端）。

（3）根据测量项目，在相应的刻度线上读取读数。

（4）不可在测试状态下换挡。

（5）不可在电阻挡测量微安表头的内阻；不可用电压挡测量标准电池的电压。

（6）测量时，应防止造成被测电路短路事故。

（7）用后将表笔取下，挡位变换开关置于交流电压最高挡（有空挡时置于空挡，有开关时置于关断挡）。存放于干燥、无尘、无腐蚀性气体且不受震动的场所。

7.2.2　三只电流表经电流互感器测三相线电流的接线

1．画出接线原理图

接线原理图如图 7-1 所示。

2．按图接线（实际操作）

3．根据负荷电流选择电流表电流互感器及二次线

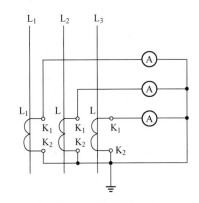

图 7-1　接线原理图

（1）电流表的选择。

① 电流表的量程应按计算电流（或按正常的最大负荷电流）的 1.5 倍左右选取。

② 根据安装位置、尺寸及对电流表外形的要求选择电流表的型号。

（2）电流互感器的选择：应使电流互感器的一次额定电流等于电流表的量程（其二次额定

电流固定为5A）。

（3）二次线的选择：选用截面不小于 $2.5mm^2$ 的绝缘铜导线，中间不得有接头。

例：某一计算电流为510A的线路，试为其选择电流表、电流互感器、二次线。

解：①选电流表：$510 \times 1.5 = 765$（A）可选用量程为750A
电流表（如采用59L23—750A的方形电流表）。

②选电流互感器。可选用750/5的电流互感器（如LMZJ1—0.5，750/5的电流互感器）。

③选二次线。可选用BV—2.5的绝缘铜线。

7.2.3 正确使用钳形电流表测量交流电流

1．钳形电流表的用途、选用和用前检查

（1）用途：它可以在不中断负载运行的条件下测量低压线路上的交流电流。

（2）选用：它的精度及最大量程应满足测试的需要。

（3）用前检查。

① 外观检查：各部位应完好无损；钳把操作应灵活；钳口铁心应无锈、闭合应严密；铁心绝缘护套应完好；指针应能自由摆动；挡位变换应灵活、手感应明显。

② 调整：将表平放，指针应指在零位，否则调至零位。

2．测量

（1）选择适当的挡位。选挡的原则有以下几条。

① 已知被测电流范围时，选用大于被测值但又与之最接近的那一挡。

② 不知被测电流范围时，可先置于电流最高挡试测（根据导线截面，并估算其安全载流量；适当选挡），根据试测情况决定是否需要降挡测量。总之，应使表针的偏转角度尽可能地大。

（2）测试人应戴手套，将表平端，张开钳口，使被测导线进入钳口后再闭合钳口。

（3）读数：根据所使用的挡位，在相应的刻度线上读取读数。（注意！挡位值即是满偏值）。

（4）如果在最低挡位上测量，表针的偏转角度仍很小（表针的偏转角度小，意味着其测量的相对误差大），允许将导线在附口铁心上缠绕几匝，闭合钳口后读取读数。这时导线上的电流值：读数÷匝数（匝数的计算：钳口内侧有几条线，就算作几匝）。

3．测量中应注意的安全问题

（1）测量前对表作充分的检查（检查项目见前），并正确地选挡（见前）。

（2）测试时应戴手套（绝缘手套或清洁干燥的线手套），必要时应设监护人。

（3）需换挡测量时，应先将导线自钳口内退出，换挡后再钳入导线测量。

（4）不可测量裸导体上的电流。

（5）测量时，注意与附近带电体保持安全距离。并应注意不要造成相间短路和相对地短路。

（6）使用后，应将挡位置于电流最高挡，有表套时将其放入表套，存放在干燥、无尘、无腐蚀性气体且不受震动的场所。

7.2.4 用一只电压表经 LW2 转换开关测量三相线电压的接线

1. 画出接线原理图

这种测量三相线电压的方法，常用在配电装置的配电柜上，接在隔离开关与断路器之间。接线原理图如图 7-2 所示。

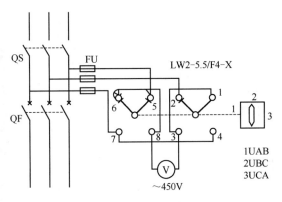

图 7-2 接线原理图

2. 按图接线（实做）

这种开关的接线端上有编号。接线时，按照原理图上标示的端子号接线即可。有一个接线口诀是：1—3；4—7；6—8 封（在开关上的预接线），3、8 接表，7、2、5 接 A、B、C（要对应地接）。

3. 导线及熔断器的选择

该电路的电流很小,主要应考虑导线及熔丝的机械强度。因此,导线可选用不小于 1.5mm^2 的绝缘铜导线,熔体的额定电流应不超过 5A,熔断器的额定电流应不小于熔体的额定电流。

例如：可选用 BV—1.5 的导线（截面为 1mm^2 的聚氯乙烯绝缘铜心布电线）。

选用 RC1A—5/1～5 的熔断器（额定电流为 5A 的瓷插式熔断器，装 1～5A 的熔丝）或选用 RL1～15/2 的熔断器（额定电流为 15A 的螺旋式熔断器，装 2A 的熔芯）。

7.2.5 使用电压表核相

1. 在什么情况下需要核相

当两个或两个以上的电源，有下列情况之一时需要核相。

（1）有并列要求时。在设备安装后，投入运行前应核相。

（2）作为互备电源时。在设备安装后，投入运行前应核相。

（3）以上两项设备经过大修，有可能改变一次相序时，在大修后，投入运行前应重新核相。

2．核相的操作及判断

核相可使用 450V 或 500V 的交流电压表。按如图 7-3 所示的方法测量。

测量时先将表的第一端固定接在"电源 1"的一相，表的另一端分别试测"电源 2"的三项；然后再将表的第一端固定接在"电源 1"的第二相，表的另一端分别测"电源 2"的三相……共九次。

判断：测量结果中 $U \approx 0$ 的两端为同相；$U \approx$ 线电压的为异。

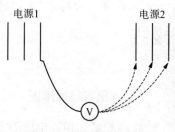

图 7-3　核相方法示意图

3．核相过程中应注意的安全问题

（1）正确地选表并作充分的检查。

（2）设监护人。操作人穿长袖衣、戴手套。

（3）表线不可过长或过短，测试端裸露的金属部分不可过长。

（4）防止造成相间短路或相对地短路（必要时加屏护）。

（5）人体不得接触被测端，也不得接触电压表上裸露的接线端。

7.2.6　单相有功电度表的接线

1．画出接线原理图

单相有功电度表分为直入式电度表（全部负荷电流过电度表的电流线圈）和经互感器接线的电度表两类。直入式电度表又可分为跳入式和顺入式两种，其接线原理图如图 7-4 所示。

2．按图接线（实做）

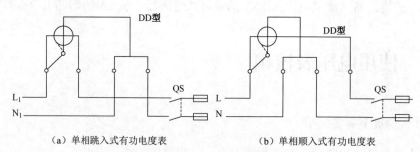

（a）单相跳入式有功电度表　　　　（b）单相顺入式有功电度表

图 7-4　直入式电度表接线原理图

3．接线要求

电度表的安装位置及安装环境应符合规程要求。其接线要求如下。

1）对于直入式有功电度表

（1）电度表的额定电压应与电源电压一致；其额定电流应等于或略大于负荷电流。

（2）应使用绝缘铜导线，其截面应满足负荷电流的需要，但不应小于 2.5mm^2（有增容可能时，其截面可适当再大些）。

（3）相线、零线不可接错。

（4）表外线不得有接头。

2）对于经互感器接线的有功电度表

（1）电流互感器要用 IQC 型的，其精度不应低于 0.5 级。电流互感器的一次额定电流应等于或略大于负荷电流。

（2）电流互感器的极性要用对，K_2 要接地（或接零），其接线原理图如图 7-5 所示。

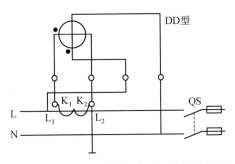

图 7-5　经互感器接线的电度表接线原理图

（3）电度表的额定电压应与电源电压一致，其额定电流应为 5A。

（4）二次线要使用绝缘铜导线，中间不得有接头。其截面为：电压回路应不小于 1.5mm；电流回路应不小于 $2.5mm^2$。

说明：① 单相有功电度表，应会通过测量判断出它是跳入的还是顺入的或是要经互感器接线的。即，通过测量，判断出电压线圈和电流线圈的出线端所在的位置（其电流线圈的电阻近似于零，其电压线圈的电阻近似于 $1\,000\pm200\Omega$）。

② 直入式电度表导线的选用：按口诀。

例：负荷的计算电流为 15A，可使用额定电流为 20A 的单相直入式有功电度表（如 DD28—20A）或用额定电流为 5A 的经互感器接线的单相有功电度表（如 DD28—5A）配用 20/5 的电流互感器（如 LQG-0.5 20/5）。

7.2.7　直入式 E—相有功电度表的接线

1．画出接线原理图

这类表有三相三线式（三相两元件）和三相四线式（三相三元件）两种。接线原理图如图 7-6、图 7-7 所示。

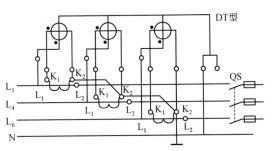

图 7-6　直入式三相三线有功电度表接线原理图　　图 7-7　直入式三相四线有功电度表接线原理图

2．按图接线（实做）

3．接线要求

（1）电度表的额定电压应与电源电压一致；额定电流应等于或略大于负荷电流。

（2）要按正相序接线。

（3）导线应使用绝缘铜导线。其截面应满足负荷电流的需要，但不得小于 2.5mm^2。

（4）表外线不得有接头。

（5）三相四线有功电度表的零线必须进、出表。

说明：① 三相四线有功电度表（DT 型），可对三相四线对称或不对称负载作有功电量的计量；而三相三线有功电度表（DS 型），可对三相三线对称或不对称负载作有功电量的计量。

② 电度表导线的选用：按口诀。

例：① 某三相四线负荷为 45A，选直入式电度表作有功电量计量（表外线穿管）。选 DT8 380/220 3×50A 的有功电度表。导线用 BV—10（截面为 10mm^2 的聚氯乙烯绝缘铜芯布电线）

② 某三相三线负荷电流为 33A，选直入式电度表作有功电量计量（表外线穿管）。选 DSl5 380V 3×40A 的有功电度表。导用 BV—6（截面为 6mm^2 的聚氯乙烯绝缘铜芯电线）

7.2.8 三相有功电度表经电流互感器的接线

1. 画出接线原理图

这类表有三相三线式（三相两元件）和三相四线式（三相三元件）两种。接线原理图如图 7-8、图 7-9 所示。

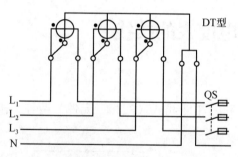

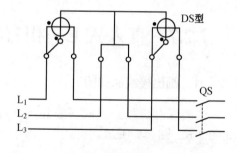

图 7-8 经电流互感器接线的三相三线
有功电度表接线原理图

图 7-9 经电流互感器接线的三相四线
有功电度表接线原理图

2. 按图接线（实做）

3. 选件及接线要求

（1）电度表的额定电压应与电源电压一致，额定电流应是 5A 的。

（2）要按正相序接线。

（3）电流互感器要用 LQG 型的，精度应不低于 0.5 级。电流互感器的极性要用对。

（4）二次线应使用绝缘铜导线，中间不得有接头。其截面：电压回路应不小于 1.5mm^2；电流回路应不小于 2.5mm^2。

（5）二次线应排列整齐，两端穿带有回路标记和编号的"标志头"。

（6）当计量电流超过 250A 时，其二次回路应经专用端子接线，各相导线在专用端子上的排列顺序：自上至下，或自左至右为 A、B、C、N。

说明：三相四线有功电度表（DT 型），可对三相四线对称或不对称负载作有功电量的计量；而三相三线有功电度表（DS 型），可对三相三线对称或不对称负载作有功电量的计量。

例：某三相四线负荷电流为 361A，经电流互感器接线的三相有功电度表作有功用量计量。可选 DT8 380/220 36×5A 的有功电度表。用 LQG—0.5 400/5 的电流互感器。

7.2.9　测量电动机定子绕组的绝缘电阻

1．选表及用前检查

（1）选用：测量新电动机使用 1 000V 的兆欧表；测量运行过的电动机使用 500V 的兆欧表。

（2）用前检查。

① 外观检查：表壳应完好无损；表针应能自由摆动；接线端子应齐全完好；表线应是单根软绝缘铜线，且完好无损，；长度一般不应超过 5m。

② 开路试验：将一条表线接在兆欧表的 E 端，另一条接在 L 端。两条线分开，置于绝缘物上，表位放平稳；摇动摇把；到每分钟 120 转，表针应稳定指在"∞"为合格。

③ 短路试验：开路试验做完后，将两条线短路，摇动摇把（开始要慢）到每分钟 120 转，表针应稳定指在"0"为合格。

2．测量及判断（实做）

（1）测量项目：可分为测对地绝缘和测相间绝缘。

（2）测量。

① 测对地绝缘：将电动机退出运行（大型电动机在退出运行后要先放电）→验明无电后拆去原电源线，并将兆欧表的 E、D 端测试线接到电动机外壳（如端子盒的螺孔处），将兆欧表的 L 端测试线接到电动机绕组任一端（接线端上原有连接片不拆）→摇动摇把达到每分钟 120 转，到一分钟时读取读数（必要时应记录绝缘电阻值及电动机温度）→撤除"L"接端线并放电。

② 测相间绝缘：对地绝缘测试后放电→拆去接线端上原有连接片→将兆欧表的"E"端和"L"端测试线各接相绕组→摇动摇把到每分钟 120 转，一分钟时读取读数（必要时应记录绝缘电阻值及电动机的温度）→放电→测另两个绕组间的绝缘……共三次（每次测后均应放电）。

（3）判断：不论对地绝缘还是相间绝缘，其合格值的要求如下。

① 对于新电动机：绝有电阻应不小于 $1M\Omega$；

② 对于运行过的电动机：绝缘电阻应不小于 $0.5M\Omega$。

3．测试过程中应注意的安全问题

（1）正确地选表并作充分的检查。

（2）对大型电动机在退出运行后要先放电，按照测试电容器的方法摇测。每次测后也要放电。

（3）测试时，注意与附近带电体的安全距离（必要时应设监护人）。

（4）人体不得接触被测端，也不得接触兆欧表上裸露的接线端。

（5）防止无关人员靠近。

7.2.10　用接地电阻测试仪测量接地装置的接地电阻值

1. 选表及测量前的检查

（1）选表：应选用精度及测量范围足够的接地电阻测量仪，如 ZC80～100 表。

（2）用前检查

① 外观检查：表壳应完好无损；接线端子应齐全完好；检流计指针应能自由摆动；附件应齐全完好（有 5m、20m、40m 线各一条和两个接地钎子）。

② 调整：将表位放平，检流计指针应与基线对准，否则调整。

③ 试验：将表的四个接线端（C1、P1、P2、C2）短接；表位放平稳，倍率挡置于将要使用的一挡；调整刻度盘，使 0 对准下面的基线；摇动摇把到每分钟 120 转，检流计指针应不动。

2. 测量（实做）

（1）如图 7-10 所示为接地电阻测试仪示意图，并按图 7-11 所示方法接好各条线（此 40m 成一直线）。

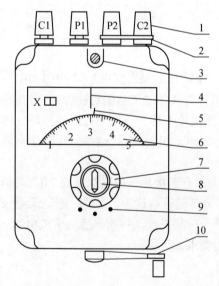

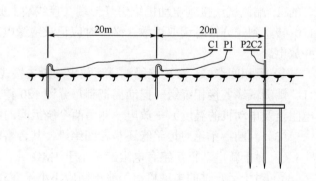

1—接线端子；2—连接片；3—检流计指针零位调整螺丝；

4—检流计指针；5—基线；6—刻度盘；7—刻度盘调节旋钮；

8—倍率选择旋钮；9—倍率挡位标志；10—摇把。

图 7-10　接地电阻测试仪示意图　　　　　　　图 7-11　测量接地装置的接线

（2）慢摇摇把，同时调整刻度盘（检流计指针右偏，使刻度盘反时针方向转动；指针左偏，使刻度盘顺时针方向转动）使指针复位。当指针接近基线时，应加快摇速到每分钟 120 转，并仔细调整刻度盘，使指针对准基线，然后停摇。

（3）读数：读取对应基线处刻度盘上的数。

（4）计算：被测接地电阻值=读数×倍率（n）。

（5）收回测量用线、接地钎子和仪表。存放在干燥、无尘、无腐蚀性气体且不受震动的处所。

3．测量中应注意的安全问题

（1）应正确地选表并作充分的检查。

（2）将被测接地装置退出运行（先切断与之有关的电源，在拆开与接地线的连接螺栓）。

（3）在测量的 40m 一线的上方不应有与之相平行的强力电线路；下方不应有与之相平行的地下金属管线。

（4）雷雨天气不得测量防雷接地装置的接地电阻。

7.2.11 三相鼠笼式异步电动机采用 Y—△ 启动器的接线

1．画出接线原理图

手控 Y—△ 启动器接原理图如图 7-12 所示。

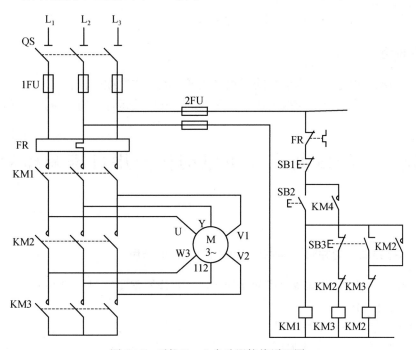

图 7-12 手控 Y—△ 启动器接线原理图

2．根据给定的电动机容量选用各种电器、导线并实际接线

（1）根据给定的电动机容量计算其额定电流（I_n）：估算，按每千瓦 2A（仅适用于额定电压为 380V 的三相交流异步电动机）。

（2）开关（QS 或 QF）的额定电流：

① 如使用刀关开：可使 $I_{nQS} \gg 3I_n$；

② 如使用空气开关：可使 $I_{nQF} = I_n$ 或略大于 I_n。

（3）主回路熔断器（1FU）：可在 $I_{nFU} = (1.5 \sim 25)I_n$ 内选取。

（4）交流接触器（KM）：可在 $I_{nkM} = (1.3 \sim 2)I_n$ 内选取。

（5）热继电器（FR）：热元件的额定电流 I_{FR} 可在 $(1 \sim 1.5)I_n$ 内选取；热继电器的额定电流应不小于热元件的额定电流；其保护整定值 $I_{FR} = I_n$。

（6）主回路导线：按口诀选用。

（7）控制回路导线：可使用截面不小于 1.5mm^2 的绝缘铜导线。

（8）控制回路熔断器（2Fu）：可使用 5A 或 10A 的熔断器，装 1～5A 的熔丝。

例：为 17kW 的三相鼠笼式异步电动机制作 Y—启动器，选用各种电器、导线。

① 电动机的额定电流：约 34A（2×17=34）。

② QS 使用 HH3—100/3 负荷开关（34×3=102A）或 DZl0-100/330 40A。

③ 主回路熔断器：用 RLI-60/60（34×1.5=51；34×2.5=85）或 RCIA—60/60。

④ 交流接触器：B63 或 CJ10—60。

⑤ 热继电器：用 JR16/60/3D，热元件额定电流用 45AI，整定电流 34A。

⑥ 主回路导线：明敷设 35℃，用 BV—6 或（BLV—10）。暗敷设 25℃，用 BV—6；35℃ 用 BV—10（BLV-10）。

⑦ 控制回路导线：用 BLV-1.5。

⑧ 控制回路熔断器：用 RCIA-5/1-5 或 RLI-15/2。

3．使用说明

（1）Y-△启动器仅适用于△运行的三相鼠笼式电动机作空载或轻载启动。

（2）启动后，当电动机转速接近额定转速时，应立即按运行按钮，转入运行状态。

7.2.12　三相鼠笼式异步电动机使用自耦减压启动器的接线

1．画出接线原理图并对照实物指出各主要元件的作用

（1）画图：以 QJ3 型自耦减压启动器为例，其接线原理图如图 7-13 所示。

（2）主要元件及作用。

① 具有两组抽头的自耦变压器。供启动阶段降压用。

② 欠压脱扣器。当失压或欠压时，使自耦减压启动器退出运行（防止再次来电时形成全

压启动）。

③ 热继电器。对电动机起到过载保护作用。

④ 一组触头。用作启动与运行的转换。

⑤ 油箱及绝缘油。使触头浸入绝缘油作为灭弧和绝缘用。

⑥ 接线端子。用于电源及电动机的接线。

2. 接线（实做）

导线截面应满足负载电流的需要。铜线要压"线鼻子"并涮锡，然后接在自耦减压启动器接线端子上。

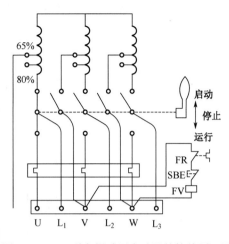

图 7-13　QJ3 型自耦减压启动器的接线原理图

3. 安装及使用要求

（1）自耦减压启动器的容量应与被启动电动机的容量相适应。

（2）安装的位置应便于操作。外壳应有可靠的接地（用于 TT 系统时）或接零（用于 TN-C 或 TN-S 系统时）。

（3）第一次使用，要在油箱内注入合格的变压器油至油位线（油量不可过多或过少）。

（4）如发生启动困难，可将抽头倒在 80% 上（出厂时，预接在 65% 抽头上）。

（5）当一次启动时间，或连续多次启动时间的累计达到厂家规定的最长启动时间（根据容量不同，一般在 30～60s），再次启动应在四小时以后。

（6）每次启动后，当电动机转速接近额定转速时，应迅速将手柄板向"运转"位置。需要停止时，应按"停止"按钮。不得扳手柄使其停止。

（7）在操作位置下方应垫绝缘垫，操作人应戴手套。

7.2.13　电动机单方向运行的接线

1. 画出接线原理图

如图 7-14 所示为电动机单方向运行的接线原理图。

2. 根据给定的电动机容量选用各种电器、导线并实际接线（实做）

（1）根据给定的电动机容量计算其额定电流（I_n）：估算，按每千瓦 2A（适用于额定电压为 380V 的三相交流异步电动机）。

（2）开关（QS 或 QF）的额定电流。

① 如使用刀开关：可使 $I_{nQS} \geqslant 3I_n$；

② 如使用空气开关：可使 $I_{nQF} = I_n$ 或略大于。

（3）主回路熔断器（1FU）：可在 $I_{nFU} = (1.5\sim2.5)I_n$ 内选取。

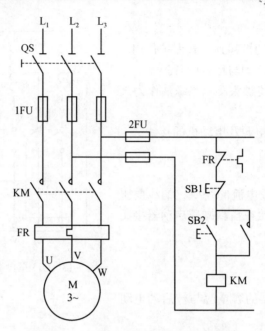

图 7-14 电动机单方向运行的接线原理图

（4）交流接触器（KM）：可在 $I_{nKM}=(1.3\sim2)I_n$ 内选取。

（5）热继电器（FR）：热元件的额定电流 I_{nFR} 可在 $(1\sim1.5)I_n$ 内选取；热继电器的额定电流，应不小于热元件的额定电流；其保护整定电流值 $I_{FR}=I_n$。

（6）主回路导线：按口诀选用。

（7）控制回路导线：可使用截面不小于 $1.5mm^2$ 的绝缘铜导线。

（8）控制回路熔断器（2FU）：可使用 5A 或 10A 的熔断器，装 1～5A 的熔丝。

3．热继电器的复位方式

热继电器的复位方式有自动复位和手动复位两种（出厂时定在自动复位方式）。如需改用手动复位，可用小改锥伸入调节孔，逆时针旋三扣左右。

热继电过载动作后，在自动复位方式下，5 分钟内可复位；在手动复位方式下，2 分钟后按复位键可复位。

例：为一台 7.5kW 电动机单方向运行的设备作接线，选用各种电器及导线。

① 7.5kW 电动机的额定电流为 15A。

② 开关：选用 HK2—60/3 的胶盖闸，或 HH4—6013 的铁壳开关。

③ 主回路熔断器：选用 RCIA—30/30 的瓷插式熔断器或 RLI—60130 螺旋式熔断器。

④ 交流接触器：选用 B25、CJ20—25、CJ10—20 中的任一种。

⑤ 热继电器：选用 JRl6—20/3D、热元件的额定电流用 22A 或 16A 的，整定电流在 15A 上。

⑥ 控制回路熔断器：选用 RCIA5/3 或 RLI—15/2。

7.2.14 电动机可逆运行的接线

1. 画出接线原理图

如图 7-15 所示为电动机可逆运行的接线原理图。

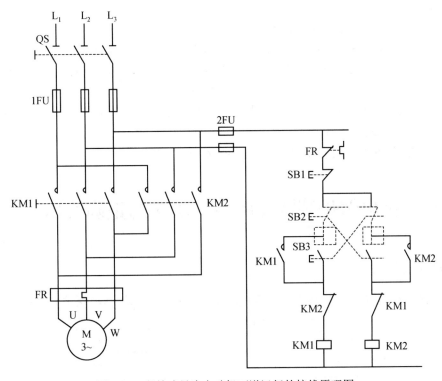

图 7-15 鼠笼式异步电动机可逆运行的接线原理图

2. 根据给定的电动机容量选用各种电器、导线并实际接线（实做）

（1）根据给定的电动机容量计算其额定电流（I_n）：估算，按每千瓦 2A（适用于额定电压为 380V 的三相交流异步电动机）。

（2）开头（QS 或 QF）的额定电流：

① 如使用刀开关：可使 $I_{nQS} = 3I_n$；

② 如使用空气开关：可使 $I_{nQF} = I_n$ 或略大于。

（3）主回路熔断器（1FU）：可在 $I_{nFU} = (1.5\sim2.5)I_n$ 内选取。

（4）交流接触器（KM）：可按 $I_{nKM} = (1.3\sim2)I_n$ 内选取。

（5）热继电器（FR）：热元件的额定电流 I_{nFR} 可在 $(1\sim1.5)I_n$ 内选取；热继电器的额定电流应不小于热元件的额定电流；其保护整定电流值 $I_{FR} = I_n$。

（6）主回路导线：按口诀选用。

（7）控制回路导线：可使用截面不小于 1.5mm² 的绝缘铜导线。

（8）控制回路熔断器（2FU）：可使用 5A 或 10A 的熔断器，装 1~5A 的熔丝。

3．行程开关的作用

行程开关可使电力拖动设备的运动部件，在达到预定位置时停止或反向运行。仅需停止时，在相应的控制回路中串入行程开关的常闭接点；如需停止后立即反向运行，则应在相应的控制回路中串入行程开关的常闭接点，并将此行程开关的常开接点并在另一控制回路的启动按钮处。

例：为一台7.5kW电动机可逆运行的设备作接线，选用各种电器及导线。

① 7.5kW电动机的额定电流为15A。

② 开关：可选用HK2—60/3的胶盖闸，或HH4—60/3的铁壳开关。

③ 熔断器：可选用RCIA—30/30的瓷插式熔断器，或RLI—60/30的螺旋式熔断器。

④ 交流接触器：可选用B33、CJ20—33、CJ10—40中的任一种。

⑤ 热继电器：可选用JR16—20/3D、热元件的额定电流用22A或16A，整定在15A的（如启动频繁时整定值可略大一些）。

⑥ 控制回路熔断器：可选用RCIA—5/3或RLI—15/2。

7.2.15　漏电保护装置（R、C、D）的正确使用

1．画接线原理图

如图7-16、图7-17所示分别为三相四线漏电保护装置和单相漏电保护装置的接线原理图。

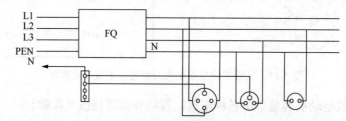

图7-16　三相四线漏电保护装置的接线原理图

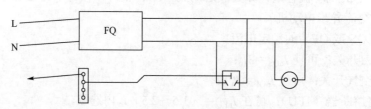

图7-17　单相漏电保护装置的接线原理图

2．接线（实做）

3．安装及使用要求

（1）根据电源电压、负荷电流及负载要求，选用R、C、D的电压、额定电流和极数（这一项和选用空气开关的原则一样）。

（2）根据保护的要求，选用R、C、D的额定漏电动作电流（$I\Delta n$）和额定漏电动作时

间（Δt）。

（3）不应装在高温、潮湿、有易燃易爆气体和有腐蚀性气体的场所（这些和安装空气开关的原则一样），也不应安装在有强磁场干扰和易受震动的场所。

（4）它的负荷侧应是一个独立的系统，即不能有任何一条线与其他回路发生联系（包括零线在内，也不得将其接地）。

（5）其负荷侧的设备，如需接地或接零保护，其保护线的做法，要视将其用在什么配电系统而定。

（6）在 TT 系统中时，R、C、D 漏电保护装置的保护线应接地；在 TN—S 系统中时，R、C、D 漏电保护装置的保护线应接在 PE 线上；在 TN—C 系统中时，三相四线 R、C、D 漏电保护装置的保护线应接在 PEN 线上，但单相 R、C、D 漏电保护装置的保护线不得接在电源侧的 PEN 线上。

（7）安装后，接入电源，即应按试验按钮，就能跳闸。在其后的使用期间，也应定期试验。

7.2.16　灯具的接线

1. 画图（日光灯、双控灯、安全灯）

如图 7-18 所示为三种灯具的接线原理图。

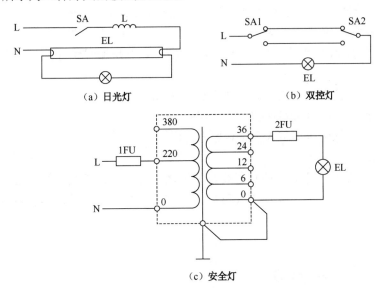

图 7-18　灯具的接线原理图

2. 接线并指出各元件的作用

（1）镇流器：它在启辉器接通时，限制日光灯的灯丝电流（灯丝发热，加热灯管内的汞蒸气，以降低其放电电压）；在启辉器恢复断开状态时，灯管内汞蒸气气体放电，因其气体放电，电阻很小，仍靠镇流器限制其放电电流。此外，在启辉器恢复断开状态瞬间，在镇流器的铁芯内可能有残存的磁场能，它会转化为电场能，在镇流器两端产生一个反电动势，它与电源电压叠加，有利于灯管内气体放电。

（2）启辉器：这是一个充有氖气及由两个电极构成的充气管，其中的一个电极为双金属片。开关闭合后，氖气放电（这时，由于灯管内汞蒸气处于冷态，放电电压高，不能放电），使双金属片受热变形，直至两极接通，为灯丝电流提供了通路。启辉器两极的接通，其内部不再放电而冷却，经过一定时间而恢复到断开状态。灯管内已被加热了的汞蒸气，由于其放电电压已经下降而放电，灯管发光。

3. 接线要求

1）安装高度

（1）一般室内（办公室、商店、居民住宅）灯头对地应不低于 2m。

（2）潮湿及危险场所（相对湿度 85% 以上，环境温度 40℃ 以上，有导电灰尘、导电地面）灯头对地应不低于 2.5m。

（3）室外的临时灯，安装高度一般不应低于 3m。

2）开关的安装

（1）拉线开关：安装高度一般应距地面 2～3m，距顶棚 0.3m，拉线垂下距门口 0.15～0.2m。

（2）暗装开关：安装高度一般应距地面 1.2～1.4m；距门口 0.15～2m。

3）灯具的固定

（1）1kg 以下的灯具：可直接用导线吊装，但应在灯口及吊盒内做"结扣"。

（2）1～3kg 灯具：应用吊链或管吊装，采用吊链吊装时，导线应编在吊链内。

（3）3kg 以上的灯具：应安装在预埋件（吊钩或螺栓）上。

4）安全灯的安装

（1）安全灯变压器的铁芯及外壳要接地（零），如不是加强绝缘的，二次侧的一端也要接地。

（2）一次侧线要使用护套线，其长度应不超过 3m。

（3）一、二次侧均应有短路保护（如装熔断器）。

（4）不应将安全灯变压器带入金属容器内使用。

5）接线注意事项

无论安装何种灯具，开关应控制相线。使用螺丝灯口时，相线应接顶芯，零线接螺口。灯泡容量在 100W 及以上的，要使用瓷质灯口。安装日光灯时，镇流器容量应与灯管的容量相适应。

7.2.17 导线的连接

1. 独股导线的连接（实做）

（1）铜线的连接：截面较小的可采用自缠法，截面较大的可采用绑扎法。但连接后要涮锡。也可用"压线帽"压接。在不承受拉力时，也可采用电阻焊的方法连接。无论何法，连接前应去锈。

（2）铝线的连接：一般不可用自缠法和绑扎法。可用"压线帽"压接或钳压管压接。压接前，对导线去锈。

2．多股导线的连接（实做）

（1）铜线的连接：一般可采用绑扎法，绑后要涮锡；七股时，可采用插接法；接后涮锡；或采用钳压管压接。

（2）铝线的连接：一般仅可用钳压管压接。架空线路上的裸铝线，有时采用并沟线夹连接。

3．铜、铝导线的连接（实做）

（1）小截面独股铜、铝导线；在干燥的室内，可以将铜线涮锡和铝线直接连接。但连接前要将导线去锈并涂导电膏；连接后，先包两层橡皮胶布，再包两层普通胶布。

（2）在潮湿的环境和室外，要使用铜、铝过渡接头（铜，铝卡子，铜、铝线夹，铜、铝套管）连接。

各种导线连接的实例，应在指导老师示范及指导下练习。

7.2.18 导线识别

1．识别 25mm² 以下的导线

国产 25mm² 及以下的电线共有八种规格，即 1mm²、1.5 mm²、2.5 mm²、4 mm²、6 mm²、10 mm²、16 mm²、25（mm²）。

2．导线截面与直径的关系

$S=1$ 1.5   2.5   4   6   10   16   25（mm²）
$D=1.13$ 1.38   1.78   2.26   2.76   3.57   4.51   5.64（mm）

3．根据负荷电流、敷设方式、敷设环境按如下口诀选用导线

10 下 5；百上 2；25、35，4、3 界；70、95 两倍半（这是导线的安全载流密度，即每 1mm² 导线的载流量）其适用条件为：绝缘铝线、明敷设、环境温度按 25℃。如不满足这些条件，可乘以如下的修正系数。

穿管、温度八、九折；铜线升级算；裸线加一半（即暗敷设时乘 0.8；环境温度按 35℃时乘 0.9；使用绝缘铜线时，按加大一挡截面的绝缘铝线计算；使用裸线时，按相同截面绝缘导线载流量乘 1.5）。

例 1：负荷电流 33A，要求铜线暗敷设，环境温度按 35℃。

试算：设，采用 6mm² 的橡皮铜线（如 BX—6），据口诀，可按 10mm² 绝缘铝线计算其载流量，为 10×5＝50A；暗敷设，50×0.8＝40A；环境温度按 35℃时，40×0.9＝36A＞33A，故可用。

例 2：负荷电流 66A。要求铝线暗敷设，环境温度按 35℃。

试算：设，采用 16 的塑铝线（如 BLV—16）。据口诀，16×4＝64A。暗敷设，64×0.8＝51.2A＜66A。改选 25mm² 的塑铝线（如 BLV—25）。据口诀，25×4；100A。暗敷设，100×0.8

＝80A。环境温度按 35℃时，80×0.9＝72A>66A，故可用。

说明：几种固定要求的导线截面。

（1）穿管用绝缘导线，铜线最小截面为 $1mm^2$；铝线最小截面为 $2.5mm^2$。

（2）各种电气设备的二次回路（电流互感器二次回路除外），虽然电流很小，但为了保证二次线的机械强度，常采用截面不小于 $1.5mm^2$ 的绝缘铜线。

（3）电流互感器二次回路用的导线，常使用截面为 $2.5mm^2$ 的绝缘铜线。

注意！按口诀选线仅适用于给设备做接线时使用。因为口诀所示的电流密度，仅保证导线自身的安全，至于导线末端有多大的电压降，有多大的线路损耗不在考虑之内。

7.2.19　杆上作业

1．对电杆、脚扣和安全带的检查

（1）对电杆的检查（必须确认电杆无倾倒和断杆的危险）。

① 杆基应牢固：木杆应无严重糟朽，水泥杆应无脱皮断筋；各承力拉线均应起作用。

② 水泥电杆有水、挂霜、结冰均不宜上杆。

③ 如需带电作业（如做接户线工作）应在杆下确定好相、零线的位置。

④ 要在杆下选好预定的工作位置。

（2）对脚扣的检查。

① 脚扣的类型应与电杆的材质相适应（木杆用"铁脚扣"，水泥杆用"橡皮脚扣"）。

② 脚扣的尺寸要和杆长相适应。

③ 脚扣的铁件应完好，焊接部分应无开裂；橡胶部分应无严重磨损；橡胶与软件结合应牢固；小爪应能活动，小爪穿钉应不过长，穿钉螺母应无脱落。

④ 脚扣皮带应不脆裂、无豁孔，扣紧后应不会滑脱。

（3）对安全带的检查。

① 安全带应是电工专用的，应在试验的有效期内。

② 带体应无严重磨损，金属件应完好，铆装部分应紧固，腰带扣好后应不能滑脱。

③ 大带钩环应完好、开合自如，保险环应能可靠地锁定。

2．上杆（以登水泥杆为例）

选定适当脚扣→根据脚型调整皮带的松紧→在预定工作位置下方，将右脚扣挂在杆上→系好腰带（使大带在左侧，以在臀部稍上为宜，不可过紧，也不要压住"五联"）→穿好左脚脚扣将右脚踏于已在杆上的脚扣上并穿紧→上杆，直到预定位置→系好安全带，开始工作。

注意！：

（1）上杆时，要防止上方脚扣踏压下方脚扣的端部，以免坠落。

（2）安全带要系在稳固部位，不得挂在杆稍、不得挂在将要拆卸的部件上、不得在电杆上盘绕，也不得斜跨横提和电杆。

（3）系安全带时，必须目视扣好钩环并用保险环锁住，即不得"听响探身"。

（4）在工作位置，脚扣不得交叉使用。

（5）杆上、杆下传递工具、器材要用小绳和工具袋。禁止上下抛掷。

（6）必要时应设监护人。

（7）雨天不得上杆，已在杆上，应立即下杆。

3．绑直瓶（针式绝缘子）、绑茶台（蝶式绝缘子）（实做）

上杆及绝缘子绑扎，应在指导老师示范及指导下练习。初次学习上杆应有人监护。

7.2.20　摇测电容器绝缘

1．并联电容器型号的含义，正确地选表并检查

（1）型号含义（如 BW0.4—12～3）其中 B 表示并联电容器；W 表示液体介质（浸渍物）为十二烷基苯；0.4 表示以 kV 为单位的额定电压数；12 表示以 kvar 为单位的标称容量数；3 表示相数。这里，按电容器命名规则，省略了固体介质为电容器纸的代号及使用环境为户内的代号。

因此，该型电容器为，额定电压为 0.4kV、以电容器纸为固体介质，以十二烷基苯为液体介质的并联电容器；其标称容量为 12kvar、三相、户内型。

（2）选表：测量新电容器（交接试验）使用 1 000V 的兆表、并应有 2 000MΩ 的刻度；测量运行中的电容器（预防性试验）使用 500V 或 1 000V 的兆欧表、并应有 1 000MΩ 的刻度。

（3）用前检查。

① 外观检查：表壳应完好无损；表针应能自由摆动；端子应齐全完好；表线应用单根软绝缘铜线，且完好无损，其长度一般不应超过 5m。

② 开路试验：将一条表线接在兆欧表的 E 端，另一条接在 L 端。两条线分开，置于绝缘物上。表位放平稳，摇动摇把到每分钟 120 转，表针应稳定指在"∞"为合格。

③ 短路试验：开路试验做完后，将两条线短路，摇动摇把（开始要慢）到每分钟 120 转，表针应稳定指在"0"为合格。

2．测量并判断被测电容器是否合格（实做）

（1）测量（以测量运行中的电容器为例）。

停电→静候三分钟（使其在自动放电装置上放电）→人工放电（先各极对地放电，再极间放电）→拆除电容器上原接线管→擦拭电容器瓷套管→将电容器三个接线端用裸线短路→将兆欧表 E 端线接于电容器外壳（若电容器已在架构上，接架构）→将兆欧表 L 端线固定在绝缘杆端部的金属部分→人手持绝缘杆，悬空（并指挥摇表人）→另一人摇动摇把（应达到每分钟 120转）→持杆人使 L 线接触被测端（并开始计时）→此后，摇表人应维持摇速稳定→到第 60s 时读取读数→L 端线撤离被测端→停止摇动摇表（听持杆人指挥）→放电。

注意：① 只测极对地绝缘，禁测极间绝缘。

② 擦拭电容器瓷套管，应使用清洁的棉布。如瓷套管严重脏污，可沾无水酒精擦拭。

③ 人工放电，以看不出放电火花或听不到放电声为止。

（2）判断：交接试验，绝缘电阻≥200MΩ；预防性试验，绝缘电阻≥1 000MΩ 为合格。

3．测试过程中应注意的安全问题

（1）正确地选表并作充分的检查。

（2）测前要对电容器充分地放电，每次测后也要放电。

（3）测试时，注意与附近带电体保持安全距离（必要时应设监护人）。

（4）人体不得接触被测端，也不得接触兆欧表上裸露的接线端。

（5）测试时，必须掌握"先摇后测"，"先撤后停"。

（6）防止无关人员靠近。

7.2.21 DW10空气开关控制回路的接线

1．画出接线原理图

这种空气开关常用在控制容量大的线路上（例如，作为变压器二次出线总开关）。其控制回路接线原理图如图 7-19 所示。

2．选择元件并接线（实做）

FU：可选用 RI 型、RLI 型或 RCIA 型熔断器、熔体电流不要超过 5A。

SBl、SB2：可根据面板尺寸及布局的要求，选用 LA 型的单只按钮。

HL～R、HL～G：可根据面板尺寸及布局的要求，选用 XD 型信号灯（注意：电压应符合要求）。

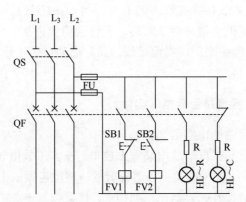

图 7-19　DW10 空气开关控制四路接线原理图

导线：应选用不小于 $1.5mm^2$ 的绝缘铜线（如 BV—1.5）。

3．接线工艺要求

布线简捷；排列应整齐；压接要牢固；必要时，两端穿带有回路标记编号的"标志头"。如使用软导线，应在剥去绝缘后将导线涮锡。

7.2.22　摇测低压电力电缆绝缘

1．兆欧表的选用及检查

（1）选表：应使用 1 000V 的兆欧表。

（2）用前检查：与 7.2.20 中摇测电容器绝缘时对兆欧表的检查项目及步骤相同。

2．摇测方法、步骤及判断是否合格（实做）

对于 1kV 及以下的电力电缆，使用 1kV 兆欧表测量，其最低合格值为 10MΩ（20℃时），以运行中的电缆为例，测量步骤如下。

停电→放电（先各芯对地，然后相间，电缆越长，放电时间也要长。直到看不出火花或听不到放电声为止）→拆去电缆两端与设备或线路的接线→如测 A 相线芯对地（外皮及铠）的绝缘，将 B、C 线芯短接后接地，然后接至兆欧表"E"→L 端，测量线用绝缘件夹持后，交一人手持悬空，另一人摇动摇把到每分钟 120 转→将 L 线端接触 A 相线芯→经 1 分钟（长电缆要待表针稳定后）读取读数，并记录→撤 L 端线→停摇兆欧表→放电→依上述方法再测 B 对地及 C 对地的绝缘。

绝缘电阻值（各芯对地）应不小于 10MΩ，且与上次测量值相比应无明显下降。

3．测量应注意的安全问题

（1）试验前应将电缆放电、接地，以保证安全。

（2）将兆欧表放平稳。

（3）电缆终端头套管表面应擦干净，"屏蔽线"应接好。

（4）兆欧表的 L 线不应拖在地上。

（5）摇把应以额定转数摇动，不要时快时慢。

（6）在测定绝缘电阻时，应先将兆欧表摇把转至额定转数后，再将 L 线接触线芯。

（7）测量完毕或需重复测量时，须将电缆放电、接地，接地时间一般不少于 1 分钟。

（8）试验报表上应记录绝缘电阻值、测量时的电缆温度及相对湿度等。

7.2.23　触电急救

1．使触电者脱离电源的方法

当发现有人触电后，应迅速使其脱离电源。总的原则是使电源离开人，或是使人离开电源。

如果触电人是在低压系统上触电，可以拉开就近的开关；拔下就近的插头；取下就近的熔断器；剪断导线等措施。如果在设备上触电，可采取安全措施将人拖离带电设备。如触电者衣服干燥可拉其衣服（但不得触及触电人身体）；用绝缘物（如围巾、尼龙绳、绝缘导线等）将触电人套住拖离电源。如触电人是在高压系统上触电，应设法尽快通知有关部门停电（拉开有关开关或跌开式熔断器）。在紧急情况下；如果是高压线路上触电，可采用投掷裸导体使线路短路，迫使上级断路器掉闸的方法解救。

在使触电人脱离电源的同时，要防止自身触电还要防止触电人脱离电源后发生二次伤害。

2．现场救护中两种并用的急救方法（人工呼吸法、胸外挤压法）

如果触电人呼吸停止，可采用口对口（或口对鼻）人工呼吸法。如心脏停止跳动可采用胸外心脏挤压法进行抢救。原则是：使触电人脱离电源后，应迅速投入抢救，不能拖延（一般应在现场适当地点进行）。

人工呼吸的方法如下。

（1）使触电人平躺、头部尽可能后仰（如在平地可将背部适当垫高）。

（2）设法使其呼吸道畅通（如解开衣领纽扣，解开领带、腰带放松、清除口腔中异物）。

（3）救护人在其体侧，对其操作。

（4）口对口呼吸时，救护人应捏住触电人鼻孔；口对鼻呼吸时，救护人应捂住触电人嘴。

（5）进行人工呼吸时，吹气的时间约占2s，吹入气体的量约为0.8L，放松的时间约占3s。

（6）救护措施得当时，在一吹一放松期间，应能看到触电人胸部有起伏。

（7）救护工作要持续进行，不能轻易中断，直到触电人能恢复呼吸为止，（但救护人不得离开，以防触电人中途又停止呼吸）。

胸外心脏挤压的方法如下。

（1）使触电人平躺在较硬的场所（如桌面、硬板床、地面）头尽可能后仰（如无法后仰，可将其背部垫高）。

（2）松开衣领、领带，衣服过厚时应适当解开一些。

（3）找准心脏部位（约在胸骨与肋骨的交汇点，俗称"心口窝"偏上一些）。

（4）救护人在触电人体侧，双手交叉叠起双臂伸直，以掌根部压在心脏部位。

（5）下压的动作，救护采取弯腰（保护双臂伸直）双肩下垂以压迫其心脏部位，下压的深度对成年人而言约为3～5cm。

（6）挤压的节奏约1s一次，在下压与放松期间救护人掌根部不能离开触电者身体（以防多次挤压后位置偏离）。

（7）为核实挤压效果，在一压一松的期间应能看出触电人颈动脉的搏动。

（8）救护工作应持续进行不能轻易中断，待触电人恢复心脏跳动，即应停止。

如果触电人呼吸停止，心脏也不跳动，双人救护时可分别进行人工呼吸与脑外心脏挤压；单人救护时可交替进行人工呼吸与脑外心脏挤压，原则是人工呼吸与心脏挤压的交替时间应等长，但最长交替时间不得超过15s。

3．触电急救中的安全注意事项

（1）发现有人触电应设法使其尽快脱离电源。

（2）使触电人脱离电源的同时，救护人应防止自身触电，还应防止触电人脱离电源后发生二次伤害。

（3）使触电人脱离电源后，若其呼吸停止，心脏不跳动，如果没有其他致命的外伤，只能认为是假死，必须立即就地进行抢救。

（4）救护工作应持续进行，不能轻易中断，即使在送往医院的过程中，也不能中断抢救。

（5）如触电人触电后已出现外伤，处理外伤不应影响抢救工作。

（6）对触电人急救期间，慎用强心针。

（7）夜间有人触电，急救时应解决临时照明问题。更详细的内容见《教材》。

7.3　高压电工考核应知应会考核重点

7.3.1　高压电工理论考核重点

1．电力变压器运行中温度过高有哪些原因？如何判断和处理？

答：当变压器环境温度不变，负荷电流不变而温度不断上升时，说明变压器运行不正常，通常造成变压器温度过高的主要原因及处理方法有以下几种。

（1）由于变压器绕组的匝间或层间短路，会造成温度过高，一般可以通过在运行中监听变压器的声音进行粗略地判断。也可取变压器油样进行化验，如果发现油的绝缘和质量变坏，或者瓦斯保护动作，可以判断为变压器内部有短路故障。经查证属于变压器内部故障，应对变压器进行大修。

（2）变压器分接开关接触不良，使得接触电阻过大，甚至造成局部放电或过热，导致变压器温度过高。可通过瓦斯是否频繁动作及信号指示来判断；还可以通过变压器取油样进行化验分析；也可用直流电桥测量变压器高压绕组的直流电阻来判断故障。分接开关接触不良的处理方法是：对变压器进行吊芯检查，检修变压器的分接开关。

（3）变压器铁芯硅钢片间绝缘损坏，导致变压器温度过高。通过瓦斯是否频繁动作，变压器绝缘油的闪点是否下降等现象加以判断。处理方法：对变压器进行吊芯检查。若铁芯的穿心螺栓的绝缘套管的绝缘损坏，也会造成变压器温度升高，判断与处理方法可照此进行。

2．变压器并列运行应满足哪些条件？否则会产生哪些后果？

答：（1）变压器接线组别应相同。如果接线组别不同的变压器并列后，在变压器同相的二次侧会出现很大的电压差（电位差），由于变压器二次阻抗很小，将会产生很大的环流而烧毁变压器。

（2）变压器的电压比应相等，其变比最大允许相差±0.5%。如果变化差值超过规定范围时，在变压器同相之间有较大的电位差，并列时将会产生较大环流，造成较大的功率损耗，严重时还会烧毁变压器。

（3）变压器短路电压百分比（又称阻抗电压）应相等，允许相差不超过±10%。如果短路电压百分比之差超过规定时，造成负荷的分配不平衡，容量大的变压器带不满负载，而容量小的变压器要过负载运行。

（4）变压器的容量比不得超过 3∶1。因为容量比超过了 3∶1，阻抗电压也相差较大，同样也满足不了第三个条件。

3．配电变压器运行中巡视检查项目有哪些？巡视周期是怎样规定的？

答：变压器运行中巡视检查项目如下。

（1）检查变压器的负荷电流、运行电压是否正常。

（2）变压器的油面、油色、油温不得超过允许值，无渗漏油现象。

（3）瓷套管应清洁、无裂纹、无破损及闪络放电痕迹。

（4）接线端子无接触不良、过热现象。

（5）运行声音应正常。

（6）呼吸器的吸潮剂颜色正常，未达到饱和状态。

（7）通向气体继电器的截门和散热器的截门应处于打开状态。

（8）防爆管隔膜应完整。

（9）冷却装置应运行正常，散热管温度均匀，油管无堵塞现象。

（10）外壳接地应完好。

（11）变压器室门窗应完好，百叶窗、铁丝纱应完整。

（12）室外变压器基础应完好，基础无下沉现象，电杆牢固，木杆杆根无腐朽现象。

巡视周期的规定如下。

（1）变、配电所有人值班，每班巡视检查一次。

（2）无人值班时，可每周巡视检查一次。

（3）对于采用强迫油循环的变压器，要求每小时巡视检查一次。

（4）室外柱上变压器，每月巡视检查一次。

（5）在变压器负荷变化剧烈，天气恶劣，变压器运行异常或线路故障后，应增加特殊巡视，特巡周期不作规定。

4．配电变压器初送电并在正式带负载运行前，应进行哪些主要的检查试验项目？

答：变压器初送电应满足下述条件，方可正式带负载运行。

（1）安装竣工在投入运行前，应进行吊芯检查（特别是经过长途运输的变压器或特殊变压器）。

（2）变压器吊芯检查后送电前，还应进行交接试验，经试验合格后方可试运行。

（3）大修后的变压器与新变压器要求相同。

（4）变压器停止运行半年以上时，应测量绝缘电阻，并做油耐压试验。

（5）变压器初次投入运行前应空载试运行，在电源侧应有完善的保护装置；全压冲击合闸时应在使用的分接开关位置上。

（6）变压器空载运行24h无异常，才能逐步投入负载，同时重点检查并做记录。

（7）变压器试运行期间，瓦斯保护的掉闸压板应在试验位置。

5．高压少油断路器和高压隔离开关间为何要加装联锁装置？常用的联锁类型有哪两种？

答：为了保证运行中的人身安全和设备安全，操作高压开关必须按一定操作顺序，否则可能导致事故。为防止可能出现的误操作，必须在高压少油断路器和高压隔离开关间加装联锁。此外，两路电源不允许并路操作，或两台变压器不允许并列运行时，由于误并列就会发生人身或设备事故，故在有关的开关之间也要加装联锁。总之，装设联锁的目的在于防止误操作和误并列。

常用的联锁类型有以下两种。

（1）机械联锁装置。其形式有联锁销（挡柱）式、边杆（连板）式、钢丝绳式、机械程序锁式等。

（2）电气联锁装置。其形式有电磁锁式、辅助接点互锁式等。

6．少油断路器在运行中出现哪些现象时应立即停止运行？

答：少油断路器在发现有以下几种情况之一时，就应立即停止运行。

（1）少油断路器油标管无油或严重缺油。在此情况下，原处于分闸位置时，不得合闸；原处于合闸位置时，首先要采取措施防止自动掉闸，然后再针对不同情况采用安全的方法停止断路器运行。

（2）少油断路器在掉闸时严重喷油。应查明原因，清理现场并补油后，再考虑投入运行。

（3）瓷绝缘严重闪络放电。必须及时停电维修。

（4）支持绝缘子断裂。处于分闸状态的断路器应进行维修；处于合闸状态的断路器，应先采取措施防止自动掉闸，然后再停电检修。

（5）少油断路器内部有异常声响。要分析声响性质，查明原因，消除隐患。

（6）连接点严重过热。应停电进行检修。

7. 高压少油断路器运行中巡视检查项目有哪些？巡视周期是如何规定的？

答：少油断路器运行中的巡视检查项目有以下几项。

（1）总体检查：电流表指示值应在正常范围内；继电保护应处于正常运行状态；无异常声响；无异常气味。

（2）运行状态检查：通过仪表指示、信号灯的指示及其他信号指示判断少油断路器的运行状态。

（3）从外观上检查：各连接点应无过热现象；瓷绝缘无闪络放电痕迹、表面光洁完好、无裂纹、无断裂；油位、油色应正常、无渗、漏油现象；传动部分应无异常，无销轴脱落、传动杆裂纹现象。

（4）操动机构应无异常，分、合闸回路完好，控制电源、操作电源及其熔断器正常。

巡视检查周期：

（1）正常情况下，有人值班的变、配电所，每班巡视检查一次；无人值班的，每周至少巡视检查一次。

（2）污秽地区的变、配电所，应根据污染源的性质及污染程度确定巡视检查周期。

（3）遇有下列情况时应进行特殊巡视：新投入运行或大修后重新投入运行，以及事故处理后又投入运行的断路器，应在三天内加强巡视，无异常时再转入正常巡视；对带有缺陷运行的或过负荷运行的断路器要加强巡视，增加巡视次数；遇有恶劣天气，使运行条件恶化时，应加强巡视。

8. 什么叫保护接地？适用于哪些范围？接地电阻合格值为多少？运行中的接地装置发现哪些异常情况时应进行维修？

答：保护接地，就是将电气设备在正常情况下不带电的金属外壳或构架与接地体作良好的电气连接。保护接地适用于中性点不接地的供电系统，包括三相三线 380V 低压电网和 10kV 高压电网。三相四线制低压共用系统（配电小区除外）也应采用保护接地。

接地电阻合格值：在低压系统中，不超过 4Ω；在小接地短路电流系统中，高压设备与低压设备共用一套接地装置或高压设备单独装设接地装置时，不超过 10Ω；在大接地短路电流系统中，则不超过 0.5Ω。

运行中的接地装置在检查测量中发现以下情况应及时进行维修：接地线连接处焊接不良或脱焊；连接螺栓有松动；接地线有机械损伤、断股或化学锈蚀；接地体露出地面；接地电阻超过规定。

9. 什么叫保护接零？适用于哪些范围？采用保护接零有哪些具体安全技术要求？

答：将电气设备在正常情况下不带电的金属外壳或架构与电网的保护零线紧密地连接起来，这就是保护接零。

保护接零适用于三相四线制中性点直接接地的低压供电系统（配电小区以外的低压配电共用系统应采用保护接地）。

采用保护接零的安全技术要求有以下几点。

（1）在中性点接地的低压供电系统中，不允许一部分设备采用保护接地，而另一部分设备采用保护接零。

（2）保护接零系统中，除中性点的工作接地外，在零线的其他一处或多处进行重复接地（接地电阻值不大于 10Ω）。

（3）零线上不得装接开关或熔断器。

（4）主干零线的截面，不得小于相线截面的二分之一。

（5）接至用电设备的保护零线应有足够的机械强度。

（6）有条件的应采用三相五线制供电方式（即 TN-S 系统）。

（7）单相三线式插座上的保护接零端用零线保护时，不准与工作零线相封接。

10．电流互感器在运行中，二次侧为什么不允许开路？二次侧开路有哪些现象？

答：正常运行的电流互感器，由于二次侧负载阻抗很小，因此，相当于一个短路运行的变压器，其二次电流产生的磁通和一次电流产生的磁通是相互去磁关系，使得铁芯中的磁通密度维持在较低的水平（当一次电流在额定电流时，磁通密度为 1 000GS 左右）。当二次侧开路时，二次电流变为二次去磁，磁通消失，使得铁芯达到磁饱和状态（一次侧流过额定电流时，磁通密度可达 14 000~18 000GS。由于磁饱和这一根本原因，产生下列后果：

（1）二次绕组侧产生很高的尖峰波电压（可达几千伏），威胁设备绝缘和人身安全；

（2）铁芯损耗增加，发热严重，有烧坏绝缘的可能；

（3）铁芯中产生剩磁，使电流互感器变比误差和相角误差加大，影响计量准确性。所以运行中的电流互感器不容许开路。

运行中的电流互感器二次侧发生开路，在一次侧负荷电流较大的情况下，可能会有下列现象：

（1）因铁芯发热，有异常气味；

（2）因铁芯电磁振动加大，有异常噪声；

（3）有关表计（如电流表，功率表、电度表等）指示减少或为零；

（4）如因二次回路连接端子螺丝松动，可能会有滋火现象和放电声响，随着滋火，有关表计指针有可能随之摆动。

11．仪用互感器在投入运行前及运行中应巡视检查哪些项目？

答：运行前的检查项目有以下几项。

（1）铭牌应完整，技术规范符合使用要求。

（2）外壳应无机械损伤及变形，瓷绝缘表面无破损裂纹现象。

（3）各部连接螺栓应紧固。

（4）油面应正常，无渗漏油现象。

（5）呼吸孔塞子的垫片应取下。

（6）外壳及二次回路一点接地应良好。

运行中的检查项目有以下几项。

（1）一、二次侧引线各部连接点应无过热及打火现象。

（2）无冒烟及异常气味。

（3）瓷绝缘无放电闪络现象。

（4）互感器内部无放电声或其他噪声。

（5）外壳无严重渗漏油现象。

（6）与互感器相关的二次仪表指示应正常。

12．电压互感器一、二次熔丝的保护范围是什么？熔断器及熔丝的规格型号应如何选择？

答：在电压互感器一次侧（高压侧）装设熔断器，其保护范围是电压互感器本身或一次引线侧。当互感器绕组或一次引线侧发生故障时，能防止故障影响高压系统的供电可靠性，不致造成系统停电事故。10kV 电压互感器采用 RN2 型（或 RN4 型）户内高压熔断器，额定电流为 0.5A，1min 内熔体熔断电流为 0.6～1.8A，最大开断电流为 50kA，三相最大断流容量为 1 000MV·A，熔体具有 100±7Ω 的电阻，且熔管采用石英砂填充，因此具有良好的灭弧性能和较大的断流能力。

在电压互感器二次侧（低压侧）装设熔断器，其保护范围是二次回路。当二次回路发生过载或短路时，能防止烧毁互感器。常用二次侧低压熔断器型号有 RI 型、RL 型及 gF 型或 aM 型等，户外装置通常选用 RM10 型，熔体选用 3～5A（户内装置用）或 6A（户外装置用）。

13．什么是定时限过流继电保护？什么是反时限过流继电保护？

答：继电保护的动作时间固定不变，与短路电流的数值无关，称为定时限过流继电保护。定时限过流继电保护的时限是由时间继电器获得的。时间继电器在一定的范围内连续可调，使用时可根据给定时间进行调整。

继电保护的动作时间与短路电流的大小成反比，称为反时限过流继电保护。即短路电流越大，保护动作的时间越短，短路电流越小，则保护动作的时间越长。

14．变配电室出现继电保护动作断路器掉闸事故，应怎样检查和处理？

答：（1）继电保护动作断路器掉闸，应首先判明是主进开关还是分路开关，如主进开关应立即通知供电局监察人员，如系内部分路开关，应及时报告本单位领导。

（2）立即检查保护动作情况，并查明动作原因，确定故障性质、范围进而确定处理方法。

（3）排除故障后，在恢复送电前，应恢复所有信号及音响装置，在确认设备完好的情况下，方可恢复送电。

（4）上述工作必须由二人进行，而且有监护人在场，并对故障情况作详细记录。

15．直埋电力电缆敷设有哪些主要要求？电力电缆在敷设前应进行哪些试验和检查？

答：主要要求如下。

（1）直埋电力电缆应选择有铠装和防腐保护层的电缆。

（2）埋设深度应符合规程规定，一般不小于 0.7m，农田中不小于 1m。

（3）在电缆上、下侧需均匀铺设 100mm 的细沙或软土，并在电缆上侧垫层上面，盖以水泥盖板或砖，且应衔接覆盖。

（4）回填土夯实后按规程要求埋设标桩。

（5）直埋电缆不应平行敷设在各种管道的上面或下面，与其他管道交叉平行敷设时，其距离应符合规程规定。

敷设前的试验和检查如下。

（1）外观检查：额定电压是否与电源电压相符；型号、截面是否符合设计规格；外表是否有外力损伤；有无受潮现象；油浸纸绝缘电缆头铅封焊应完好，塑料电缆端头塑料封套应完整，芯线无进水现象。

（2）绝缘电阻摇测：1kV 及以下电力电缆采用 1 000V 兆欧表，绝缘电阻值一般应不低于 10MΩ；1kV 以上的电力电缆采用 2 500V 兆欧表，绝缘电阻值一般按电缆长度，在 500V 之内不小于 400MΩ，但三相不平衡系数不得大于 2.5。

（3）直流耐压试验和测量泄漏电流：2～10kV 油浸纸绝缘电缆试验电压为额定电压的 5 倍；20～35kV 塑料或橡塑绝缘电缆为额定电压的 2.5 倍；泄漏电流的测量标准，按有关规程的规定。

16. 电力电缆在什么情况下应穿管保护？电力电缆与热力沟及易燃管道的交叉平行距离是怎样规定的？

答：以下情况应穿管保护。

（1）电缆引入和引出建筑、隧道、沟道、楼板等处。

（2）电缆通过道路、铁路等。

（3）电缆引出和引进地面时，距离地面 2m 至埋入地下 0.1～0.25m 一段应加装保护。

（4）电缆和各种管道、沟道交叉处。

（5）电缆可能受到机械损伤的地段。

直埋电缆与热力沟及易燃管道交叉，平行的距离应不小于下表中的规定。

	类别接近距离（mm）	交叉时垂直距离（mm）
电缆与热力沟	2 000	500
电缆与易燃管道	1 000	500

17. 高压架空线路（10kV）与低压配电线路及弱电线路交叉垂直距离是怎样规定的？

答：线路交叉时，电压等级高的在上，低的在下，10kV 电力线路与同级电压、低级电压或弱电线路交叉的最小垂直距离不应小于 2m。

电力线路与弱电线路交叉时，为减少电力线路对弱电线路的干扰，应尽量垂直交叉跨越，若受条件限制做不到时，也应满足这样的要求对一级（极为重要的）弱电线路交叉角不小于 45°；对二级（比较重要的）弱电线路交叉角不小于 30°；对一般弱电线路则不受限制。

18. 工矿企业变配电站值班长和值班员的岗位职责有哪些基本内容？

答：值班长的职责：负责本职的安全、运行、维护工作。领导本职工作，接受、执行调度命令，正确、迅速地进行倒闸操作和事故处理；发现和及时处理缺陷；受理和审查工作票，并参加验收工作；组织好设备维修工作；审查本值记录；完成本职培训工作。

值班员的职责：在值班长领导下，做好本值的安全，运行、维护。按时巡视设备并做好记录；进行倒闸操作；按时做好各种记录；管理好安全用品和工具；做好交换班工作；在值班长不在时，代理值班长执行必要的业务工作。

19. 变配电站值班人员在巡视检查中保证自身的安全注意事项有哪些？

答：在设备巡视时，值班人员必须首先保证自身的人身安全。

（1）禁止越过遮栏巡视，在巡视高压设备时应与带电设备保持安全距离。当电压等级为 10kV 时，人体与带电导体间的最小距离：有遮拦为 0.35m；无遮拦为 0.7m。

（2）遇雷雨天气和接地故障发生时，要考虑跨步电压，穿绝缘靴，且距接地点远一些（室内不小于 4m，室外不小于 8m）。

（3）巡视设备时，一般不处理发现的缺陷，只要发现问题，及时汇报，不要动手独自处理。

20. 电工职业道德规范有哪些基本内容？

答：（1）忠于职业责任：每个电工作业人员，在各自的岗位上，要根据国家、企业所规定的责任，忠于职守、尽职尽责，顺利、及时、高效地完成应尽的责任和义务。

（2）遵守职业纪律：职业纪律是行为规范。它既集中表现为劳动纪律，又对行业行为更自觉的自我约束。

（3）学好电工专业技术和安全操作技术：应积极地，主动地参加学习，使所有的电工作业人员都有能力完成自己应做的工作。

（4）礼貌待人：在发电、送电、变电、配电和电气设备安装、运行、检修等业务往来、人际交往，工作相互协作或生产、服务等过程中，应实行文明用语、礼貌待人。

21. 并联电容器投入或退出运行的规定有哪些？

答：（1）正常情况下，并联电容器组的投入或退出运行应根据系统无功负荷潮流或负荷功率因数及电压情况来决定。当功率因数低于 0.95 时投入电容器组，在超过 0.95 且有超前趋势时，应退出电容器组。当电压偏低时可投入大容量电容器组。

（2）出现下列情况之一时，应将电容器退出运行。

① 电容器组母线电压超过电容器额定电压 1.1 倍时。

② 电容器电流超过额定电流 1.3 倍时。

③ 电容器室的环境温度超过 ±40℃时。

④ 单台电容器最热点超过 60℃时。

（3）当电容器发生下列情况之一时，应立即退出运行。

① 电容器爆破。

② 电容器喷油或起火。

③ 瓷套管发生严重放电、闪络。

④ 接点严重过热或熔化。

⑤ 电容器内部或放电设备有严重异常响声。

⑥ 电容器外壳有异形膨胀。

22. 电气检修作业中保证安全的技术措施和组织措施有哪些基本内容？具体说明停电、验电和悬挂临时接地线的安全技术要求。

答：（1）技术措施有停电、验电、悬挂临时接地线、悬挂标示牌和装设临时遮拦。组织措施有工作票制度、操作票制度、查活和交底制度、工作许可制度、工作监护制度、工作中断和转移制度、工作终结和送电制度、调度管理制度。

（2）停电注意事项。

① 在检修设备停电时，必须将各方面的电源断开，且各方面至少有一个明显的断开点（如隔离开关、刀开关等）。

② 禁止在只经断路器或自动开关断开电源的设备上工作。

③ 为防止反送电源，应将与停电设备有关的变压器和电压互感器从高、低压两侧断开。

④ 柱上变压器停电后，应将高压熔断器的熔丝管取下。

⑤ 对一经合闸即可送电到停电设备的隔离开关，必须将操作把手锁住。

⑥ 为了防止断路器误动作而发生意外，则要根据需要取下断路器控制回路的熔断器中的熔丝管。

（3）验电工作的规定如下。

① 检修的电气设备停电后，在悬挂接地线之前，必须用验电器检验有无电压。

② 验电时，必须使用电压等级合适、经试验合格、试验期限有效的验电器。

③ 验电前和后，应先将验电器在带电的设备上检验，确认其良好。

④ 应在施工或检修设备的进出线的各相分别进行验电。

⑤ 高压验电必须戴绝缘手套。

⑥ 联络用断路器或隔离开关检修时，应在其两侧验电。

⑦ 线路的验电应逐相进行。

⑧ 同杆塔架设的多层电力线路检修时，先验低压，后验高压；先验下层，后验上层。

⑨ 表示设备断开的常设信号或标志，表示允许进入间隔的信号，以及接入的电压表指示无电压和其他无电压信号指示等，只能作为参考，不能作为设备无电的根据。

（4）悬挂临时接地线应注意下列几点。

① 临时接地线应使用多股软裸铜线，截面不小于 $25mm^2$。

② 装设时，应先将接地端可靠接地，当验明设备或线路确无电压后，立即将临时接地线的另一端（导体端）接在设备或线路的导电部分上，此时设备或线路已接地并三相短路。

③ 装设临时接地线必须先接接地端，后接导体端；拆除的顺序与此相反；装、拆临时接地线应使用绝缘棒或戴绝缘手套。

④ 分段母线在断路器或隔离开关断开时，各段应分别验电并接地之后方可进行检修；降压变电站全部停电时，应将各个可能来电侧的部位装设临时接地线。

⑤ 在室内配电装置上，临时接地线应挂接在未涂相色漆的地方。

⑥ 临时接地线应装在工作地点可以看见的地方。

⑦ 临时接地线与检修的设备或线路之间，不应连接有断路器或熔断器。

⑧ 带有电容的设备或电缆线路，在装设临时接地线之前，应先放电。

⑨ 同杆架设的多层电力线路装设临时接地线时，应先装低压，后装高压；先装下层，后装上层；先装"地"，后装"火"；拆的顺序相反。

⑩ 装、拆临时接地线工作必须由二人进行，若变电所为单人值班时，只允许使用接地隔离开关接地。

⑪ 对于可能送电至停电设备或线路的各方面或停电设备可能产生感应电压的，都要装设临时接地线。

⑫ 在临时接地线上及其存放位置上均应编号。

7.3.2　高压电工实际操作考核重点

（一）跌开式熔断器的操作

1. 采用跌开式熔断器保护配电变压器，熔丝容量的选择及熔丝熔断原因的分析处理。

答：（1）熔丝容量的选择。

变压器容量在 100kV·A 及以下时，熔丝的额定电流按照变压器一次侧额定电流的 2～3 倍选择，但不得小于 10A。

变压器容量在 100kV·A 以上时，熔丝的额定电流按照变压器一次侧额定电流的 1.5～2

倍选择。

变压器二次侧熔丝的额定电流，可按变压器的额定电流选择。

（2）一相熔丝熔断原因：

① 接触不良；

② 熔体有机械损伤；

③ 严重匝间短路。

（3）两相熔丝熔断原因：

① 跌开式熔断器负荷侧及变压器一次侧绝缘瓷套管处，发生金属性短路或弧光短路造成熔断；

② 变压器一次侧绕组中的两相，出现相间短路及两相绕组严重匝间短路；

③ 变压器二次侧引线处两相短路或二次负荷侧短路，且开关拒动作。

（4）三相熔丝熔断：

① 三相金属性短路或三相电弧短路；

② 变压器一次或二次侧三相绕组短路；

③ 变压器铁芯片间绝缘损坏，或长时间过负荷引起发热，造成变压器烧坏；

④ 变压器一次或二次引线发生三相短路。

（5）处理时应对变压器进行停电检查，如未发现异常，可更换熔丝试送电。空载运行无异常后，可带负荷投入运行。检查及处理情况应做详细记录。

2．操作前的准备工作及操作安全要点。

答：（1）安全用具的检查：

① 基本绝缘安全用具（绝缘杆、试电笔等）须经试验合格，有效期一年内方可使用，表面无裂纹、变形、毛刺，干燥清洁，连接部位应牢靠；

② 辅助绝缘安全用具（绝缘手套、绝缘靴、绝缘垫等），经耐压试验合格，试验期限有效方可使用。外观干燥清洁、无划印、无断裂、无孔洞等外伤。绝缘手套还要做充气检查，不能漏气。

（2）操作安全要点：

① 现场操作要有专人负责监护；

② 清除周围妨碍操作的杂物，操作距离不小于 2.5m；

③ 合上跌开式熔断器后，应检查三相电源有无缺相及接触不良的现象；

④ 送电后检查设备运行情况是否正常。

3．实际操作（停电、送电操作及更换熔丝操作）。

答：（1）填写检修工作票、倒闸操作票；

（2）一人操作，一人监护；

（3）使用基本绝缘安全用具和辅助绝缘安全用具，站在绝缘台或绝缘垫上进行操作；

（4）操作前应先将变压器负荷侧全部停电；

（5）跌开式熔断器只能拉、合 560kV·A 及以下的空载变压器；

（6）操作顺序：

① 送电操作，先合边相，后合中相；

② 停电操作，先拉中相，后拉边相；

③ 有风时先拉下风侧边相，后拉上风侧边相，防止弧光短路。

（7）更换熔丝：

① 更换熔丝前应查出故障原因，性质范围，处理完后更换符合要求的熔体；

② 更换熔丝的操作如下。

a. 取下熔丝管；

b. 打磨被电弧烧伤的熔丝管静、动触头；

c. 擦掉瓷绝缘表面的碳化物，调整熔丝管静、动触头的距离及紧固件；

d. 送电前应作拉合试验，要求动作灵活可靠；

e. 更换熔丝时应压接牢靠，接触良好，防止造成机械损伤，熔体应在熔丝管内的中心位置，同时换丝前应当检查熔丝管与产气管是否良好无损伤，损坏的应更换；

f. 不同型号的熔断器操作有所不同。在拉开跌开式熔断器的熔丝管时 RW3 型用绝缘杆顶静触头（鸭嘴）；RW4 及 RW7 型，则拉熔管上的操作环。

（二）电压互感器更换高压熔丝的操作

1. 电压互感器高压熔丝熔断的原因及熔断相的判别方法。

答：（1）熔丝熔断原因：

① 一次绕组的相间、相对地或匝间短路；

② 一次侧引线瓷套管相间或相对地闪络放电；

③ 电压互感器二次侧短路，而二次熔丝又未及时熔断，造成一次侧熔丝熔断；

④ 系统发生过电压。（如单相间歇电弧接地、铁磁谐振及操作过电压等），电压互感器铁芯磁饱和，励磁电流骤增，引起一次侧熔丝熔断。

（2）判断熔断相的方法：

通过电压表的指示，判断熔断相。

a. 三相熔丝断，电压表无指示；

b. 两相熔丝断，三相线电压均无指示，而相电压只有一相有指示；

c. 一相熔丝断，电压表的反映是：相电压的指示为"一低两不变"，即熔断相的相电压降低，但不为零，非熔断相的相电压正常。线电压表的指示为"两低一不变"，即与熔断相有关的线电压降低，只有未熔断的两相线电压正常。

2. 更换熔丝的安全技术措施及熔丝的规范要求。

答：（1）安全技术措施：按本题 3 实际操作（任选一相更换）答案中所规定的内容严格执行。特别要注意应有专人监护，工作中注意保持与带电部分的安全距离，防止发生人身触电事故；

（2）停用电压互感器应事先取得有关负责人的许可，应考虑到对继电保护，自动装置和电能计量的影响；

（3）更换熔丝必须采用符合标准的熔断器，不能用普通熔丝代替，否则电压互感器一旦发生故障，由于普通熔丝不能限制短路电流和熄灭电弧，很可能烧毁设备和造成大面积停电。

3. 实际操作（任选一相更换）。

答：（1）填写检修工作票、倒闸操作票，将运行中的电压互感器退出运行；

（2）电压互感器停电后应验电、挂地线，取下二次侧熔丝管；

（3）一次侧熔丝断，应查明故障原因并处理后，摇测电压互感器绝缘电阻，选择规格及型号合格的熔丝管（RN_2 或 RN_4 型，0.5A）更换；

（4）一次侧熔丝再次熔断后，不允许再送电，应对电压互感器作绝缘摇测必要时进行耐压试验；

（5）更换电压互感器熔丝工作，应二人进行，一人操作，一人监护；

（6）操作人应使用基本绝缘安全用具，辅助绝缘安全用具，戴绝缘手套，用绝缘夹钳取下熔断的熔丝管，更换完好熔丝管，再用绝缘夹钳将熔丝管装上；

（7）工作中应站在绝缘台上，身体不应触及开关柜的金属部分。

（三）配电变压器绝缘电阻的摇测

1．兆欧表的选择和检查。

答：（1）选用 2 500V 的兆欧表；

（2）对兆欧表进行外观检查，应良好；

（3）对兆欧表进行开路试验：分开两只表笔，摇动兆欧表的手柄达每分钟 120 转，表针指向无限大（∞）为好；

（4）对兆欧表进行短路试验：轻轻拨动兆欧表手柄，将两只表笔瞬间搭接一下，表针指向 0（零），说明兆欧表正常。

2．摇测方法步骤及合格值的规定（新装、大修及运行中的合格值）。

答：（1）接线方法：将变压器停电、验电并放电后按以下要求进行。

① 摇测一次绕组对二次绕组及地（壳）的绝缘电阻的接线方法：将一次绕组三相引出端 1U、1V、1W 用裸铜线短接，以备接兆欧表 L 端；将二次绕组引出端 N，2U，2V，2W 及地（地壳）用裸铜线短接后，接在兆欧表 E 端；必要时，用裸铜线在一次侧瓷套管的瓷裙上缠绕几匝之后，再用绝缘导线接在兆欧表 G 端；

② 摇测二次绕组对一次绕组及地（壳）的绝缘电阻的接线方法：将二次绕组引出端 2U，2V，2W，N 用裸铜线短接。以备接兆欧表 L 端；将一次绕组三相引出端 1U、1U，1W 及地（壳）用裸铜线短接后，接在兆欧表 E 端；必要时，为减少表面泄漏影响测量值可用裸铜线在二次侧瓷套管的瓷裙上缠绕几匝之后，再用绝缘导线接在兆欧表 G 端。

（2）操作步骤：

① 将瓷套管擦干净，检查兆欧表；

② 按（1）接线；

③ 两人操作，一人转动兆欧表手柄，一人用绝缘物将 L 一端的测试线挑起，将兆欧表转至每分钟 120 转，指针指向∞；

④ 将 L 测试线牢触变压器引出端，在 15s 时读取一数（R15），在 60s 时再读一数（R60），记录摇测数据；

⑤ 撤出 L 测线后再停摇兆欧表；

⑥ 必要时用放电棒将变压器绕组对地放电；

⑦ 记录变压器温度；

⑧ 摇测另一项目；

⑨ 摇测工作全部结束后，拆除相间短接线，恢复原状。

（3）绝缘电阻合格值的标准是：

① 这次测得的绝缘电阻值与上次测得的数值换算到同一温度下相比较，这次数值比上次数值不得降低 30%；

② 吸收比 R60/R15，在 10℃～30℃时应为 1.3 及以上；

③ 一次侧为 10kV 的变压器，其绝缘电阻的最低合格值与温度有关，可参照下表。

变压器绝缘电阻与测试时温度的关系

温度（℃）	10	20	30	40	50	60	70	80
最低值（MΩ）	600	300	150	80	43	24	13	8
良好值（MΩ）	900	450	225	120	64	36	19	12

3. 实际摇测及摇测中的安全注意事项。

答：实际摇测按上述方法步骤进行。摇测中的安全注意事项如下：

（1）已运行的变压器，在摇测前，必须严格执行停电、验电、挂地线等规定，还要将高、低压两侧的母线或导线拆除；

（2）必须由两人或两人以上来完成上述操作；

（3）摇测前后均应将被测线圈接地放电，清除残存电荷，确保安全。

（四）变压器分接开关的切换操作

1. 配电变压器二次侧电压偏低应如何切换挡位？

答：配电变压器在运行中，一次侧供电电压较长期偏高或偏低，使其二次侧电压过高或过低，必须调整分接开关的位置，使二次侧电压接近额定值。变压器的一次线圈通常有三个分接头，按额定值的 95%、100% 和 105% 配置。当变压器二次侧电压偏高时，分接开关向 105% 挡位切换；二次侧电压偏低时，则向 95% 挡位切换，即所谓："高往高调、低往低调"。

2. 切换分接开关的方法及安全注意事项。

答：（1）初测：先用万用表测量高压出线端的直流电阻 RUV、RVW、RWU，再用电桥测量上述三个数值，并记录测量结果。

（2）切换挡位：

① 取下分接开关的护罩，松开并提起定位螺栓（或销子）；

② 反复转动分接开关的手柄，清除触头上的氧化物及油污；

③ 将手柄置一，预定的位置；

④ 放下并紧固好定位螺栓；

⑤ 用万用表粗测 RUV、RVW、RWU；

⑥ 用电桥准确测出 RUV、RVW、RWU；

⑦ 对测试数据进行计算，若符合要求则切换挡位完毕；

⑧ 进行极对地及极间的放电；

⑨ 拆除测试线；

⑩ 恢复变压器的原接线。

（3）注意事项：

① 切换分接开关或测量直流电阻，必须在变压器可靠地停电之后才能进行；

② 对于较大容量的变压器，在测试的前、后均应放电；

③ 操作电桥，按下 B 钮并按住后，应等待测试电流稳定下来，变压器容量越大，则需要等待的时间越长。然后再轻轻点按 G 钮，试探一下电流是否稳定下来以及电桥不平衡的程度，

防止将检流计表针撞坏；

④ 释放电桥的 G 钮、B 钮时应先放 G 钮，后放 B 钮，方允许对被测绕组放电及拆测试导线；

⑤ 高压侧的母线应拆开，而低压侧母线不要轻易拆开。

3．利用直流电桥测量变压器一次线圈的直流电阻及判断合格的标准。

答：变压器绕组直流电阻值允许误差的规定：容量在 1 600kV·A 及以下的变压器，三相出线端之间的三组直流电阻值，相互间的差别，即线间差别应不大于三组平均值的 2%。

（五）摇测电力电缆的绝缘电阻

1．兆欧表的选择和检查。

答：选择 2 500V 兆欧表一只（带有测试线），将兆欧表水平放置，未接线前先做仪表外观检查及开路，短路试验，确认兆欧表完好。

摇测的接线方法应正确（接线前应先放电）。

摇测项目是相间及对地的绝缘电阻值，即 U－V，W，地；

V－U，W，地；W－U，V，地。共三次。

2．摇测方法步骤及判断合格的标准。

答：摇测方法及步骤如下：

（1）电缆停电后，先进行逐相放电，放电时间不得少于 1min，电缆较长电容量较大的不少于 2min。

（2）用干燥，清洁的软布，擦净电缆线芯附近的污垢。

（3）按要求进行接线，应正确无误。如摇测相对地绝缘，将被测相加屏蔽接于兆欧表的 G 端子上；将非被测相的两线芯连接再与电缆金属外皮相连接后共同接地，同时将共同接地的导线接在兆欧表的 E 端子上；将一根测试线接在兆欧表的 L 端子上，该测试线（L 线）另一端此时不接线芯。

（4）将 L 线用绝缘支持物挑起，转动兆欧表摇把达每分钟 120 转，将 L 线与线芯接触，待 1min 后（读数稳定后），记录其绝缘电阻值。

（5）将 L 线撤离线芯，停止转动摇把，然后进行放电。

判断合格的标准规定如下：

（1）长度在 500m 及以下的 1kV 电力电缆，用 2 500V 兆欧表摇测，在电缆温度为＋20℃时，其绝缘电阻值一般不应低于 400MΩ。

（2）三相之间，绝缘电阻值应比较一致；若不一致，则不平衡系数不得大于 2.5。

（3）测定值与上次测定的数值，换算到同一温度下，其值不得下降 30% 以上。

3．摇测中的安全注意事项：

答：（1）摇测前和摇测后都应放电；

（2）摇动兆欧表的手柄时，转速应尽量保持额定值，更不得低于额定转速的 80%；

（3）电缆的另一端也必须作好安全措施，勿使人接近被测电缆，更不能造成反送电事故；

（4）为保证仪表安全，要做到兆欧表 L 端子引线应在将表摇至每分钟 120 转后，再接被测电缆线芯，撤开此引线后方可停止摇动手柄。

（六）高压安全用具的使用与检查

1. 高压安全用具（绝缘手套、高压试电笔、临时接地线、绝缘拉杆等）使用前的检查方法，并说明使用保管注意事项。

答：使用前的检查：

（1）检查外观应清洁，无油垢，无灰尘。表面无裂纹、断裂、毛刺、划痕、孔洞及明显变形等。外观检查适用于所有安全用具。

（2）验电器使用前应在带电体上（电压等级相同）确认其发光正常、完好。

（3）绝缘手套还应做充气试验，检验并确认其无泄漏现象。

（4）绝缘靴底无扎伤现象，底部花纹清晰明显，无磨平迹象。

（5）绝缘拉杆的连接部分应拧紧。

（6）临时接地线无背花，连接接地棒的螺栓紧固，无松动现象。

使用注意事项：

（1）使用高压试电笔及绝缘拉杆时，应佩戴绝缘手套。同时，手握部分应限制在允许范围内，不得超出防护罩或防护环。

（2）其他注意事项按有关要求执行。

保管注意事项：

（1）安全用具应存放在干燥，通风场所；

（2）绝缘拉杆应悬挂在支架上，不应与墙面接触或斜放；

（3）绝缘手套应存放在密闭的橱内，并与其他工具、仪表分别存放；

（4）绝缘靴应放在橱内，不准代替雨鞋使用，只限于在操作现场使用；

（5）试电笔应放在防潮的匣内，并放在干燥的地方；

（6）临时接地线应盘绕好再存放；

（7）绝缘手套及绝缘鞋、靴和绝缘垫等不要与变压器油接触；

（8）所有安全用具不准代替其他工具使用。

2. 说明标示牌的种类及具体使用规定。

答：标示牌按其性质分为：

（1）禁止类，如"禁止合闸，有人工作！"和"禁止合闸线路有人工作！"；

（2）警告类，如"止步，高压危险！"和"高压，生命危险！"；

（3）准许类，如"在此工作！"和"由此上下！"；

（4）提醒类，如"已接地！"。

标示牌的悬挂处所为：

（1）禁止类标示牌悬挂在一经合闸即可送电到施工设备或施工线路的断路器和隔离开关的操作手柄上。

（2）警告类标示牌悬挂在以下场所。

① 禁止通行的过道上或门上；

② 工作地点邻近带电设备的围栏上；

③ 在室外构架上工作时，挂在工作地点邻近带电设备的横梁上；

④ 已装设的临时遮拦上；

⑤ 进行高压试验的地点附近；

（3）准许类标示牌悬挂在以下处所。

① 室外和室内工作地点或施工设备上；

② 供工作人员上、下的铁架、梯子上。

（4）提醒类标示牌悬挂在"已接地线的隔离开关的操作手柄上"。

标示牌悬挂数量规定如下：

① 禁止类标示牌的悬挂数量应与参加工作的班组数相同；

② 提醒类标示牌的悬挂数量应与装设接地线的组数相同；

③ 警告类和准许类标示牌的悬挂数量，可视现场情况适量悬挂。

3．验电、悬挂临时接地线的实际操作及安全注意事项。

答：验电实际操作及安全注意事项如下：

（1）检修的电气设备停电后，在悬挂接地线之前，必须用验电器检查有无电压；

（2）验电时，必须使用电压等级合适、经试验合格、试验期限有效的验电器；

（3）验电前和后，应先将验电器在带电的设备上检验其是否良好；

（4）应在施工或检修设备的进出线的各相分别进行；

（5）高压验电必须戴绝缘手套；

（6）联络用的断路器或隔离开关检修时，应在其两侧验电；

（7）线路的验电应逐相进行；

（8）同杆架设的多层电力线路检修时，先验低压，后验高压；先验下层，后验上层；

（9）表示设备断开的常设信号或标志，表示允许进入间隔的信号以及接入的电压表指示无电压和其他无电压信号指示，只能做参考，不能作为设备无电的根据。

装设临时接地线的实际操作及安全注意事项：

（1）装设时，应先将接地端可靠接地，当验明设备或线路确无电压后，立即将临时接地线的另一端（导体端）接在设备或线路的导电部分上，此时设备或线路已接地并三相短路；

（2）临时接地线应使用多股软裸铜钱，截面不小于 $25mm^2$；

（3）装设临时接地线必须先接接地端，后接导体端；拆的顺序与此相反。装、拆临时接地线应使用绝缘棒或戴绝缘手套；

（4）分段母线在断路器或隔离开关断开时，各段应分别验电并接地之后方可进行检修。降压变电所全部停电时，应将各个可能来电侧的部位装设临时接地线；

（5）在室内配电装置上，临时接地线应装在未涂相色漆的地方。

（6）临时接地线应挂在工作地点可以看见的地方；

（7）临时接地线与检修的设备或线路之间不应连接有断路器或熔断器；

（8）带有电容的设备或电缆线路，在装设临时接地线之前，应先放电；

（9）同杆架设的多层电力线路装设临时接地线时，应先装低压，后装高压；先装下层，后装上层；先装"地"，后装"火"；拆的顺序则相反；

（10）装、拆临时接地线工作必须由二人进行，若变电所为单人值班时，只允许使用接地线隔离开关接地；

（11）对于可能送电至停电设备及线路的各方面或停电设备可能产生感应电压的，都要装设临时接地线。

在临时接地线上及其存放位置上均应编号。

（七）少油断路器运行中的巡视检查

1．高压少油断路器各主要元件的识别。

答：主要元件有：

（1）上、下出线座：它们分别与主电路的电源和负荷相连接。

（2）静、动触头系统：通过静、动触头系统的接触与分离实现开关的合与分。

（3）油箱：按型号的不同，运行中的少油断路器有的油箱通体带电（如 SN_1、SN_2 型等），而有的则上帽和基座是带电的（如 SN_1 型）。油箱上有油标管，注油螺栓，放油螺栓，油气分离器等。

（4）瓷绝缘分支持绝缘子和套管绝缘子，是少油断路器的主绝缘。

（5）传动部分：这部分包括主轴，绝缘拉杆、转轴，合闸弹簧，缓冲器，分闸弹簧，分闸油缓冲器、分闸定位器等。

（6）固定部分：钢框架。

2．运行中的巡视检查内容和周期要求。

答：巡视检查内容：

（1）先进行总体检查。

① 电流表指示值应在正常范围内；

② 继电保护应处于正常运行状态；

③ 应无异常声响；

④ 应无异味。

（2）检查少油断路器的运行状态。

① 断路器的工作状态与实际运行状态应相符；

② 信号灯应与运行状态一致（合闸时，红灯亮；分闸时，绿灯亮）；

③ 分、合闸操作手把位置应正确；

④ 操动机构的标示牌显示无误；

⑤ 分闸弹簧状态符合运行状态。

（3）结构外观上的检查。

① 各连接点应无过热现象；

② 瓷绝缘应无闪络放电痕迹；

③ 油面、油色应正常，无渗、漏油现象；

④ 传动部分应无异常，销轴无脱落，传动杆无裂纹。

（4）检查操动机构。

① 操动机构无异常；

② 分、合闸回路完好；

③ 控制电源、合闸电源及其熔断器正常；

④ 直流系统无接地现象。

巡视检查周期规定如下：

① 有人值班的变、配电所，每班一次，无人值班的，每周至少检查一次；

② 特殊情况下应增加特殊巡视检查次数。

3．运行中少油断路器喷油、缺油及瓷绝缘断裂等故障原因及处理方法。

答：（1）少油断路器喷油。

喷油原因：① 少油断路器油箱内充油过多，油面过高，油箱内油面以上缓冲空间过小；

② 操作不当，两次掉闸之间的时间间隔过短；

③ 少油断路器的断流能力不够。

处理方法：首先，要根据喷油现象的严重程度，以及当时有关的其他情况（如断路器负荷侧的短路故障；连续掉闸等）确定喷油原因。其次，针对喷油原因，作出相应地防范措施。例如，停电后放出油箱内多余的油；改进操作，避免短时间内连续掉闸；验算短路电流必要时更换断流能力更大的断路器。若对断路器进行解体检修，则详细检查触头的烧蚀情况，灭弧室的损坏情况及油箱内油的质量。发现有缺陷就要消除，重新组装，充油后还要作传动试验。合格后，方可再次投入运行。

（2）少油断路器缺油。

缺油原因：① 油标管进油口阻塞造成假油面（往油箱内注油时就能发现）；

② 渗漏油时间长造成缺油；

③ 放油螺栓或静触头螺母（SN_1－10 型、SN_2－10 型有此部件）未拧紧，造成迅速缺油；

④ 耐油橡胶垫破损，造成漏油严重。

处理方法：① 采取措施防止少油断路器自动掉闸，如有继电保护掉闸压板，应立即解除，或取下操作回路小保险。

② 将该断路器的负荷电流尽量降低。

③ 采用安全的办法，将缺油的断路器停下来。当负荷电流已降至隔离开关允许的操作范围时，可用隔离开关来切断电路。如有联锁装置，无法先拉隔离开关，只得先拉开断路器，然后再拉开隔离开关。另一种情况是负荷电流降不下来，那就需要先停上级断路器，然后再拉开缺油的断路器。

④ 履行检修手续，详细检查缺油原因，找出漏油部位，进行检修，注入适量的经试验合格的变压器油，才可重新投入运行。

（3）瓷绝缘断裂。

断裂原因：① 瓷绝缘内在质量差，发生击穿，击穿点过热时引起瓷绝缘炸裂；

② 瓷绝缘在保管、运输、安装、检修过程中，遭受外力损伤，最后形成断裂；

③ 在发生短路故障时，短路电流产生很大的电动力，瓷绝缘被拉断或切断；

④ 操作用的绝缘子，由于操作过猛，用力过大而断裂；

⑤ 少油断路器的支持绝缘子，由于分、合闸缓冲器未调好或失灵，或由于分、合闸行程未调好而断裂。处理方法：应停电进行更换，查明原因，采取措施，防止类似事故。

（八）配电变压器运行中的巡视检查

1. 配电变压器各主要元部件的识别，说明用途及铭牌解释。

答：（1）各主要元部件的识别及用途。

① 高、低压绝缘套管：它是变压器箱外的主要绝缘装置，并且还是固定引线与外电路连接的主要部件；

② 分接开关：是变压器高压绕组改变抽头的装置，分为有载调压和无载调压两种；

③ 气体继电器：又称瓦斯继电器，它与控制电路连通构成瓦斯保护装置；

④ 防爆管：是变压器的一种保护装置，主要作用是变压器内部发生故障时，由于内部压

力剧增,防止油箱变形的保护装置;

⑤ 油枕:它是变压器运行中补油及储油的装置,可以防止绝缘油的过快老化和受潮,其侧面装油位指示器(油标管),用来监视运行中油色、油温和油位,其上方装有注油孔和出气瓣;

⑥ 呼吸器:内部装有硅胶,以保持变压器内绝缘油的良好绝缘性能,硅胶在干燥情况下呈浅蓝色,当吸潮达到饱和状态时,逐渐变为淡红色,这时,应将硅胶取出在140℃高温下烘焙8h,即可复原色仍然保持原有的性能;

⑦ 散热器:散热器是装于变压器油箱四周的散热管或散热片组成,其作用是降低变压器运行温度;

⑧ 油箱:也就是变压器的外壳,它的作用是支撑变压器和便于变压器散热;

⑨ 变压器高、低绕组:由绝缘铜线或铝线绕制而成,是变压器建立磁场和传输电能的电路部分;

⑩ 变压器铁芯:变压器铁芯构成了变压器的磁路,是用性能良好的硅钢片叠装而成;

⑪ 温度计:是监视变压器运行温度的表针,装在变压器大盖上专门用来测量土层油温的温度计插孔内;

⑫ 放油截门:放油截门装在油箱底部,主要用来放油和取油样使用时。

(2)铭牌的内容。

铭牌上标出技术数据及产品型号、产品代号、标准代号、厂名、制作年月等。

① 变压器的型号:是用汉语拼音字母和数字组成,包括相数代号、设计序号,额定容量(kV·A)、高压绕组电压等级(kV)等;

② 变压器铭牌技术数据:

a. 变压器额定容量(目前新系列容量为10~10 000kV·A);

b. 额定频率(我国规定额定频率为50Hz);

c. 额定电压(指空载状态,变压器一、二次绕组的标称电压);

d. 额定电流(变压器在额定工作时,一、二次绕组的线电流值);

e. 空载电流(以额定电流的百分数表示);

f. 阻抗电压(阻抗电压标准为4%~5.5%);

g. 空载损耗(铁损);

h. 短路损耗(铜损);

i. 连接组标号(亦称接线组别);

j. 温升;

k. 冷却方式(油浸自冷式变压器,代号为ONAN)。

2. 运行中的巡视检查内容和周期要求。

答:变压器运行中巡视检查项目:

(1)检查变压器的负荷电流、运行电压应正常;

(2)变压器的油面、油色、油温不得超过允许值,无渗漏油现象;

(3)瓷套管应清洁、无裂纹、无破损及闪络放电痕迹;

(4)接线端子无接触不良、过热现象;

(5)运行声音应正常;

(6)呼吸器的吸潮剂颜色正常,未达到饱和状态;

（7）通向气体继电器的截门和散热器的截门应处于打开状态；

（8）防爆管隔膜应完整；

（9）冷却装置应运行正常，散热管温度均匀，油管无堵塞现象；

（10）外壳接地应完好；

（11）变压器室门窗应完好，百叶窗、铁丝纱应完整；

（12）室外变压器基础应完好，基础无下沉现象，电杆牢固，木杆杆根无腐朽现象。

巡视周期的规定如下：

（1）变、配电所有人值班，每班巡视检查一次；

（2）无人值班时，可每周巡视检查一次；

（3）对于采用强迫油循环的变压器，要求每小时巡视检查一次；

（4）室外柱上变压器，每月巡视检查一次；

（5）在变压器负荷变化剧烈、天气恶劣，变压器运行异常或线路故障后，应增加特殊巡视，特巡周期不作规定。

3．变压器温升过高原因分析及处理方法。

答：当变压器环境温度不变，负荷电流不变而温度不断上升时，说明变压器运行不正常，通常造成变压器温度过高的主要原因及处理方法如下。

（1）由于变压器绕组的匝间或层间短路，会造成温度过高，一般可以通过在运行中监听变压器的声音进行粗略地判断。也可取变压器油样进行化验，如果发现油的绝缘和质量变坏，或者瓦斯保护动作，可以判断为变压器内部有短路故障。经查证属于变压器内部故障，应对变压器进行大修。

（2）变压器分接开关接触不良，使得接触电阻过大，甚至造成局部放电或过热，导致变压器温度过高。可通过瓦斯是否频繁动作及信号指示来判断；还可以通过变压器取油样进行化验分析；也可用直流电桥测量变压器高压绕组的直流电阻来判断故障。分接开关接触不良的处理方法是：对变压器进行吊芯检查，检修变压器的分接开关。

（3）变压器铁芯硅钢片间绝缘损坏，导致变压器温度过高。通过瓦斯是否频繁动作，变压器绝缘油的闪点是否下降等现象加以判断。处理方法：对变压器进行吊芯检查。若铁芯的穿心螺栓的绝缘套管的绝缘损坏，也会造成变压器温度升高，判断与处理方法可照此进行。

（九）电压互感器的巡视检查

1．铭牌解释并画出电压互感器接线原理图（V/V 形或 Y/Y/△形接线）。

答：（1）解释电压互感器铭牌：在电压互感器铭牌上标出技术数据及产品型号。

① 产品型号：包括相数、绝缘形式、结构型号等。

② 额定技术数据：

a．变压比（$K = U_{10}/U_{20}$）；

b．误差和准确度级次（分为 0.5 级、1 级和 3 级）；

c．容量（分额定容量和最大容量）；

d．接线组别（有 V/V、Y/Y、Y/Y/△等）。

电压互感器接线原理图如图 7-20、图 7-21 所示。

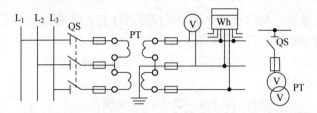

图 7-20　两个单相电压互感器 V/V 形接线图

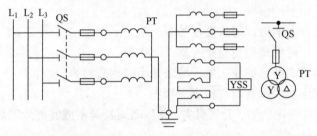

图 7-21　三个单相三线圈电压互感器或一个三相五心柱电压互感器接成 Y/Y/△

2．运行中巡视检查内容和周期要求。

答：（1）巡视检查内容：运行中的电压互感器应保持清洁，每一至二年进行一次预防性试验，运行中应定期巡视检查下列内容：

① 一、二次各部连接点应无过热及打火现象；

② 无冒烟及异常气味；

③ 瓷绝缘无放电闪络现象；

④ 互感器内部无放电声或其他噪声；

⑤ 外壳无严重渗漏油现象；

⑥ 与互感器相关的二次仪表指示应正常。

（2）巡视周期：同高压电器及高压配电装置巡视周期。

3．通过有绝缘监视装置的电压互感器判断 10kV 系统一相接地故障，说明接地故障的寻找、处理方法及安全注意事项。

答：一相接地故障的分析判断：

（1）10kV 系统发生一相接地时，接在电压互感器二次开口三角形两端的继电器，发出接地故障的信号。通过仪表可判断出故障发生在哪一段母线和在哪一相。

（2）一相接地后，故障相电压指示下降，非故障相电压指示升高，电压表指针随故障发展而摆动。

（3）弧光性接地，故障相电压表指示下降，且指针摆动较大，非故障相电压指示升高。

（4）线电压基本不变。

处理步骤如下。

（1）首先检查变、配电所内设备，重点是瓷绝缘、电缆终端头及小动物。

（2）若在所内未发现故障点，可试拉各路出线断路器，继续查找故障点。

（3）如试拉出线断路器时，发现故障发生在电缆线路，可用直流冲击法查找接地点。

（4）若试拉出线断路器时，发现接地故障发生在架空线路，可派人从速查找。

安全注意事项。

（1）查找接地故障时，严禁用隔离开关直接断开故障点。

（2）查找故障点要两人协同进行，并穿好绝缘靴，戴绝缘手套，使用安全用具。

（3）系统接地故障的持续时间，原则上不超过 2h。

（4）发现接地故障应立即报告供电部门。

（5）故障路断开后，须待消除故障后方可恢复运行。

（十）阀型避雷器的巡视检查

1. 阀型避雷器的安装有哪些基本安全技术要求。

答：安装阀型避雷器时，应符合下列要求。

（1）避雷器的瓷套管应无裂纹、破损，密封应良好，并经电气试验合格。

（2）各部的连接处应紧密，金属接触表面应清除氧化膜及油漆。

（3）应垂直安装并便于检查、巡视。

（4）避雷器安装位置与被保护装备的距离应越近越好，避雷器与 3～10kV 设备的电气距离一般不应大于 15m。

（5）避雷器引线的截面不应小于：铜线 16mm^2，铝线 25mm^2。

（6）接地引下线与被保护设备的金属外壳应可靠连接，并与总接地装置相连。

2. 运行中阀型避雷器巡视检查内容及周期要求。

答：应检查的内容如下。

（1）瓷套管应无裂纹、破损及闪络痕迹。

（2）内部应无异常声响。

（3）导线、接地引下线，应无烧伤痕迹和断股现象。

（4）瓷套管与法兰盘连接处和水泥接合缝及其上的油漆无脱落现象。

（5）瓷套表面无严重污秽。

巡视检查的周期为：有人值班，每班一次；无人值班，每周一次；遇特殊情况，应增加巡视检查次数。

3. 阀型避雷器运行中突然爆炸的原因，运行中避雷器瓷套管有裂纹应如何处理办法。

答：发生突然爆炸的原因有以下几点。

（1）在中性点不接地的系统中，发生单相接地时，可能使非故障相对地电压升高到线电压。此时，虽然避雷器所承受的电压小于其工频放电电压，但在持续时间较长的过电压作用下，也可能引起爆炸。

（2）电力系统发生铁磁谐振过电压时，可能使避雷器放电，从而可能烧毁其内部元件而引起爆炸。

（3）当线路受雷击时，避雷器正常动作后，由于本身火花间隙灭弧性能较差，如果间隙承受不住恢复电压而击穿时，则电弧重燃，工频续流将再度出现。这样，将会因间隙多次重燃使阀片电阻烧毁而引起避雷器爆炸。

（4）避雷器阀片电阻不合格，残压虽然低了，但续流却增大了，间隙不能灭弧，阀片由于长时间通过续流烧毁面引起爆炸。

（5）避雷器瓷套密封不良，容易受潮和进水等从而引起爆炸。

发现避雷器瓷套有裂纹，应根据现场实际情况采用下列方法进行处理。

（1）向有关部门申请停电，得到批准后做好安全措施将故障避雷器换掉。如无备品避雷器，在考虑不致威胁系统安全运行的情况下，可采取在较深的裂纹处涂漆或环氧树脂等防止受潮的临时措施，并安排短期内更换新品。

（2）如遇雷雨天气，应尽可能不使避雷器退出运行，待雷雨过后再进行处理。

（3）当避雷器因瓷质裂纹而造成放电，但还没有接地现象时，应设法考虑将故障相避雷器停用，以免造成事故扩大。

（十一）反时限过电流继电保护装置的运行与检查

1. 画出二相式反时限继电保护二次电流回路原理图，采用 GL－15 型过电流继电器说明保护动作原理。

答：二次电流回路原理图，如图 7-22 所示。

保护原理如下：

当主电路出现过电流时，过流继电器 1LJ 或 2LJ 按反时限动作，其常开触点闭合，电流互感器 2LHa 或 2LHc 向断路器跳闸电磁铁线圈 1TQ 或 2TQ 提供动作电流，使断路器跳闸，从而切断主电路，起到过流保护的作用。

2. 说明过流和速断保护范围及定值整定原则。

答：（1）保护范围。

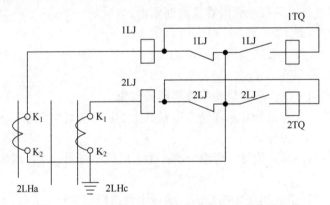

图 7-22 二相式反时限继电保护二次电流回路原理图

过电流保护可以保护设备的全部和线路的全长，而且，它还可以作为相邻下一级线路的穿越性短路故障的后备保护。

速断保护不能保护线路的全长，只能保护线路全长的 70%～80%左右，线路末端的 30%～20%不能保护；对变压器而言，不能保护变压器的全部，而只能保护从变压器高压侧引线及电缆到变压器部分绕组（主要是高压绕组）的相间短路故障。总之速断保护有死区，往往要以过电流保护作为速断保护的后备。

（2）整定原则。

过电流保护的整定原则是要躲开线路上可能出现的最大负荷电流（如电动机的启动电流）。整定时对反时限过流保护，要依据启动电流、整定电流的计算值做出反时限特性曲线并给出速断整定值才能进行。要保证在曲线上的整定电流这一点，动作时限的级差不小于 0.7s 整定动作时限必须满足选择性的要求充分考虑相邻线路上下级之间的配合。

电流速断的整定原则是，保护的动作电流大于被保护线路末端发生的三相金属性短路的短路电流。对变压器而言，则是其整定电流大于变压器二次出线三相金属性短路电流。

3. 变压器速断和瓦斯继电保护动作断路器跳闸故障的判断和处理。

答：（1）速断和瓦斯继电保护动作断路器跳闸，应判断为变压器内部故障。

（2）瓦斯动作后应收集瓦斯气体进行分析。

（3）根据瓦斯气体的颜色和可燃性，判断故障性质及故障原因。

（4）重瓦斯动作未查明故障原因时，变压器不能重新合闸送电。

（5）变压器发生故障后应立即报告有关领导，并确定更换变压器的方案。

（十二）定时限过电流继电保护的运行与检查

1．按图（二次回路展开图）说明变压器继电保护的动作原理。

答：定时限过流、速断保护原理展开图如图 7-23 所示：

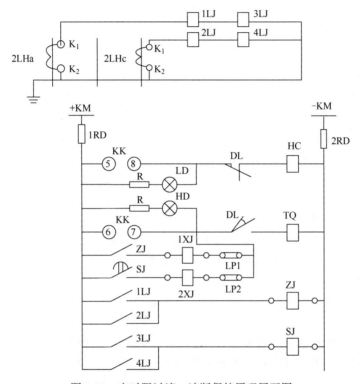

图 7-23 定时限过流、速断保护原理展开图

当主电路出现过电流运行时，3LJ 或 4LJ 动作，其常开触点闭合使时间继电器 SJ 线圈得电并开始计时，当延时结束，其常开触点闭合并接通信号继电器 2XJ 和断路器跳闸电磁铁线圈 TQ 回路，从而实现断路器跳闸。

速断保护的动作原理与过流保护基本相同，是由另两只电流继电器 1LJ 或 2LJ 控制中间继电器 ZJ（动作时无延时）后，再接通信号继电器 1XJ 和断路器跳闸电磁铁线圈 TQ，来实现动作跳闸。

2．说明过流和速断保护范围及定值整定原则，以及定时限过流保护与反时限过流保护的区别。

答：（1）保护范围。

过流保护可以保护设备的全部和线路的全长，而且，它还可以作为相邻下一级线路的穿越性短路故障的后备保护。

速断保护不能保护线路的全长，只能保护线路全长的 70%～80%左右，其线路末端的 30%～20%则不能保护；对变压器而言，不能保护变压器的全部，而只能保护从变压器高压侧引线及电缆到变压器一部分绕组（主要是高压绕组）的相间短路故障。总之，速断保护有死区，往往要以过电流保护作为速断保护的后备。

（2）整定原则。

过电流保护的整定原则要躲开线路上可能出现的最大负荷电流。对定时限过流保护，除应确定电流继电器的动作电流外，还应确定动作时限，并保证上、下级时限级差为 0.5s 以实现保护动作的选择性。

电流速断的整定原则是，保护的动作电流大于被保护线路末端发生三相金属性短路的短路电流。对变压器而言，则是其整定电流大于变压器二次出线三相金属性短路电流。

（3）定时限过流保护与反时限过流保护的区别。

① 定时限过电流保护的动作时限是确定的，它与故障电流的大小无关，反时限过电流保护的动作时限与故障电流的大小成反比；

② 定时限保护的配合级差采用 $\Delta t=0.5s$，反时限保护的配合级差采用 $\Delta t=0.7s$；

③ 反时限保护采用的是感应式继电器，它是由继电器的多功能来显示指示信号和使断路器跳闸。而定时限保护采用电磁式继电器，由时间继电器和中间继电器及信号继电器组合而成，并且过流与速断分别由各自的继电器来完成。

3. 变压器速断保护动作断路器跳闸故障的判断和处理。

答：（1）变压器速断保护动作跳闸说明故障性质比较严重，如有瓦斯保护时，要检查瓦斯保护是否动作，如瓦斯动作，说明故障在变压器的内部；

（2）检查速断保护的继电器及信号指示是属于哪相短路并解除事故音响装置；

（3）检查变压器高压引线及其他部分有无明显故障点，并注意检查有无其他异常现象，如喷油、起火、温度过高、声音不正常等现象；

（4）立即报告有关领导，属于主变压器故障要报告供电局，并作好备用变压器的投入及倒负荷的措施；

（5）在未查明故障原因，并解除故障点之前，不准再次给变压器合闸送电；

（6）必要时对变压器的速断保护进行故障校验，并填写事故调查报告。

（十三）室外配电变压器安装要求

1. 配电变压器保护用阀型避雷器及接地装置安装的一般要求。

答：阀型避雷器的瓷件应无裂纹、破损，密封应良好并经试验合格。各连接点应紧密、牢固，金属接触面应清除氧化层及油漆。

阀型避雷器应垂直安装，便于检修及巡视。接地线采用铜绝缘线截面积不小于 $16mm^2$。采用铝绝缘线截面积不小于 $25mm^2$。

2. 跌开式熔断器安装的一般要求。

答：跌开式熔断器应安装牢固可靠，向下应有 20°～30°的倾斜角，保险管长度应合适，合闸后被鸭嘴舌头扣住的触头长度要在 2/3 以上，以防运行中发生自掉。但保险管也不能顶住鸭嘴，以防熔丝熔断后保险管不能跌落。保险丝机械强度不应小于 15kg，保险丝额定电流不能大于保险管的额定电流。跌开式熔断器应安装在同一水平线上，间距不应小于 0.7m，距地不低于 4.5m。

3．室外地上变台和柱上变台安装的一般要求。

答：室外地上变台的高度一般为 0.5m，其周围应装设高度不低于 1.7m 的栅栏。变压器外廓与栅栏的距离不小于 1m，操作方向不应小于 2m。在栅栏明显部位应悬挂标示牌。

315kV·A 及以下的变压器可采用柱上安装。安装柱上变压器应平稳牢固，变压器底部距地不低于 2.5m，裸露带电部分距地面不低于 3.5m。

变台应装在负荷中心，要便于安装、检修。避免在转角杆和分支杆等复杂处安装变台。

（十四）模拟板倒闸操作

1．画出本单位一次系统主接线图（注明主要电气设备型号规格及操作编号）。

答：画图须按以下要求。

（1）画图范围。

① 双路电源用户：从 101 开关开始，画出两路电源，每段母线各供一台变压器（单母线不分段则供两台变压器），直画至低压母线（含母联开关）；

② 单路电源用户：从 101 开关开始，单母线不分段供两台变压器，分段母线则每段母线各供一台变压器，直画至低压母线（含母联开关）；

③ 高供低量用户：从 101 开关开始，直画至低压各分路（动力、照明、电容器组等各低压分路）；

④ 高供高量用户应画出计量柜接线。

（2）主要电气设备：包括高压断路器，高压隔离开关、高压负荷开关、跌开式熔断器、高压熔断器、变压器、电压互感器、电流互感器、母线、低压自动开关、刀开关、熔断器、并联电容器组及避雷器等。

（3）型号规格只注明主要规格。

（4）操作编号尽量注在图形符号右侧。

（5）图形符号尽量采用新符号（GB4728）。

2．按给定操作任务填写操作票。如图 7-24 所示为倒闸操作模拟图。

答：给定的操作任务有六种（考核时按题签指定其中一种），六种操作任务如下。

（1）全站停电及送电操作。

（2）一个回路检修工作终结的送电操作。

（3）运行变压器停电，投入备用变压器的并列倒闸操作（不停负荷）。

（4）运行电源停电，备用电源投入（合环操作或分别操作）。

（5）运行电源与变压器停电，投入备用电源和备用变压器不停负荷。

（6）部分设备（断路器或变压器等）停电检修倒闸操作及安全技术措施的执行。

操作顺序应按有关规程的规定，填写操作票应按《操作票制度》严格执行。操作票填写内容可参阅有关书籍。

3．在模拟板上进行核对性操作。

答：在模拟板上进行核对性操作时应注意以下几点。

（1）认真审查已填好的操作票，应符合操作任务，且操作顺序应正确。

（2）核对性操作过程中若发现所填操作票有误，应立即更改并签章；核对性操作由二人进行，一人操作，另一人负责监护。

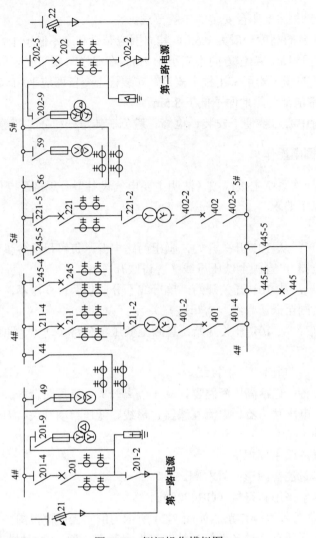

图 7-24　倒闸操作模拟图

7.4　电工作业特种操作证考题（理论部分）选编

7.4.1　电工上岗操作证考核试题

一、填空题

1. 在全部停电或部分停电的电气设备上工作，必须完成_____、_____、_____、_____和_____后，方能开始工作。

2. 我国规定工频电压 50V 的限值是根据人体允许电流_____和人体电阻_____的条件确定的。

3．中性点工作按地的电阻应_____。

4．我国规定工频安全电压有效值的额定值有_____、_____、_____、_____和_____。当电气设备采用 24V 以上安全电压时，必须采取_____的防护措施。

5．电流对人体的伤害可分为_____和_____。

6．漏电保护、安全电压属于既_____，又防止_____的安全措施。

7．新装和大修后的低压线路和设备，要求绝缘电阻_____mΩ。携带式电气设备的绝缘电阻_____mΩ。

8．电流互感器正常运行时二次侧不允许_____电压互感器正常运行时二次侧不允许_____。

9．电力系统和电气设备的接地按其作用分为_____、_____、_____、_____。

二、判断题

1．密闭式开关，保险丝不得外露，开关应串接在相线上，距地面的高度为 1.4 米。
（　　）

2．单极开关应装在相线上，不得装在零线上。　　　　　　　　　　（　　）

3．过载保护是当线路或设备的载荷超过允许范围时，能延时地切断电源的一种保护。
（　　）

4．电流互感器二次侧应装熔断器。　　　　　　　　　　　　　　　（　　）

5．保护接地适用于低压中性点直接接地，电压 380／220 伏的三相四线制电网。
（　　）

6．三相母线的红色表示 A 相。　　　　　　　　　　　　　　　　（　　）

7．对称三相电源星连接时，线电压与相电压相等。　　　　　　　　（　　）

8．绝缘棒使用后，可放在地上或靠在墙上。　　　　　　　　　　　（　　）

9．高压负荷开关专门用于高压装置中中断负荷电流。　　　　　　　（　　）

10．电力变压器的运行电压在额定电压的 95％～105％时，可维持额定容量不变。
（　　）

三、选择题

1．电气设备发生火灾时，应首先迅速（　　）。
　　A．使用干式灭火器进行补救　　　　　B．拉开操作开关
　　C．拉开电源总开关　　　　　　　　　D．将周围的易燃物、易爆品搬走

2．低压电力系统中，中性点接地属于（　　）。
　　A．保护接地　　　B．临时接地　　　C．工作接地　　　D．重复接地

3．独立避雷针的接地电阻不应大于（　　）Ω。
　　A．1　　　　　　B．4　　　　　　C．10　　　　　　D．20

4．在金属容器内，使用行灯电压一般不应超过（　　）伏。
　　A．6　　　　　　B．12　　　　　　C．24　　　　　　D．36

5．用 1000 伏或 2500 伏兆欧表检查电容器端点与其外壳之间的绝缘，两极对外壳的绝缘电阻不应低于（　　）兆欧。

A．500 B．1000 C．1500 D．2000

6．装设避雷器是（ ）防护的主要措施。

A．直击雷 B．雷电感应 C．雷雨云 D．雷电侵入波

7．在火灾和爆炸危险场所，所用绝缘导线或电缆的额定电压不得低于电网的额定电压，且不得低于（ ）伏。

A．250 B．380 C．500 D．1000

8．电气着火，确实无法切断电源时，应用（ ）灭火。

A．二氧化碳 B．四氯化碳

C．水 D．1211（二氟一氯,一溴甲烷）

9．搬把开关距地面高度一般为（ ）米。

A．1.2～1.4 B．1.5～1.8 C．2.1～2.4 D．2.5～3.8

10．对于一台电动机，所选用的保险丝的额定电流应该是电动机额定电流的（ ）倍。

A．0.5～1.0 B．1.5～2.5 C．2.1～2.4 D．2.5～3.8

四、名词解释

1．单相触电。
2．安全电压。
3．TN 系统。
4．工作接地。

五、问答题

1．尚未停电的火灾现场，切断电源应该注意哪些问题？
2．如何对心跳停止的触电者进行胸外心脏挤压抢救？

7.4.2 低压电工作业操作证考核式题

低压电工作业，指对 1 千伏（ ）以下的低压电气设备进行安装、调试、运行操作、维护、检修、改造施工和试验的作业。

一、单选题

1．电工作业人员必须年满（ ）岁。

A．15 B．16 C．17 D．18

2．装设接地线的顺序为（ ）。

A．先导体端后接地端 B．先接地端后导体端

C．可以同时进行 D．装设顺序和安全无关

3．一般居民住宅、办公场所，若以防止触电为主要目的时，应选用漏电动作电流为（ ）mA 的漏电保护开关。

A．6 B．15 C．30 D．50

4. 电气工作人员连续中断电气工作（　　　）以上者，必须重新学习有关规程，经考试合格后方能恢复工作。

    A. 三个月　　　　　B. 半年　　　　　C. 一年　　　　　D. 两年

5. 我国标准规定工频安全电压有效值的限值为（　　　）V。

    A. 220　　　　　B. 50　　　　　C. 36　　　　　D. 6

6. 关于电气装置，下列（　　　）项工作不属于电工作业。

    A. 试验　　　　　B. 购买　　　　　C. 运行　　　　　D. 安装

7. 电工作业人员必须具备（　　　）以上的文化程度。

    A. 小学　　　　　B. 大专　　　　　C. 初中　　　　　D. 高中

8. 电阻、电感、电容串联电路中，电源电压与电流的相位关系是（　　　）。

    A. 电压超前电流　　　　　　　　　B. 电压滞后电流

    C. 不确定　　　　　　　　　　　　D. 同相

9. 额定电压（　　　）V 以上的电气装置都属于高压装置。

    A. 36　　　　　B. 220　　　　　C. 380　　　　　D. 1000

10. 电能的单位是（　　　）。

    A. A　　　　　B. V.A　　　　　C. w　　　　　D. kw.h

11. R，X_l，X_c 串联电路中，已知电源电压有效值 U=220V 和 $R = X_l = X_c$=440Q，则电路中的电流为（　　　）。

    A. O　　　　　B. 0.25　　　　　C. 0.5　　　　　D. 1

12. 某直流电路电流为 1.5A，电阻为 4Ω，则电路电压为（　　　）V。

    A. 3　　　　　B. 6　　　　　C. 9　　　　　D. 12

13. 电压的单位是（　　　）。

    A. A　　　　　B. V　　　　　C. w

14. 并联电路的总电容与各分电容的关系是（　　　）。

    A. 总电容大于分电容　　　　　　　B. 总电容等于分电容

    C. 总电容小于分电容　　　　　　　D. 无关

15. 1 kΩ 与 2 kΩ 的电阻串联后接到 6V 的电压上，流过电的电流为（　　　）。

    A. 0.25　　　　　B. 0.125　　　　　C. 0.083333333　　　　　D. 2

16. 电压 220V，额定功率 100W 白炽灯泡的电阻为（　　　）Ω。

    A. 2.2　　　　　B. 220　　　　　C. 100　　　　　D. 484

17. 电源输出功率的大小等于（　　　）。

    A. UI　　　　　B. UIt　　　　　C. I^2Rt

18. 应当按工作电流的（　　　）倍左右选取电流表的量程。

    A. 1　　　　　B. 1.5　　　　　C. 2　　　　　D. 2.5

19. 用指针式万用表欧姆挡测试电容，如果电容是良好的，则当两支表笔连接电容时，其指针将（　　　）。

    A. 停留刻度尺左端

    B. 迅速摆动到刻度尺右端

    C. 迅速向右摆动，接着缓慢摆动回来

    D. 缓慢向右摆动，接着迅速摆动回来

20. 为了保护兆欧表，应慎做兆欧表的短路试验。兆欧表短路试验的目的是（   ）。
    A. 检查兆欧表机械部分有无故障估计兆欧表的零值误差
    B. 检查兆欧表指示绝缘电阻值是否为零，判断兆欧表是否可用
    C. 检测兆欧表的输出电压
    D. 检查兆欧表的输出电流

21. 测量绝缘电阻使用（   ）。
    A. 万用表   B. 兆欧表
    C. 地电阻测量仪   D. 电流表

22. 交流电压表扩大量程，可使用（   ）。
    A. 电流互感器   B. 互感器
    C. 并接电容   D. 电压互感器

23. 兆欧表的 E 端接（   ）。
    A. 地   B. 线路   C. 相线   D. 正极

24. 就对被测电路的影响而言，电流表的内阻（   ）。
    A. 越大越好   B. 越小越好   C. 适中为好   D. 大小均可

25. 就对被测电路的影响而言，电压表的内阻（   ）。
    A. 越大越好   B. 越小越好   C. 适中为好   D. 大小均可

26. 测量低压电力电缆的绝缘电阻所采用兆欧表的额定电压为（   ）V。
    A. 2500   B. 1000   C. 500   D. 250

27. 兆欧表的手摇发电机输出的电压是（   ）。
    A. 交流电压   B. 直流电   C. 高频电压   D. 脉冲电压

28. 下列最危险的电流途径是（   ）。
    A. 右手至脚   B. 左手至右手   C. 左手至胸部   D. 左手至脚

29. 摆脱电流是人能自主摆脱带电体的最大电流，成年男性一般为（   ）。
    A. 16毫安   B. 10毫安   C. 30毫安   D. 10安

30. 数十毫安的电流通过人体短时间使人致命，最危险的原因是（   ）。
    A. 呼吸中止   B. 昏迷
    C. 引起心室纤维性颤动   D. 电弧烧伤

31. 其他条件相同，人离接地点越近时可能承受的（   ）。
    A. 跨步电压和接触电压都越大   B. 跨步电压越大、接触电压不变
    C. 跨步电压不变、接触电压越大   D. 跨步电压越大、接触电压越小

32. 对于电击而言，工频电流与高频电流比较，其危险性是（   ）。
    A. 高频危险性略大   B. 高频危险性大得多
    C. 二者危险性一样大   D. 工频危险性较大

33. 在雷雨天气，下列跨步电压电击危险性较小的位置是（   ）。
    A. 高墙旁边   B. 电杆旁边
    C. 高大建筑物内   D. 大树下方

34. 触电事故发生最多的月份是（   ）月。
    A. 2～4   B. 6～9   C. 10～12   D. 11～1

35. 当人发生危重急症或意外伤害对，现场救护人员的最佳选择是（   ）。

A．直接将患者送医院　　　　　　B．坚持就地抢救

C．等待医院或急救站派人抢救

36．触电致人死亡的决定因素是（　　）。

A．电压　　　　B．电流　　　　C．触电时间

37．当触电人脱离电源后，如深度昏迷、呼吸和心脏已经停止，首先应当做的事情是（　　）。

A．找急救车，等候急救车的到来紧急送往医院

B．就地进行对口（鼻）人工呼吸和胸外心脏挤压抢救

C．让触电人静卧

38．不受供电部门调度的双电源用电单位（　　）并路倒闸操作。

A．严禁　　　　　　　　　　　　B．只允许短时

C．只允许在高压侧　　　　　　　D．只允许在 0.4 kV 侧

39．成套接地线应用有透明护套的多股软铜线组成，其截面不得小于（　　），同时应满足装设地点短路电流的要求。

A．35mm²　　B．25rnm²　　C．15mm²　　D．20mm²

40．变配电站有人值班时，巡检周期应当是每（　　）一次。

A．班　　　　B．三天　　　　C．周　　　　D．月

41．停电操作断开断路器后应当（　　）操作。

A．同时拉开负荷侧隔离开关和电源侧隔离开关

B．先拉开负侧隔离开关，后拉开电源侧隔离开关

C．先拉开电源侧隔离开关，后拉开负荷侧隔离开关

D．拉开负荷侧隔离开关和电源侧隔离开关无先后顺序要求

42．（　　）操作必须办理操作票。

A．事故处理　　　　　　　　　　B．拉合断路器的单一操作

C．全站停电　　　　　　　　　　D．拉开单位仅有的一台接地隔离开关

43．一张操作票可以填写（　　）项操作任务。

A．一　　　　B．二　　　　C．三　　　　D．四

44．送电操作正确的操作顺序是（　　）。

A．先合上负荷侧隔离开关，后合上电源侧隔离开关，最后合上断路器

B．先合上电源侧隔离开关，再合上负荷侧隔离开关，最后合上断路器

C．先合上断路器，后合上电源侧隔离开关，最后台上负荷侧隔离开关

D．先合上断路器，再合上负荷侧隔离开关，最后合上电源侧隔离开关

45．除单人值班的情况以外，倒闸操作必须由（　　）人完成。

A．一　　　　B．二　　　　C．三　　　　D．四

46．绝缘安全工器具应存放在温度（　　），相对湿度5%～80%干燥通风的工具室（柜）内。

A．-10～25℃　　B．-15～35℃　　C．-20～35℃

47．严禁工作人员或其他人员擅自移动已挂好的接地线，如需移动时，应有工作负责人取得（　　）的同意并在工作票上注明。

A．工作许可人　　B．工作监护人　　C．工作票签发人

48．在 TN-C 系统中，用电设备的金属外壳应当接（　　）干线。

A．PEN　　　　B．N　　　　C．PE　　　　D．接地

49. 高灵敏度电流型漏电保护装置是指额定漏电动作电流（　　）mA 及以下的漏电保护装置。

    A．6　　　　　　B．10　　　　　　C．15　　　　　　D．30

50. 当电气设备采用（　　）V 以上安全电压时，必须采取直接接触电击的防护措施。

    A．220　　　　　B．36　　　　　　C．24　　　　　　D．12

51. 绝缘电阻试验包括（　　）。

    A．绝缘电阻测量　　　　　　　　　B．吸收比测量

    C．绝缘电阻测量和吸收比测量　　　D．绝缘电阻测量和泄漏电流测量

52. 低压开关设备的安装高度一般为（　　）m。

    A．0.8～1.0　　B．1.1～1.2　　　C．1.3～1.5　　　D．1.6～2.0

53. 安装漏电保护器时，（　　）线应穿过保护器的零序电流互感器。

    A．N　　　　　　B．PEN　　　　　C．PE　　　　　　D．接地

54. 我国标准规定工频安全电压有效值的限值为（　　）V。

    A．220　　　　　B．50　　　　　　C．36　　　　　　D．6

55. 漏电保护装置的试验按钮每（　　）一次。

    A．月　　　　　　B．半年　　　　　C．三月

56. 配电装置排列长度超过（　　）m 时，盘后应有两个通向本室或其他房间的出口，并宜布置在通道的两端。

    A．6　　　　　　B．10　　　　　　C．14　　　　　　D．18

57. 生产场所室内灯具高度应大于（　　）m。

    A．1.6　　　　　B．1.8　　　　　　C．2　　　　　　　D．2:5

58. 在 TN-S 系统中，用电设备的金属外壳应当接（　　）干线。

    A．PEN　　　　　B．N　　　　　　C．PE　　　　　　D．接地

59. 单相安全隔离变压器的额定容量不应超过（　　）kV·A。

    A．10　　　　　　B．50　　　　　　C．100　　　　　　D．1000

60. 装设接地线时，应（　　）。

    A．先装中相　　B．先装接地端，再装两边相　　　C．先装导线端

三、判断题

1. 发现有人触电时，应当先打 120 请医生，等医生到达后立即开始人工急救。（　　）

2. 特种作业人员进行作业前禁止喝含有酒精的饮料。（　　）

3. 金属屏护装置必须有良好的接地。（　　）

4. 保护接地适用于低压中性点直接接地，电压 380 / 220V 的三相四线制电网。（　　）

5. 电工作业人员包括从事电气装置运行、检修和试验工作的人员，不包括电气安装装修人员。（　　）

6. 新参加电气工作的人员不得单独工作。（　　）

7. 电工是特殊工种，其作业过程和工作质量不但关联着作业者本身的安全，而且关联着他人和周围设施的安全。（　　）

8. 局部电路的欧姆定律表明，电阻不变时电阻两端的电压与电阻上的电流成反比。（　　）

9. 电源电压不变时，电阻元件上消耗的功率与电流的平方成正比。　　　（　　）

10. 并联电路中各支路上的电流不一定相等。　　　（　　）

11. 在额定电压 1500W 的灯泡在两小时内消耗的电能是 0.5kW.h。　　　（　　）

12. 原使用白炽灯时导线过热，改用瓦数相同的日光灯以后导线就不会过热。　（　　）

13. 直流电路中，局部电路的欧姆定律表示功率、电动势、电流之间的关系。（　　）

14. 并联电阻越多，总电阻越大。　　　（　　）

15. 两个并联电阻的等效电阻的电阻值小于其中任何一个电阻的电阻值。　（　　）

16. 交流电流是大小和方向随时间周期性变的电流。　　　（　　）

17. $U=IR$、$I=U/R$、$R=U/I$ 属于欧姆定律的表达式。　　　（　　）

18. 用指针式万用表的电阻挡时，红表笔连接着万用表内部电源的正极。　（　　）

19. 兆欧表是用来测量绕组直流电阻的。　　　（　　）

20. 不使用万用表时，应将其转换开关置于直流电流最大挡。　　　（　　）

21. 电流表跨接在负载两端测量。　　　（　　）

22. 万用表的红表笔插在（＋）的插孔，黑笔插在（－）的插孔。　　（　　）

23. 兆欧表在摇测电动机绝缘电阻时，可将 L 端或 E 端接至电动机壳的外壳。（　　）

24. 测量接地电阻前应将被测接地体与其他接地装置分开；测量电极间的连线避免与邻近的高压架空线路平行；测量时将 P 端或 P1 端接于电压极；测量时将 C 端或 C1 端接于电流极等都是测量接地电阻正确的做法。　　　（　　）

25. 不能带电压测量电阻，否则会烧坏测量仪表。　　　（　　）

26. 只要保持安全距离，测量电阻时，被测电阻不需断开电源。　　　（　　）

27. 测量过程中不得转动万用表的转换开关，而必须退出后换挡。　　（　　）

28. 数十毫安的工频电流通过人体时，就可能会引起心室纤维性颤动使人致命。（　　）

29. 高压电既会造成严重电击，也会造成严重电弧烧伤；低压电只会造成严重电击，不会造成严重电弧烧伤。　　　（　　）

30. 违章作业和错误操作是导致触电事故最常见的原因。　　　（　　）

31. 发现有人触电，应赶紧徒手拉其脱离电源。　　　（　　）

32. 触电致人死亡的决定因素是电压。　　　（　　）

33. 感知电流虽然一般不会对人体构成伤害，但可能导致二次事故。　　（　　）

34. 绝大多数触电事故的发生都与缺乏安全意识有关。　　　（　　）

35. 触电事故一般发生在操作使用电气设备的过程中，而施工装拆中和维护检修中一般不会发生触电事故。　　　（　　）

36. 就电击而言，工频电流是危险性最小的电流。因此，普遍采用这种频率的电源。
　　　（　　）

37. 摆脱电流是人能自主摆脱带电体的最大电流，人的工频摆脱电流约为 10A。（　　）

38. 雷雨天气户外巡视应远离接地装置，并应穿绝缘靴。　　　（　　）

39. 在工作任务重、时间紧的情况下专责监护人可以兼做其他工作。　　（　　）

40. 雷雨天气应停止室外的正常倒闸操作。　　　（　　）

41. 值班人员应熟悉电气设备配置、性能和电气结线。　　　（　　）

42. 事故应急处理也必须使用操作票。　　　（　　）

43. 工作负责人可以填写工作票，还可以签发工作票。　　　（　　）

44．在发生人身触电事故时，可以不经许可，即行断开有关设备的电源，但事后应立即报告调度（或设备运行管理单位）和上级部门。　　　　　　　　　　　　　　（　　）

45．送电操作后应检查电压、负荷是否正常。　　　　　　　　　　　　　　（　　）

46．巡视线路时，不论线路是否有电均应视为带电，并应在线路正下方行走。（　　）

47．在没有相应电压等级验电器时，可以用低压验电器进行10kV线路的验电工作。

（　　）

48．验电前，宜先在有电设备上进行试验，确认验电器良好；无法在有电设备上进行试验时，可用高压发生器等确定证验电器良好。　　　　　　　　　　　　　（　　）

49．填写操作票应注意拉开或合上各种开关后检查开关是否在断开或合闸位置。（　　）

7.4.3　高压电工特种作业操作证考核试题

从事特殊工种作业人员必须熟悉相应特殊工种作业的安全知识及防范各种意外事故的技能。高压电工从业人员必须持卡（IC卡）上岗，即由国家安全生产监督管理局颁发《中华人民共和国特种作业操作证》方可上岗，此证书全国通用。

一、判断题

1．作业操作中如发生疑问，可按正确的步骤进行操作，然后把操作票改正过来。

（　　）

2．高压检修工作的停电必须将工作范围的各方面进线电源断开，且各方面至少有一个明显的断开点。　　　　　　　　　　　　　　　　　　　　　　　　　　（　　）

3．检修人员未看到工作地点悬挂接地线，检修人员应进行质问并有权拒绝工作。

（　　）

4．变压器正常运行时，上层油温不允许超过85℃。　　　　　　　　　　（　　）

5．保护接地适用于中性点接地电网，保护接零适用于中性点不接地电网。（　　）

6．变压器型号第二位字母表示冷却方式。　　　　　　　　　　　　　　（　　）

7．运行中的电流互感器二次侧严禁开路，电压互感器允许开路。　　　　（　　）

8．瓷、玻璃、云母、木材、橡胶、塑料、布、纸、矿物油等都是常用的绝缘材料。

（　　）

9．移动式的电气设备的性能与现场使用条件无关。　　　　　　　　　　（　　）

10．国家规定要求：从事电气作业的电工，必须接受国家规定的机构培训，经考核合格者方可持证上岗。　　　　　　　　　　　　　　　　　　　　　　　　（　　）

11．调节变压器的分接开关，使其原绕组匝数减少时，副边电压将要降低。（　　）

12．在发生人身触电事故时，为了解救触电人，可以不经过许可，即行断开该设备的电源。

（　　）

13．供电系统中三相电压对称度一般不应超过额定电压的5%。　　　　　（　　）

14．10kV三相供电系统一般采用中性点不接地或高阻接地方式。　　　　（　　）

15．消弧线圈对接地电容电流的补偿实际应用时都采用过补偿方式。　　（　　）

16．中性点直接接地系统，发生单相接地时，既动作于信号，又动作于跳闸。（　　）

17．高压线路和设备的绝缘电阻一般不小于 500MΩ。（　　）

18．所谓绝缘防护，是指绝缘材料把带电体封闭或隔离起来，借以隔离带电体或不同电位的导体，使电气设备及线路能正常工作，防止人身触电。（　　）

19．绝缘鞋可作为防护跨步电压的基本安全用具。（　　）

20．在 35/0.4kV 的配电系统中，应在变压器高低压侧分别装设阀型避雷器作为防雷保护。（　　）

21．在中性点不接地系统中发生单相间歇性电弧接地时，可能会产生电弧接地过电压。（　　）

22．巡视并联使用的电缆有无因过负荷分配不均匀而导致某根电缆过热是电缆线路日常巡视检查的内容之一。（　　）

23．高低压同杆架设，在低压线路工作时，工作人员与最上层高压带电导线的垂直距离不得小于 0.7m。（　　）

24．保护接零适用于电压 0.23kV/0.4kV 低压中性点直接接地的三相四线配电系统中。（　　）

25．接地是消除静电的有效方法，在生产过程中应将各设备金属部件电气连接，使其成为等电位体接地。（　　）

26．在高压线路发生火灾时，应迅速拉开隔离开关，选用不导电的灭火器材灭火。（　　）

27．为了防止直接触电可采用双重绝缘、屏护、隔离等技术措施以保障安全。（　　）

28．在电气控制系统中，导线选择的不合适、设备缺陷、设备电动机容量处于"大马拉小车"等都是可能引发电气火灾的因素。（　　）

29．保护接地用于接地的配电系统中，包括低压接地网、配电网和变压器接地配电网及其他不接地的直流配电网中。（　　）

30．在有可燃气体的环境中，为了防止静电火花引燃爆炸，应采用天然橡胶或者高阻抗的人造橡胶作为地板装修材料。（　　）

31．为防止跨步电压伤人，防直雷击接地装置距建筑物出入口和人行道边的距离不应小于 3m，距电气设备装置要求在 5m 以上。（　　）

32．断路器在分闸状态时，在操作机构指示牌/卡看到指示"分"字。（　　）

33．在紧急情况下，可操作脱口杆进行断路器分闸。（　　）

34．与断路器并联的隔离开关，必须在断路器分闸状态时才能进行操作。（　　）

35．隔离开关分闸时，先闭合接地闸刀，后断开主闸刀。（　　）

36．甲乙两设备采用相对编号法，是指在甲设备的接线端子上标出乙设备接线端子编号，乙设备的接线端子上标出甲设备的接线端子编号。（　　）

37．大容量变压器应装设电流差动保护代替电流速断保护。（　　）

38．端子排垂直布置时，排列顺序由上而下，水平布置时，排列顺序由左而右。（　　）

39．变电所开关控制、继保、检测与信号装置所使用的电源属于操作电源。（　　）

40．配电装置中高压断路器的控制开关属于一次设备。（　　）

41．当高压电容器组发生爆炸时，处理方法之一是切断电容器与电网的连接。（　　）

42．自动重合闸动作后，需将自动重合闸手动复位，准备下次动作。　　（　　）

43．电路中某点的电位，数值上等于正电荷在该点所具有的能量与电荷所带的电荷量的比。　　　　　　　　　　　　　　　　　　　　　　（　　）

44．交流电路最大值是正弦交流电在变化过程中出现的最大瞬时值。　　（　　）

45．整流电路就是利用整流二极管的单向导电性将交流电变为直流电的电路。（　　）

46．在抢救触电者脱离电源时，未采取任何绝缘措施，救护人员不得直接触及触电者的皮肤或潮湿衣服。　　　　　　　　　　　　　　　　　　　　（　　）

47．钳表在测量的状态下转换量程开关有可能会对测量者产生伤害。　　（　　）

48．接地电阻测量仪主要由手摇发电机、电流互感器、电位器及检流计组成。（　　）

49．测量直流电流时，电流表应与负载串联在电路中，并注意仪表的极性和量程。　　　　　　　　　　　　　　　　　　　　　　　　　　　　　（　　）

50．良好的摇表，在摇表两连接线（L、E）短接时，摇动手柄，指针应在"0"处。　　　　　　　　　　　　　　　　　　　　　　　　　　　　　　（　　）

二、单项选择题

1．高压配电网是指电压在　（　　）　及以上的配电网。
　　A．1kV　　　　　　　　B．35kV　　　　　　　C．110kV

2．电压波动以电压变化期间（　　）之差相对于电压额定值的百分数来表示。
　　A．电压实际值与电压额定值　　　　　B．电压最大值与电压最小值
　　C．电压最大值与电压额定值

3．变压器油的试验项目一般为耐压试验．介质损耗试验和（　　）。
　　A．润滑试验　　　B．简化试验　　　C．抽样试验

4．变压器二次绕组开路，一次绕组施加（　　）的额定电压时，一次绕组中流过的电流为空载电流。
　　A．额定功率　　　B．任意功率　　　　C．最大功率．

5．变压器的功率是指变压器的（　　）之比的百分数。
　　A．总输出与总输入
　　B．输出有功功率与输入总功率
　　C．输出有功功率与输入有功功率．

6．容量在630kV·A以下的变压器，在每次合闸前及拉闸后应检（　　）。
　　A．一次　　　B．两次　　　　C．三次

7．变压器调整电压的分接引线一般从（　　）引出。
　　A．一次测绕组　　B．低压绕组　　　C．高压绕组

8．变压器正常运行时，各部件的温度是（　　）
　　A．互不相关的　　B．相同的　　　　C．不同的

9．当变压器内部发生故障，产生气体，或油箱漏油使油面降低时，（　　）能接通信号或跳闸回路，以保护变压器。
　　A．气体继电器　　B．冷却装置　　　C．吸湿器

10．如果忽略变压器一、二次绕组的漏电抗和电阻时，变压器一次侧电压有效值等于一次侧测感应电势有效值，（　　）等于二次侧感应电势有效值。

A. 二次侧电压瞬时值

B. 二次侧电压有效值

C. 二次侧电压最大值

11．变压器空载合闸时，（   ）产生较大的冲击电流。

　　A．会　　　　　　　　B．不会　　　　　　　C．很难

12．变压器的高压绕组的电流一定（   ）低压绕组的电流。

　　A．大于　　　　　　　B．等于　　　　　　　C．小于

13．SF6 断路器灭弧室的含水量应小于（   ）。

　　A．150ppm　　　　　B．200ppm　　　　　C．250ppm

14．触头间恢复电压是指触头间电弧（   ）后外电路施加在触头之间的电压。；

　　A．重燃　　　　　　　B．彻底熄灭　　　　　C．暂时熄灭

15．与双柱式隔离开关相比，仰角式（V 型）隔离开关的优点是（   ）。

　　A．操动机构简单．占用空间小

　　B．重量轻．操动机构简单

　　C．重量轻、占用空间小

16．ZN4-10/600 型断路器可应用于额定电压为（   ）的电路中。

　　A．6kV　　　　　　　B．10kV　　　　　　　C．35kV

17．KYN××800-10 型高压开关柜利用（   ）来实现小车隔离开关与断路器之间的连锁。

　　A．电磁锁　　　　　　B．程序锁　　　　　　C．机械连锁

18．隔离开关的重要作用包括（   ）、隔离电源．拉合无电流或小电流电路。

　　A．拉合空载线路

　　B．倒闸操作

　　C．通断负荷电流

19．RGC 型高压开关柜最多由（   ）个标准单元组成，超过时应分成两部分。

　　A．3　　　　　　　　　B．4　　　　　　　　　C．5．

20．真空断路器主要用于（   ）电压等级。

　　A．3～10kV　　　　　B．35～110kV　　　　C．220～500kV

21．电力系统发生三相短路时，短路电流（   ）。

　　A．由负荷流到短路点

　　B．由电源流到短路点

　　C．由电源流到负荷

22．造成高压电容器组爆炸的主要原因之一是（   ）。

　　A．运行中温度变化　　　　　　　　　B．内过电压

　　C．内部发生相间短路

23．电力电缆停电时间超过试验周期时，必须做（   ）。

　　A．交流耐压试验　　　　　　　　　　B．直流耐压试验

　　C．接地电阻试验　　　　　　　　　　D．标准预防性试验

24．电力网的高压电力线路一般可分为（   ）。

　　A．输电线路和配电线路　　　　　　　B．输电线路和用电线路

　　C．高压线路和配电线路　　　　　　　D．高压线路和用电线路

25. （　　）的作用适用于作拉线的连接．紧固和调节。

A．支持金具　　　　B．连接金具　　　　C．拉线金具　　　　D．保护金具

26. 对有人值班的变（配）点所，电力电缆线路每（　　）应进行一次巡视。

A．班　　　　　　　B．周　　　　　　　C．月　　　　　　　D．年

27. 电路中（　　）较大时，可以起到较好的阻尼作用，使过电压较快消失。

A．电阻　　　　　　B．电感　　　　　　C．电容

28. 普通阀型避雷器由于阀片热容量有限，所以只允许在（　　）下动作。

A．大气过电压　　　B．操作过电压　　　C．谐振过电压

29. 拆除临时接地线的顺序是（　　）。

A．先拆除接地端，后拆除设备导体部分

B．先拆除设备导体部分，后拆除接地端

C．同时拆除接地端和设备导体部分

D．没有要求

30. 定时限电流保护具有（　　）的特点。

A．电流越大，动作时间越短，电流越小，动作时间越长

B．电流越小，动作时间越短，电流越大，动作时间越长

C．动作时间固定不变

D．动作时间随电流大小而变

31. 绝缘杆从结构上可分为（　　）、绝缘部分和握手部分三部分。

A．工作部分　　　　B．接地部分　　　　C．带电部分　　　　D．短路部分

32. 间接接触电机击包括（　　）。

A．单相电击、两相电击　　　　　　　B．直接接触电击．接触电压电击

C．跨步电压电击．接触电压电击　　　D．直接接触电击．跨步电压电击

33. 人体的不同部分（如皮肤．血液．肌肉及关节等）对电流呈现的阻抗称为（　　）。

A．接触电阻　　　　B．表皮电阻　　　　C．绝缘电阻　　　　D．人体电阻

34. 绝缘站台用干燥的木板或木条制成，木条间距不大于（　　），以免鞋跟陷入。

A．2.5cm　　　　　B．3.0cm　　　　　C．3.5cm　　　　　D．4.0cm

35. （　　）线的主干线上不允许装设断路器或熔断器。

A．U相线　　　　　B．V相线　　　　　C．W相线　　　　　D．N线

36. 人体对直流电流的最小感知电流约为（　　）

A．0.5MA　　　　　B．2mA　　　　　　C．5mA　　　　　　D．10mA

37. 在室外高压设备上工作，应在工作地点四周用绳子做好围栏，在围栏上悬挂：（　　）

A．禁止合闸，线路有人工作!　　　　B．在此工作!

C．禁止攀登，高压危险!　　　　　　D．止步，高压危险!

38. 一式二份的工作票，一份由工作负责人收执，作为进行工作的依据，一份由（　　）收执，按值移交。

A．工作负责人　　　　　　　　　　　B．工作票签发人

C．工作班成员　　　　　　　　　　　D．运行值班人员

39. 高压验电器的结构分为指示器和（　　）两部分。

A．绝缘器　　　　　B．接地器　　　　　C．支持器　　　　　D．电容器

40. 防止电气误操作的措施包括组织措施和（   ）。

    A．绝缘措施   B．安全措施   C．接地措施   D．技术措施

三、多项选择题

1. （   ）部位除另有规定外，可不接地。

    A．干燥场所直流额定电压 110V 及以下电气设备的外壳

    B．电热设备的金属外壳

    C．安装在已接地金属框架上的设备

    D．控制电缆的金属护层

    E．与已接地的机床有可靠电气接触的电动机的外壳

2. （   ）场所应安装漏电保护装置。

    A．有金属外壳的 I 类移动式电气设备

    B．安装在潮湿环境的电气设备

    C．公共场所的通道照明电源

    D．临时性电气设备

    E．建筑施工工地的施工电气设备

3. （   ）都是保护接零系统的安全条件。

    A．在同一保护接零系统中，一般不允许个别设备只有接地而没有接零

    B．过载保护合格

    C．重复接地合格

    D．设备发生金属性漏电时，短路保护元件应保证在规定时间内切断电源

    E．保护线上不得装设熔断器

4. （   ）都是测量接地电阻正确的做法。

    A．测量前应将被测接地体与其他接地装置分开

    B．测量电极间的连线避免与邻近的高压架空线路平行

    C．测量电极的排列与地下金属管道保持平行

    D．测量时将 P 端或 P1 端接于电压极

    E．测量时将 C 端或 C1 端接于电流极

5. （   ）是磁电系仪表的测量机构的组成部分。

    A．固定的永久磁铁   B．可转动的线圈

    C．固定的线圈   D．可动铁片

    E．游丝

6. （   ）是防止间接接触电击的技术措施。

    A．绝缘   B．屏护   C．等电位连接

    D．保护接零   E．保护接地

7. （   ）是能够用于带电灭火的灭火器材。

    A．泡沫灭火器   B．二氧化碳灭火器   C．直流水枪

    D．干粉灭火器   E．干沙

8. （   ）是油浸电力变压器的部件。

    A．铁芯和绕组   B．避雷器   C．油箱

D．气体继电器　　E．高、低压套管

9．（　　）是重复接地的安全作用。

A．改善过载保护性能

B．减轻零线断开或接触不良时电击的危险性

C．降低漏电设备的对地电压

D．缩短漏电故障持续时间

E．改善架空线路的防雷性能

10．（　　）应始终在工作现场，对工作班人员的安全进行认真监护，及时纠正不安全的行为。

A．工作票签发人　　　　　　　　B．工作负责人

C．工作许可人　　　　　　　　　D．专责监护人

11．《职业病防治法》规定的职业病是指企业、事业单位和个体经济组织的劳动者在职业活动中，因引起的疾病（　　）。

A．大气污染　　B．环境污染　　C．放射性物质

D．接触粉尘　　E．其他有毒、有害物质等因素

12．10kV户内隔离开关只可用来操作（　　）。

A．励磁电流不超过10A的空载变压器　B．避雷器

C．电压互感器　　　　　　　　　D．电容电流不超过5A的空载线路

E．容量不超过315kV·A的空载变压器

13．一套完整的直击雷防雷装置由（　　）组成。

A．避雷器　　　　B．电杆　　　　C．接闪器

D．引下线　　　　E．接地装置

14．安全牌分为（　　）。

A．禁止类安全牌　　　　　　　　B．警告类安全牌

C．指令类安全牌　　　　　　　　D．允许类安全牌

15．安装并联电容器能提高（　　）。

A．电压质量　　　　　　　　　　B．配电设备利用率

C．线路送电效率　　　　　　　　D．电气设备功率因数

16．变电站的设备巡视检查，一般分为（　　）。

A．定期巡视　　B．正常巡视　　C．全面巡视

D．熄灯巡视　　E．特殊巡视

17．部分停电时，工作负责人只有在（　　）的情况下，方能参加工作。

A．人员充足　　　　　　　　　　B．安全措施可靠

C．经工作票签发人许可　　　　　D．人员集中在一个工作地点

E．不致误碰带电部分

18．操作前应先核对（　　），操作中应认真执行监护复诵制度。操作过程中应按操作票填写的顺序逐项操作。

A．设备名称　　B．设备编号　　C．设备位置

D．系统接线　　E．系统方式

19．测量（　　）时，接线的极性必须正确。

A．交流电能　　　B．交流电流　　　C．直流电流

D．直流电压　　　E．直流电阻

20．触电急救应分秒必争，一经明确伤员（　　）停止的，立即就地迅速用心肺复苏法进行抢救。

A．心跳　　　　　B．身体动作　　　C．呼吸　　　　　D．意识

21．倒闸操作按操作人分为（　　）。

A．运行人员　　　B．操作人员　　　C．检修人员操作

D．监护操作　　　E．单人操作

22．电缆施工完成后应将穿越过的孔洞进行封堵，以达到（　　）的要求。

A．防盗　　　　　B．防水　　　　　C．防火　　　　　D．防小动物

23．电力变压器理想并联条件是（　　）。

A．接线组别相同　　　　　　　　　B．额定变压比相等

C．阻抗电压相等　　　　　　　　　D．两台变压器容量比不超过 3:1

24．电流互感器安装接线的正确做法有（　　）。

A．外壳和二次回路接地

B．二次回路不得装熔断器

C．极性正确

D．二次回路采用截面积不小于 $4mm^2$ 的绝缘铜线

E．二次回路保持开路

25．电流通过人体对人体伤害的严重程度与（　　）有关。

A．电流通过人体的持续时间

B．电流通过人体的途径

C．负载大小

D．电流大小和电流种类

26．电气安全用具按其基本作用可分为（　　）。

A．绝缘安全用具

B．一般防护安全用具

C．基本安全用具

D．辅助安全用具

27．《女职工劳动保护特别规定》主要从（　　）方面对《女职工劳动保护规定》作了改善。

A．调整了女职工禁忌从事的劳动范围

B．规范了女职工的产假假期

C．规范了女职工的产假待遇

D．调整了监督管理体制

28．电容器串联在线路上的作用是（　　）。

A．减少线路电压损失，提高线路末端电压水平

B．补偿线路电抗，改变线路参数

C．减少电网的功率损失和电能损失

D．提高系统输电能力

29. 对触电人员进行救护的心肺复苏法是（　　）。
    A. 通畅气道　　　　　　　　　　　B. 口对口人工呼吸
    C. 胸外挤压　　　　　　　　　　　D. 打强心针

30. 对同杆塔架设的多层电力线路进行验电时，应（　　）。
    A. 先验低压、后验高压　　　　　　B. 先验下层、后验上层
    C. 先验近侧、后验远侧

31. 高压负荷开关具有以下（　　）作用。
    A. 隔离电源　　　　　　　　　　　B. 倒换线路或母线
    C. 关合与开断负荷电流　　　　　　D. 关合与开断短路电流
    E. 关合与开断小电流电路

32. 高压隔离开关具有以下（　　）的作用。
    A. 隔离电源　　　　　　　　　　　B. 倒换线路或母线
    C. 关合与开断负荷电流　　　　　　D. 关合与开断短路电流
    E. 关合与开断小电流电路线相连接的电容电流

33. （　　）是能够用于带电灭火的灭火器材。
    A. 泡沫灭火器　　　　　　　　　　B. 二氧化碳灭火器
    C. 直流水枪　　　　　　　　　　　D. 干粉灭火器

34. 供配电系统中，下列的（　　）需要采用接地保护。
    A. 变压器的金属外壳　　　　　　　B. 电压互感器的二次绕组
    C. 交流电力电缆的金属外皮　　　　D. 架空导线

35. 接地装置的巡视内容包括（　　）。
    A. 接地引下线有无丢失、断股、损伤
    B. 接地引下线的保护管有无破损、丢失，固定是否牢靠
    C. 接地体有无外露、腐蚀
    D. 接地电阻是否合格

36. 进行电力线路施工作业、工作票签发人或工作负责人认为有必要现场勘察的检修作业，（　　）单位均应根据工作任务组织现场勘察，并做好记录。并填写现场勘查记录。
    A. 管理　　　　B. 检修　　　　C. 运行　　　　D. 施工

37. 进行线路停电作业前，断开危及线路停电作业，且不能采取相应安全措施的（　　）线路（包括用户线路）的断路器（开关）、隔离开关（刀闸）和熔断器。
    A. 交叉跨越　　　B. 平行线路　　　C. 同杆架设　　　D. 通讯线路

38. 进行线路停电作业前，应做好下列安全技术措施（　　）。
    A. 在熟悉设备运行状况下，检修线路设备可无明显断开点
    B. 断开发电厂、变电站、换流站、开闭所、配电站（所）（包括用户设备）等线路断路器（开关）和隔离开关（刀闸）
    C. 断开线路上需要操作的各端（含分支）断路器（开关）、隔离开关（刀闸）和熔断器
    D. 断开危及线路停电作业，且不能采取相应安全措施的交叉跨越、平行和同杆架设线路（包括用户线路）的断路器（开关）、隔离开关（刀闸）和熔断器
    E. 断开有可能返回低压电源的断路器（开关）、隔离开关（刀闸）和熔断器

39. 绝缘安全用具分为（　　）。
　　A. 一般防护安全用具　　　　　　　B. 接地装臵
　　C. 辅助安全用具　　　　　　　　　D. 基本安全用具

40. 雷电具有（　　）的危害。
　　A. 造成电气设备过负载　　　　　　B. 引起火灾和爆炸
　　C. 使人遭到强烈电击　　　　　　　D. 毁坏设备和设施
　　E. 导致大规模停电

41. 雷雨、大风天气或事故巡线，巡视人员应（　　）。
　　A. 穿绝缘服　　　B. 穿绝缘鞋　　　C. 戴绝缘手套　　　D. 防静电鞋

42. （　　）都是保护接零系统的安全条件。
　　A. 在同一保护接零系统中，一般不允许个别设备只有接地而没有接零
　　B. 过载保护合格
　　C. 重复接地合格
　　D. 设备发生金属性漏电时，短路保护元件应保证在规定时间内切断电源
　　E. 保护线上不得装设熔断器

43. 我国标准规定工频安全电压有效值的额定值为（　　）V。
　　A. 24　　　　　B. 50　　　　　　C. 36
　　D. 6　　　　　E. 12

44. 下列（　　）是基本安全用具。
　　A. 验电器　　　B. 绝缘鞋　　　C. 绝缘夹钳
　　D. 临时遮拦　　E. 绝缘站台

45. 下列（　　）项属于防止直接接触电击的安全技术措施。
　　A. 保护接零　　B. 绝缘　　　C. 屏护　　　　D. 保护接地

46. 电力电缆标示牌一般应注明以下内容：（　　）。
　　A. 电力电缆线路的名称、编号
　　B. 电力电缆的根数、型号、长度
　　C. 穿越障碍物用的红色"电缆"标志牌

47. 心跳呼吸停止后的症状有（　　）。
　　A. 瞳孔固定散大　　　　　　　　B. 心音消失，脉搏消失
　　C. 脸色发紫　　　　　　　　　　D. 神志丧失

48. 一套完整的直击雷防雷装置由（　　）组成。
　　A. 避雷器　　　B. 电杆　　　C. 接闪器
　　D. 引下线　　　E. 接地装置

49. 下列项目中应填入操作票内的是（　　）。
　　A. 应拉合的断路器和隔离开关
　　B. 检查断路器和隔离开关的位置
　　C. 检查接地线是否拆除
　　D. 检查负荷分配
　　E. 装拆接地线

50. 以下（　　）属于指令类安全牌。

A. 必须戴防护手套！　　　　　　　　B. 必须戴护目镜！

C. 注意安全！　　　　　　　　　　　D. 必须戴安全帽！

51. 以下关于验电操作的做法中（　　　）是正确的。

A. 由近及远逐端验试　　　　　　　　B. 先验高压后验低压

C. 先验低压后验高压　　　　　　　　D. 先验下层后验上层

E. 先验上层后验下层

52. 异常情况下的巡视，主要是指：过负荷或剧增、超温、设备发热、（　　　）等情况。

A. 系统波动　　　　B. 系统冲击　　　　C. 合闸

D. 跳闸　　　　　　E. 有接地故障

53. 引起电气火灾和爆炸的原因有（　　　）。

A. 电气设备过热　　　　　　　　　　B. 电火花和电弧

C. 危险物质　　　　　　　　　　　　D. 短时过载

54. 遇有以下情况，应进行特殊巡视的是（　　　）。

A. 大风前后的巡视　　　　　　　　　B. 雷雨后的巡视

C. 冰雪、冰雹、雾天的巡视　　　　　D. 设备变动后的巡视

E. 异常情况下的巡视

55. 在10kV跌落熔断器上桩头有电的情况下，未采取（　　　）前，不准在熔断器（　　　）新装、调换电缆尾线或吊装、搭接电缆终端头。

A. 技术措施　　　　B. 安全措施　　　　C. 上桩头　　　　D. 下桩头

56. 在带电的电流互感器二次回路上工作时，应采取的安全措施是（　　　）。

A. 严禁将电流互感器二次侧开路

B. 严禁将电流互感器二次侧短路

C. 允许将回路的永久接地点短时断开

D. 不得将回路的永久接地点断开

57. 在雷雨天气，下列（　　　）处可能产生较高的跨步电压。

A. 高墙旁边　　　　　　　　　　　　B. 电杆旁边

C. 高大建筑物内　　　　　　　　　　D. 大树下方

58. 在邻近的高压线路附近用绝缘绳索传递大件金属物品（包括工具、材料等）时，（　　　）作业人员应将金属物品接地后再接触，以防电击。

A. 变电站内　　　　　　　　　　　　B. 地面上

C. 室内　　　　　　　　　　　　　　D. 杆塔

59. 在突发事故现场出现的危重伤员，需要通过复苏术进行心跳、呼吸的抢救。下列选项中，用（　　　）来判断复苏是有效的。

A. 颈动脉出现搏动，面色由紫绀变为红润

B. 瞳孔由大缩小

C. 复苏有效时，可见眼睑反射恢复

D. 自主呼吸出现

60. 走出可能产生跨步电压的区域应采用的正确方法是（　　　）。

A. 单脚跳出

B. 双脚并拢跳出

C. 大步跨出

7.5 自测练习题

如需阅读详细内容请用微信扫描以下二维码

微信扫码

附录

附录 A　常用电气符号

附录 B　常用建筑图例符号

如需阅读详细内容请用微信扫描以下二维码

微信扫码